高职高专公共基础课系列教材

计算机应用基础教程

主 编 辛 静 丰婉伊 肖蔚琪

副主编 甄 珍 李宗山 邓晓丽

参 编 罗云龙 胡 月 赵梦涵

U0277710

西安电子科技大学出版社

内 容 简 介

本书根据高校计算机公共基础课教学的需要,并参照全国计算机技术与软件专业技术资格考试(简称软考)"信息处理技术员"级别和全国计算机等级考试一级"计算机基础及 MS Office 应用"考试大纲的要求编写而成。在编写过程中,采用教、学、做相结合的教学模式,既能使学生掌握好基础,又能启发学生思考并培养动手能力。同时精选任务实例,将知识点融入实例中,增强了实用性、操作性和可读性。

本书内容由 7 个项目组成,每个项目下设计了多个任务,使学生在任务驱动下更好地学习和掌握计算机应用基础知识。

本书既可作为高等学校及其他各类计算机培训班 MS Office 的教学用书,也可作为软考"信息处理技术员"级别和一级"计算机基础及 MS Office 应用"的考试用书以及计算机从业人员和计算机爱好者的自学参考书。

图书在版编目(CIP)数据

计算机应用基础教程 / 辛静,丰婉伊,肖蔚琪主编. —西安:西安电子科技大学出版社,
2017.9(2024.3 重印)
ISBN 978-7-5606-4703-6

Ⅰ.① 计⋯　Ⅱ.①辛⋯　②丰⋯　③肖⋯　Ⅲ.①电子计算机—资格考试—自学参考资料
Ⅳ.① TP3

中国版本图书馆 CIP 数据核字(2017)第 220362 号

策　　划　杨丕勇
责任编辑　杨丕勇
出版发行　西安电子科技大学出版社(西安市太白南路 2 号)
电　　话　(029)88202421　88201467　　　　　邮　　编　710071
网　　址　www.xduph.com　　　　　　　电子邮箱　xdupfxb001@163.com
经　　销　新华书店
印刷单位　陕西天意印务有限责任公司
版　　次　2017 年 9 月第 1 版　2024 年 3 月第 17 次印刷
开　　本　787 毫米×1092 毫米　1/16　印 张 17
字　　数　395 千字
定　　价　46.00 元

ISBN 978 - 7 - 5606 - 4703 - 6/TP
XDUP 4995001-17
如有印装问题可调换

前　言

随着计算机技术的飞速发展，计算机应用技术在生产、生活中的地位日益重要，计算机应用能力已成为当今社会人们最基本的技能需求。在大学学习期间，培养和锻炼学生的动手能力是教学的根本目的之一。本书在编写上采用"任务驱动"的方式设计教材体系，学生在老师的指导下完成相应的"任务"，能达到快速高效地掌握相关知识的目的。

本书根据高校计算机公共基础课教学的需要，并参照全国计算机技术与软件专业技术资格考试（简称软考）"信息处理技术员"级别和全国计算机等级考试一级"计算机基础及MS Office 应用"考试大纲的要求编写而成。在编写过程中，采用教、学、做相结合的教学模式，既能使学生掌握好基础，又能启发学生思考并培养动手能力。同时精选任务实例，将知识点融入实例中，增强了实用性、操作性和可读性。全书由 7 个项目组成，每个项目下设计了多个任务，理论实践相结合，学做并举。

为了便于教学，本书配有丰富的微课资源及教学案例素材和样张。

本书既可作为高等学校及其他各类计算机培训班 MS Office 的教学用书，也可作为软考"信息处理技术员"级别和一级"计算机基础及 MS Office 应用"的考试用书以及计算机从业人员和计算机爱好者的自学参考书。另外，本书还配有《计算机应用基础实训指南》(西安电子科技大学出版社出版)。

本书由辛静、丰婉伊、肖蔚琪担任主编，甄珍、李宗山、邓晓丽担任副主编。辛静负责全书体系结构的设计和统稿，丰婉伊负责编写项目 1、项目 3，李宗山负责编写项目 2，辛静负责编写项目 4、项目 6，肖蔚琪负责编写项目 5，甄珍负责编写项目 7，参加编写工作的还有罗云龙、胡月、赵梦涵。李宗山、邓晓丽、赵梦涵负责本书微课资源的设计和录制工作。

由于时间仓促，加上水平有限，书中难免有不足之处，敬请广大读者提出宝贵意见，以便修订时更正。

编　者

2022 年 7 月

目　录

项目 3　Word 2016 文字处理软件 54

项目 1

计算机基础知识

////////////////////////////////

任务 1　认识计算机

1.1.1　计算机的产生

计算机的产生

现代计算机问世之前，人类很早就创造和使用了各种计算工具，如我国古代开始使用并流传至今的算盘；17 世纪研制出的计算尺和机械式计算机；19 世纪制成的手摇计算机；随着电的发明产生的电动齿轮计算机等计算工具。人类所使用的计算工具经历着从简单到复杂、从低级到高级的发展过程。

世界上第一台电子计算机 ENIAC(Electronic Numerical Integrator And Computer，电子数字积分计算机)(如图 1-1 所示)于 1946 年 2 月诞生在美国宾夕法尼亚大学莫尔学院。它最初专门用于火炮弹道计算，后经多次改进而成为能进行各种科学计算的通用计算机。在这一阶段，为现代计算机的发展做出突出贡献的是数学家冯·诺伊曼，人们称他为"计算机之父"。

图 1-1　第一台电子计算机(ENIAC)

ENIAC 由 17 468 个电子管、6 万多个电阻器、1 万多个电容器和 6 千多个开关组成，重达 30 吨，占地 160 平方米，耗电 174 千瓦，耗资 45 万美元。这台计算机每秒能进行 5000 次加法或 400 次乘法运算，比机械式的继电器计算机快 1000 倍。

当 ENIAC 公开展出时，一条炮弹的轨道仅用 20 秒钟就算出来了，比炮弹本身的飞行速度还快。ENIAC 的存储器是电子装置，它能够在一天内完成几千万次乘法，大约相当于一个人用台式计算机操作 40 年的工作量。ENIAC 是按照十进制，而不是二进制来操作的，但其中也有少量以二进制方式工作的电子管，因此机器在工作中不得不把十进制转换为二进制，而在数据输入、输出时再变回十进制。

1.1.2　计算机的发展历程

计算机的发展历程

从第一台计算机问世以来，计算机技术高速发展。按计算机构成元件的不同，计算机可划分为电子管、晶体管、中小规模集成电路和大型超大型集成电路四个发展阶段。

1. 第一代电子管计算机(1945—1958)

第一代计算机(如第一台计算机)的主要逻辑元件(指执行一个逻辑功能的装置)是真空电子管。第一代计算机体积大，耗电多，运算速度低，存储容量小，价格昂贵，主要使用机器语言和汇编语言编程，操作指令是为特定任务而编制的，每种机器有各自不同的机器语言，功能受到限制，速度也较慢。为解决一个问题，所编制的程序的复杂程度难以表述。这一代计算机主要用于科学计算。

2. 第二代晶体管计算机(1958—1965)

第二代计算机(如图 1-2 所示)采用晶体管代替电子管，其运算速度比第一代计算机提高了近百倍，体积为原来的几十分之一。在这一时期出现了高级语言 COBOL、FORTRAN 等，以单词、语句和数学公式代替了含混晦涩的二进制机器码，使计算机编程更容易。计算机中存储的程序使得计算机有很好的适应性，可以更有效地用于商业用途。新的职业(程序员、分析员和计算机系统专家)和整个软件产业由此诞生。

图 1-2　晶体管计算机

3. 第三代集成电路计算机(1965—1971)

第三代计算机采用的主要逻辑元件是中、小规模集成电路。虽然晶体管比起电子管是一个明显的进步，但晶体管还是会产生大量的热量，这会损害计算机内部的敏感部分。1958年德州仪器的工程师 Jack Kilby 发明了集成电路(IC)，将三种电子元件结合到一片小小的硅片上。借助 IC，科学家使更多的元件集成到单一的半导体芯片上。于是，计算机变得体积更小，功耗更低，速度更快。这一时期计算机的发展还包括使用了操作系统，操作系统使得计算机在中心程序的控制协调下可以同时运行许多不同的程序。

4. 第四代大型超大型集成电路计算机(1971 至今)

集成电路出现以后,唯一的发展方向就是扩大规模。大规模集成电路(LSI)可以在一个芯片上容纳几百个元件。到了 20 世纪 80 年代,超大规模集成电路(VLSI)在一个芯片上可容纳几十万个元件,后来的 ULSI 则将数字扩充到百万级。在硬币大小的芯片上容纳如此数量的元件使得计算机的体积和价格不断下降,而功能和可靠性不断增强。

20 世纪 70 年代中期,计算机制造商开始将计算机带给普通消费者,这时的小型机带有友好界面的软件包、供非专业人员使用的程序和最受欢迎的字处理与电子表格程序。这一领域的先锋有 Commodore、Radio Shack、Apple Computer 等。1981年,IBM 推出个人计算机(PC,如图 1-3 所示)用于家庭、办公室和学校。80 年代个人计算机的竞争使得计算机的价格不断下降,拥有量不断增加,体积继续缩小,从桌上到膝上到掌上。

图 1-3 个人计算机

1.1.3 计算机的应用领域与发展趋势

计算机的特点和
应用领域

1. 计算机的应用领域

计算机的应用领域已渗透到社会的各行各业,正在改变着传统的工作、学习和生活方式,推动着社会的发展。计算机的主要应用领域如下:

1) 科学计算

科学计算是指利用计算机来完成科学研究和工程技术中提出的数学问题的计算。在现代科学技术工作中,科学计算问题是大量的和复杂的。利用计算机的高速计算、大存储容量和连续运算的能力,可以实现人工无法解决的各种科学计算问题。

例如,建筑设计中为了确定构件尺寸,通过弹性力学导出一系列复杂方程,长期以来由于计算能力有限而一直无法求解。计算机不但能求解这类方程,并且引发弹性理论上的一次突破,导致了有限单元法出现。

2) 数据处理

数据处理是指对各种数据进行收集、存储、整理、分类、统计、加工、利用、传播等一系列操作的统称。据统计,80%以上的计算机主要用于数据处理,这类工作量大面宽,决定了计算机应用的主导方向。

目前,数据处理已广泛地应用于办公自动化、企事业计算机辅助管理与决策、情报检索、图书管理、电影电视动画设计、会计电算化等各行各业。信息正在形成独立的产业,多媒体技术使信息展现在人们面前的不仅是数字和文字,也有声情并茂的声音和图像信息。

3) 计算机辅助技术

计算机辅助技术包括 CAD、CAM 和 CAI 等。

(1) 计算机辅助设计(Computer Aided Design,CAD)。

计算机辅助设计是指利用计算机系统辅助设计人员进行工程或产品设计,以实现最佳设计效果的一种技术。它已广泛地应用于飞机、汽车、机械、电子、建筑和轻工等领域。例如，在电子计算机的设计过程中，利用 CAD 技术进行体系结构模拟、逻辑模拟、插件划分、自动布线等，从而大大提高了设计工作的自动化程度。又如，在建筑设计过程中，可以利用 CAD 技术进行力学计算、结构计算、绘制建筑图纸等，这样不但提高了设计速度，而且可以大大提高设计质量。

(2) 计算机辅助制造(Computer Aided Manufacturing，CAM)。

计算机辅助制造是指利用计算机系统进行生产设备的管理、控制和操作的过程。例如，在产品的制造过程中，用计算机控制机器的运行，处理生产过程中所需的数据，控制和处理材料的流动以及对产品进行检测等。使用 CAM 技术可以提高产品质量，降低成本，缩短生产周期，提高生产效率和改善劳动条件。

将 CAD 和 CAM 技术集成，实现设计生产自动化，这种技术被称为计算机集成制造系统(CIMS)。CIMS 真正实现了无人化工厂(或车间)。

(3) 计算机辅助教学(Computer Aided Instruction，CAI)。

计算机辅助教学是指利用计算机系统辅助进行教学，例如课件的使用。课件可以用制作工具或高级语言来开发制作，它能引导学生循序渐进地学习，使学生轻松自如地从课件中学到所需要的知识。CAI 的主要特色是交互教育、个别指导和因人施教。

4) 自动控制

自动控制是指利用计算机及时采集检测数据，按最优值迅速地对控制对象进行自动调节或自动控制。采用计算机进行过程控制，不仅可以大大提高控制的自动化水平，而且可以提高控制的及时性和准确性，从而改善劳动条件，提高产品质量及合格率。因此，计算机过程控制已在机械、冶金、石油、化工、纺织、水电、航天等部门得到广泛的应用。

例如，在汽车工业方面，利用计算机控制机床、控制整个装配流水线，不仅可以实现精度要求高、形状复杂的零件加工自动化，而且可以使整个车间或工厂实现自动化。

5) 人工智能

人工智能是指计算机模拟人类的智能活动，诸如感知、判断、理解、学习、问题求解和图像识别等。现在人工智能的研究已取得了不少成果，有些已开始走向实用阶段。例如，能模拟高水平医学专家进行疾病诊疗的专家系统、具有一定思维能力的智能机器人，等等。

6) 网络应用

计算机技术与现代通信技术的结合构成了计算机网络。计算机网络的建立，不仅解决了一个单位、一个地区、一个国家中计算机与计算机之间的通信，各种软、硬件资源的共享，也大大促进了国际间的文字、图像、视频和声音等各类数据的传输与处理。

2. 计算机的发展趋势

1) 巨型化

巨型机(巨型计算机，Supercomputer)是一种超大型电子计算机，具有很强的计算和处理数据的能力，主要用来承担重大的科学研究、国防尖端技术和国民经济领域的大型计算课题及数据处理任务。如大范围天气预报，整理卫星照片，原子核的形态探索，研究洲际导弹、宇宙飞船等，制定国民经济的发展计划等工作项目繁多、时间性强，要综合考虑各种各样的因素，依靠巨型计算机都能较顺利地完成。

巨型计算机发展水平是一个国家综合实力的体现，对国民经济和社会发展有直接推动作用。我国的巨型化计算机天河 2 号以峰值计算速度每秒 5.49 亿亿次、持续计算速度每秒 3.39 亿亿次双精度浮点运算的优异性能位居榜首，成为全球最快的超级计算机。天河 2 号如图 1-4 所示。

未来计算机的发展趋势

2) 微型化

微型计算机简称"微型机"、"微机"，是由大规模集成电路组成的、体积较小的电子计算机。如笔记本式计算机(如图 1-5 所示)、掌上电脑、手表电脑等。

图 1-4　中国超级计算机——天河 2 号

图 1-5　笔记本式计算机

3) 网络化

现代信息社会的发展趋势就是实现资源共享，即利用计算机和通信技术，将各个地区的计算机互联起来，形成一个规模巨大、功能强大的计算机网络，使信息得以快速、高效地传递。我们经常使用的 Internet 就是网络化的产物。

4) 多媒体化

多媒体计算机是指能够对声音、图像、视频等多媒体信息进行综合处理的计算机。

5) 智能化

智能化是指让计算机具有模拟人的感觉和思维过程的能力，比如智能机器人、专家系统。计算机产品的智能化和智能机系统的研究开发将对国防、经济、教育、文化等各方面产生深远影响。

任务 2　掌握计算机系统的主要组成及工作原理

1.2.1　计算机系统的主要组成

一个完整的计算机系统由计算机硬件系统及软件系统两大部分构成(如图 1-6 所示)。计算机硬件系统是组成计算机系统的各种物理设备的总称，它们是看得见摸得着的，所以通常称为"硬件"，它们是计算机的"躯壳"。软件系统是为了运用、管理和维护计算机而编制的各种程序、数据和相关文档的总称，它是计算机的"灵魂"。通常把不装备任何软件的计算机称为裸机。计算机系统的各种功能都是由硬件和软件共同完成的。

计算机的主要组成
硬件系统-1

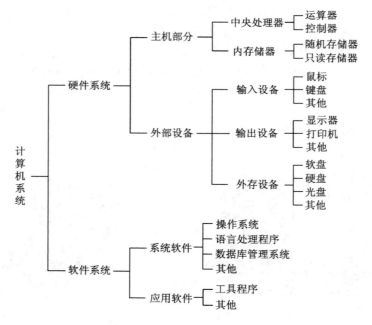

图 1-6　计算机系统的组成

美籍匈牙利科学家冯·诺依曼对计算机的发展做出了巨大贡献，从 ENIAC 到当前最先进的计算机都采用的是冯·诺依曼体系结构，这一体系结构的计算机硬件系统结构如图1-7 所示。冯·诺依曼提出了"程序存储、程序控制"的设计思想，他关于计算机的思想体系主要包括如下几个方面：

(1) 由运算器、控制器、存储器、输入设备、输出设备五大基本部件组成计算机系统，并规定了五大部件的基本功能。

(2) 计算机内部应采用二进制表示数据和指令。

(3) 存储程序思想：把计算过程描述为由许多命令按一定顺序组成的程序，然后把程序和数据一起输入计算机，存储在计算机内，而后由计算机自动处理并输出结果。

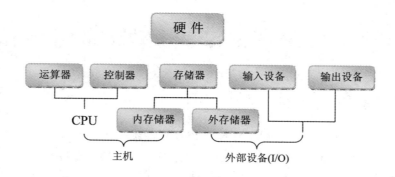

图 1-7　计算机硬件系统结构图

通常把运算器和控制器集成在一起，形成中央处理器(CPU)。

一、硬件系统

1．中央处理器(CPU)

CPU 的性能基本决定了计算机的性能，CPU 是整个计算机系统的核心。

CPU 中的运算器是计算机中执行各种算术和逻辑运算操作的部件。运算器由算术逻辑单元(ALU)、累加器、状态寄存器、通用寄存器组等组成。算术逻辑单元(ALU)的基本功能为进行加、减、乘、除四则运算和与、或、非、异或等逻辑操作，以及进行移位、求补等操作。运算器能执行多少种操作及其操作速度，标志着运算器能力的强弱，甚至标志着计算机本身的能力。

计算机运行时，运算器的操作和操作种类由控制器决定。控制器由程序计数器、指令寄存器、指令译码器、时序产生器和操作控制器组成，它是发布命令的"决策机构"，即完成协调和指挥整个计算机系统的操作。它的主要功能是从内存中取出一条指令，并指出下一条指令在内存中的位置；对指令进行译码或测试，并产生相应的操作控制信号，以便启动规定的动作；指挥并控制 CPU、内存和输入/输出设备之间数据流动的方向。控制器根据事先给定的命令发出控制信息，使整个电脑指令的执行一步一步地有序进行，它是计算机的神经中枢。

计算机的主要组成
硬件系统-2

目前 CPU 的主要厂商有 INTEL、AMD 公司等，主要产品有 INTEL 酷睿系列(如图 1-8 所示)、赛扬系列、AMD 速龙(如图 1-9 所示)等。

图 1-8   INTEL 酷睿系列 CPU   图 1-9   AMD 公司 CPU

2．存储器

存储器是计算机记忆或暂存数据的部件，其主要功能是存放程序和数据。按存储器的作用不同，存储器可分为内存储器(如图 1-10 所示)、外存储器和高速缓冲存储器。存储器中能够存放的最大数据信息量称为存储器的容量。存储器容量的基本单位是字节(Byte，B)。存储器中存储的一般是二进制数，二进制数只有 0 和 1 两个代码，因而计算机技术中常把一位二进制数称为一位(1bit)，1 字节包含 8 位，即 1Byte = 8 bit。为了便于表示大容量的存储器，实际当中还常用 KB、MB、GB、TB 单位，其关系为：

$$1 \text{ KB} = 2^{10} \text{ B} = 1024 \text{ B} \qquad 1 \text{ MB} = 2^{10} \text{ KB} = 1024 \text{ KB}$$

$$1 \text{ GB} = 2^{10} \text{ MB} = 1024 \text{ MB} \qquad 1 \text{ TB} = 2^{10} \text{ GB} = 1024 \text{ GB}$$

图 1-10   内存储器

(1) 内存储器(主存、内存)：用于存放计算机当前工作中正在运行的程序、数据等，从使用功能上分为随机存取存储器 RAM(Random Access Memory) 和只读存储器 ROM(Read-Only Memory)两种。

① 随机存取存储器(RAM)：主要特点是既可以从存储器中读出数据又可以写入数据；可由用户更改信息；断电后信息消失。

② 只读存储器(ROM)：信息由厂家确定，一般用来存放自检程序、配置信息等；通常只能读出而不能写入；断电后信息不会丢失。

(2) 外存储器(外存)：用来存储大量暂时不参加运算或处理的数据和程序，是主存的后备和补充，如硬盘、软盘、光盘、优盘等。

① 硬盘(如图 1-11 所示)：安装在主机箱内，速度快且容量大，容量有 80 GB、160 GB、250 GB、320 GB 等，是计算机中重要的存储设备。全球生产硬盘的厂家较大的有 Seagate(希捷)、Maxtor(迈拓)、Western Digital(西部数据)、三星等。

② 软盘(如图 1-12 所示)：封装在塑料保护套中，3.5 英寸软盘容量为 1.44 MB，可双面高密度存储，目前已经较少使用。

③ 光盘存储器(如图 1-13 所示)：信息读取要借助于光驱，主要种类有只读型光盘(CD-ROM)、刻录光盘(CD-R)、可擦写光盘(CD-RW)、DVD 等。平时我们用的音乐 CD、VCD 影碟都是光盘。一张 CD-ROM 的基本容量是 650 MB。

④ USB 优盘(如图 1-14 所示)：是利用闪存在断电后还能保持存储的数据不丢失的特点而制成的，其特点是重量轻、体积小。

⑤ USB 移动硬盘(如图 1-15 所示)：可以通过 USB 接口即插即用，其特点是体积小、重量轻、容量大、存取速度快。

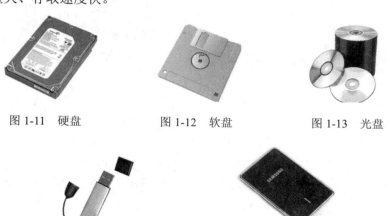

图 1-11　硬盘　　　　　图 1-12　软盘　　　　　图 1-13　光盘

图 1-14　优盘　　　　　图 1-15　移动硬盘

把信息从存储器中取出而又不破坏存储器内容的过程称为"读"；把信息存入存储器的过程称为"写"。

3．输入设备

输入设备用于把原始数据和处理这些数据的程序通过输入接口输入到计算机的存储器中。常见的输入设备有：键盘(如图 1-16 所示)、鼠标(如图

计算机的主要组成
硬件系统-3

1-17 所示)、扫描仪、光笔、写字板、数字化仪、条形码阅读器(如图 1-18 所示)、数码相机(如图 1-19 所示)、模/数(A/D)转换器、话筒、游戏操纵杆等。

图 1-16　键盘

图 1-17　鼠标

图 1-18　条形码阅读器

图 1-19　数码相机

下面主要介绍常用的键盘和鼠标的基本知识。

1) 键盘

键盘是数字和字符的输入设备，一般 PC 机用户使用的是 104 键的键盘。键盘的接口主要有 PS/2、USB、无线、蓝牙等。

键盘的基本结构如图 1-20 所示。

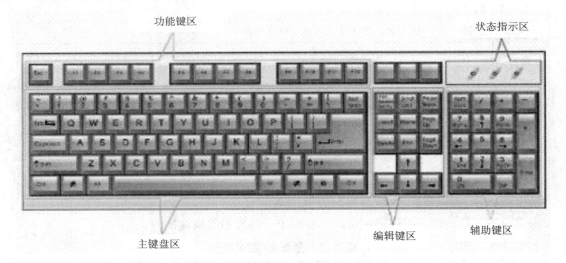

图 1-20　键盘的基本结构

键盘大致分成四个部分：功能键区、主键盘区、编辑键区和辅助键区。

左边最大一块区域，上方是功能键区，如 F1，F2…，它们在特殊环境中会有特殊的作用；下方一块为主键盘区(也称为打字键区)，是最常用的一部分；中间的一块是编辑键区，如光标移动键↑、↓、←、→；最右边的是辅助键区，在输入数字进行数值计算的时候经常用到。

计算机键盘中几种键位的详细功能如表 1-1 所示。

表 1-1 键盘中几种键位的功能

按　键	功　能
Enter 键	回车键，将数据或命令送入计算机时即按此键
Space bar 键	空格键，字符键区中下方的长条键，敲一下这个键，光标往右移动一个位置，使用频繁
Backspace 键	退格键，用来删除当前光标所在位置前的字符，且光标左移
Shift 键	换挡键，用于输入双字符键(即每个键面上标有 2 个字符)上面的字符以及中英文输入的转换
Caps Lock 键	大小写字母转换键
Ctrl 键	控制键，一般不单独使用，和其他键组合成复合控制键
Esc 键	强行退出键
Alt 键	交替换挡键，与其他键组合成特殊功能键或复合控制键
Tab 键	制表定位键，一般按下此键可使光标移动 8 个字符的距离
Print Screen 键	拷屏键(即打印屏幕键)
Delete 或 Del 键	删除键，用来删除当前光标所在位置的字符，且光标右移。注意与退格键的区别
PgUp 键	屏幕翻页键，翻回上一页
PgDn 键	屏幕翻页键，下翻一页
Num Lock 键	锁定键，数字状态和锁定状态转换

2) 鼠标

鼠标的全称是显示系统纵横位置指示器，因形似老鼠而得名"鼠标"。"鼠标"的标准称呼应该是"鼠标器"，英文名为"Mouse"。鼠标的使用是为了使计算机的操作更加简便，以代替键盘繁琐的指令操作。

按照接口类型的不同，鼠标分为串行鼠标、PS/2 鼠标、总线鼠标、USB 鼠标(多为光电鼠标)等。生产厂家有罗技、明基、双飞燕、微软等。

鼠标的基本操作有五种：指向、单击、双击、拖动和右击，操作方法如表 1-2 所示。二键鼠标有左、右两键，左按键又叫做主按键，大多数的鼠标操作是通过主按键的单击或双击完成的。右按键又叫做辅按键，主要用于一些专用的快捷操作。

表 1-2 鼠标的基本操作

鼠标动作名称	操　作　方　法
指向	指移动鼠标，将鼠标指针移到操作对象上
单击	指快速按下并释放鼠标左键。单击一般用于选定一个操作对象
双击	指连续两次快速按下并释放鼠标左键。双击一般用于打开窗口或启动应用程序
拖动	指按下鼠标左键，移动鼠标到指定位置，再释放按键的操作。拖动一般用于选择多个操作对象，复制或移动对象等
右击	指快速按下并释放鼠标右键。右击一般用于打开一个与操作相关的快捷菜单

4．输出设备

输出设备可以将计算机处理的结果转变为人们所能接受的形式。常见的输出设备有显示器、打印机、绘图仪、音箱等。

计算机的主要组成
硬件系统-4

1）显示器

显示器通常也被称为监视器，用户通过它可以很方便地查看输入计算机的程序、数据和图形等信息及经过计算机处理后的中间和最后结果。显示器是人机对话的重要工具。

常见的显示器有：CRT 显示器(阴极射线管显示器)、LCD 显示器(即液晶显示器，如图 1-21 所示)、LED 显示屏(LED panel)、等离子显示器(PDP)等。

下面介绍几个与显示器有关的非常重要的技术指标。

图 1-21　液晶显示器

- 可视面积：液晶显示器所标示的尺寸就是实际可以使用的屏幕范围。
- 可视角度：可视角度是指用户可以从不同的方向清晰地观察屏幕上所有内容的角度。液晶显示器的可视角度左右对称，而上下则不一定对称。
- 分辨率：分辨率是指显示器所能显示的像素点的个数，一般用整个屏幕上光栅的列数与行数的乘积来表示。这个乘积越大，分辨率就越高。常用的分辨率有 640×480、800×600、1024×768、1280×1024 像素等。
- 灰度级：灰度级是每个像素点的亮暗层次级别，或者可以显示的颜色的数目，其值越高，图像层次越清楚逼真。
- 刷新率：刷新率以 Hz 为单位，CRT 显示器的刷新率一般应高于 75 Hz，若刷新率过低，屏幕就会有闪烁现象。
- 响应时间：响应时间指液晶显示器各像素点对输入信号反应的速度，其值是越小越好。如果响应时间过长，在显示动态图像时就会有尾影拖曳的感觉。

2）打印机

打印机(Printer)是计算机的输出设备之一，是将计算机的运算结果或中间结果以人所能识别的数字、字母、符号和图形等，依照规定的格式印在纸上的设备。衡量打印机好坏的指标有三项：打印分辨率、打印速度和噪声。

打印机的种类很多，按打印元件对纸是否有击打动作，分击打式打印机与非击打式打印机。按打印字符结构，分全形字打印机和点阵字符打印机。按一行字在纸上形成的方式，分串式打印机与行式打印机。按所采用的技术，分柱形、球形、喷墨式、热敏式、激光式、静电式、磁式、发光二极管式打印机等。

二、软件系统

计算机软件是指在计算机硬件上运行的各种程序、数据和一些相关的文档、资料等。一台性能优良的计算机硬件系统能否发挥其应有的功能，取决于为之配置的软件是否完善、丰富。因此，在使用和开发计算机系统时，必须要考虑到软件系统的发展与提高，必须熟悉与硬件配套的各种软件。从计算机系统的角度划分，计算机软件分为系统软件和应用软件。

计算机的主要组成
软件系统-1

计算机系统层次图如图 1-22 所示。

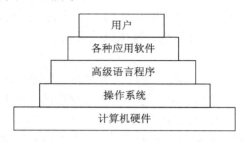

图 1-22　计算机系统层次图

1. 系统软件

系统软件是由计算机厂家作为计算机系统资源提供给用户使用的软件总称。其主要功能是使用和管理计算机，也是为其他软件提供服务的软件。系统软件最接近计算机硬件，其他软件都要通过它利用硬件特性发挥作用。系统软件包括操作系统、语言处理程序、数据库管理系统等，其中操作系统是核心。

(1) 操作系统(Operating System，OS)：是用户和计算机之间的接口。操作系统是最底层的系统软件，它是对硬件系统的首次扩充。操作系统实际上是一组程序，用于统一管理计算机资源，合理的组织计算机的工作流程，协调计算机系统的各部分之间、系统与用户之间、用户与用户之间的关系。由此可见，操作系统在计算机系统占有重要的地位，所有其他软件(包括系统软件与应用软件)都建立在操作系统的基础之上，并得到它的支持和取得它的服务。从用户的角度来看，当计算机配置了操作系统后，用户不再直接操作计算机硬件，而是利用操作系统所提供的命令和服务去操作计算机，也就是说，操作系统是用户与计算机之间的接口。目前比较流行的操作系统有 Windows、Uinx、Linux 等。

(2) 语言处理程序：人与人交流需要语言，人与计算机之间交流同样需要语言。人与计算机之间交流信息使用的语言称为程序设计语言。按照其对硬件的依赖程度，通常分为机器语言、汇编语言和高级语言三类。

机器语言是一种用二进制代码"0"和"1"组成的代码指令，是唯一可以被计算机硬件识别和执行的语言。机器语言占用内存小、执行速度快。但机器语言编写程序工作量大、程序阅读性差、调试困难。

汇编语言是使用一些能反映指令功能的助记符来代替机器指令的符号语言，汇编语言的指令与机器语言的指令基本上是一一对应的。汇编语言在编写、阅读和调试方面有很大进步，而且运行速度快。但是汇编语言仍然是一种面向机器的语言，编程复杂，可移植性差。

计算机的主要组成
软件系统-2

高级语言是一种独立于机器的算法语言，高级语言的表达方式接近于人们日常使用的自然语言和数学表达式，而且有一定的语法规则。高级语言编写的程序运行要慢一些，但是编程简单易学、可移植性好、可读性强、调试容易等。目前计算机高级语言已有上百种之多，常见的高级语言有 Basic、FORTRAN、C、C++、Java 等。

除机器语言之外，采用其他程序设计语言编写的程序计算机都不能直接运行，这种程序称为源程序。源程序必须被翻译成等价的机器语言程序，即目标程序，才能被计算机识别和执行。承担把源程序翻译成目标程序工作的是语言处理程序。常用的语言处理程序有三种：汇编程序、编译程序和解释程序。

汇编程序：汇编程序将用汇编语言编写的程序(源程序)翻译成机器语言程序(目标程序)，这一翻译过程称为汇编。

编译程序：编译程序是将用高级语言编写的程序(源程序)翻译成机器语言程序(目标程序)，这一翻译过程称为编译。对汇编语言而言，通常是将一条汇编语言指令翻译成一条机器语言指令，但对编译而言，往往需要将一条高级语言的语句转换成若干条机器语言指令。高级语言的结构比汇编语言的结构复杂得多。

解释程序：解释程序是边扫描边翻译边执行的翻译程序，解释过程不产生目标程序。解释程序将源语句一句一句读入，对每个语句进行分析和解释。

所以，语言处理程序采用以下两种方式工作：编译方式和解释方式。编译方式是把高级语言源程序整个翻译成目标程序。解释方式是把高级语言源程序的语句逐条解释执行，但是并不产生目标程序。

(3) 数据库管理系统：数据库管理系统主要面向解决数据处理的非数值计算问题，对计算机中存放的大量数据进行组织、管理、查询。目前常用的数据库管理系统有 SQL Server、Oracle、Mysql、Visual FoxPro 等。

(4) 其他系统软件：如网络通信管理系统、监控程序、故障处理程序等。

2．应用软件

应用软件是专门为解决某个或某些应用领域中的具体任务而编写的计算机应用程序及有关资料。应用软件可分为专业应用软件和通用应用软件。

计算机软件已经发展成为一个巨大的产业，软件的应用范围也涵盖了生活的方方面面，因此很多问题都有相应的软件可以解决。以下是一些主要应用领域的软件：

办公软件：微软 Office、永中 Office、WPS 等。

媒体播放：RealPlayer、Windows MediaPlayer、暴风影音、千千静听等。

媒体编辑：会声会影、声音处理软件 CoolEdit、视频解码器 ffdshow 等。

图像/动画编辑：Flash、Adobe Photoshop、GIF Movie Gear、光影魔术手等。

通信工具：QQ、MSN、飞信等。

程序设计：Visual Studio .Net、Boland C++、Delphi 等。

系统优化/保护：Windows 清理助手、Windows 优化大师、超级兔子、360 安全卫士、数据文件恢复、影子系统、硬件检测工具、GHOST 等。

下载软件：Thunder、WebThunder、BitComet、eMule、Flashget 等。

计算机系统由硬件系统和软件系统组成。硬件是计算机系统的躯体，软件是计算机系统的灵魂。硬件的性能决定了软件的运行速度，软件决定了可进行的工作性质。硬件和软件相辅相成，只有将两者有效的结合起来，才能使计算机系统发挥应有的功能。

1.2.2　计算机的工作原理

按照冯·诺依曼"存储程序"的思想，为了能使计算机完成特定任务，用户必须首先根据该任务要求编写相应的程序，然后通过输入设备向控制器发出输入信息的请求，在得到控制器许可的情况下，输入设备把程序和数据送到存储器中并保存起来。随后，计算机系统就会在控制器的控制协调下，自动地运行程序，并把程序运行结果存入存储器。最后，在控制器的控制下，输出设备把存储器中的运行结果输出，显示为用户容易识别的形式。

当我们需要计算机完成某项任务的时候，首先要将任务分解为若干基本操作的集合，计算机所要执行的基本操作命令就是指令。指令是对计算机进行程序控制的最小单元，是一种采用二进制表示的命令语言。一条指令通常由两个部分组成，即操作码和操作数，如图 1-23 所示。操作码用来规定指令进行什么操作，而操作数用来说明该操作处理的数据或数据所存储的单元地址。

操作码	操作数

图 1-23　指令格式

整个计算机工作过程的实质就是指令的执行过程，因为控制器对各个部件的控制都是通过指令实现的。指令的执行过程可以分为四步。

(1) 取指令：从存储器的某个地址中取出要执行的指令，送到控制器内部的指令存储器中暂存。

(2) 分析指令：把保存在指令寄存器中的指令送到指令译码器，译出该指令对应的微操作命令。

(3) 执行指令：根据指令译码器向各个部件发出相应的控制信号，完成指令规定的操作。

(4) 形成下一条指令：为执行下一条指令做好准备。

计算机不断重复这个过程，直到组成程序的所有指令全部执行完毕，就完成了程序的运行，实现了相应的功能。

任务 3　计算机中信息的表示

数据是人类能够识别或计算机能够处理的某种符号的集合，包括数字、文字、声音、图像等。经过加工处理后用于人们制定决策或具体应用的数据称作信息。信息的表示有两种形态：一种是人类可识别和理解的信息形态；一种是计算机能够识别和理解的信息形态。由于计算机硬件是由电子元器件组成的，而电子元器件大多都有两种稳定的工作状态，可以很方便地用"0"和"1"来表示，因而在计算机内部普遍采用"0"和"1"表示的二进制，这就使得通过输入设备输入到计算机中的任何信息都必须转换成二进制数的表示形式，才能被计算机硬件所识别。

1.3.1　计算机中的常用数制

数据与信息

数制也称计数制，是指用一组固定的符号和统一的规则来表示数值的方法。按进位的方法进行计数，称为进位计数制。要掌握进位计数制，必须先掌握数码、基数、进位计数制、位权的概念。

(1) 基数。在一种数制中，一组固定不变的不重复数字的个数称为基数(用 R 表示)。

进位计数制

(2) 位权。某个位置上的数代表的数量大小。

一般来说，如果数值只采用 R 个基本符号，则称为 R 进制。进位计数制的编码遵循"逢 R 进一"的原则。各位的权是以 R 为底的幂。对于任意一个具有 n 位整数和 m 位小数的 R 进制数 N，按各位的权展开可表示为：

$$(N)_R = a_{n-1}R^{n-1} + a_{n-2}R^{n-2} + \cdots + a_1R^1 + a_0R^0 + a_{-1}R^{-1} + \cdots + a_{-m}R^{-m}$$

公式中 a_i 表示各个数位上的数码，其取值范围为 0～R − 1，R 为计数制的基数，i 为数位的编号。

下面以十进制数为例举例说明：

(1) 组成进制数的 0～9 这些数字符号称为数码。

(2) 全部数码的个数称为基数。十进制数的基数为 10。

(3) 用"逢基数进位"的原则进行计数，称为进位计数制。十进制的计数原则是"逢十进一"。

(4) 进位后的数字，按其所在位置的前后，将代表不同的数值，表示各位有不同的"位权"。十进制数个位的"1"代表 1，即个位的位权是 1；十位的"1"代表 10，即十位的位权是 10；百位的"1"代表 100，即百位的位权是 100，依次类推。位权与基数的关系是：位权的值等于基数的若干次幂。

例如：十进制数 346.7 可以展开成下面的多项式：

$$346.7 = 3 \times 10^2 + 4 \times 10^1 + 6 \times 10^0 + 7 \times 10^{-1}$$

式中 10^2、10^1、10^0、10^{-1} 即为该位的位权，每一位上的数码与该位权的乘积就是该位的数值。

计算机中常用的进位计数制有：二进制、八进制、十进制、十六进制，其数码如下：

二进制：0、1

八进制：0、1、2、3、4、5、6、7

十进制：0、1、2、3、4、5、6、7、8、9

十六进制：0、1、2、3、4、5、6、7、8、9、A、B、C、D、E、F

数字的书写规则有两种：在数字后面加英文标识，或在括号外面加数字下标。

1) 在数字后面加英文标识

B(Binary)：表示二进制数。如，二进制数 100 可写成 100B。

O(Octonary)：表示八进制数。如，八进制数 500 可写成 500O。

D(Decimal)：表示十进制数。如，十进制数 500 可写成 500D。一般约定 D 可省去不写，即无后缀的数字为十进制数。

H(Hexadecimal)：表示十六进制数。如，十六进制数 500 可写成 500H。

2) 在括号外面加数字下标

$(1001)_2$：表示二进制数 1001。

$(3423)_8$：表示八进制数 3423。

$(5679)_{10}$：表示十进制数 5679。

$(3FE5)_{16}$：表示十六进制数 3FE5。

1.3.2 数制之间的转换

1．非十进制数转换成十进制数

转换方法：将要转换的非十进制数的各位数字与它的位权相乘，其积相加，和数就是十进制数。举例如下：

(1) 将二进制数 101101.11 转化为十进制数。

$$(101101.11)_2 = 1 \times 2^5 + 0 \times 2^4 + 1 \times 2^3 + 1 \times 2^2 + 0 \times 2^1 + 1 \times 2^0 + 1 \times 2^{-1} + 1 \times 2^{-2}$$
$$= 32 + 0 + 8 + 4 + 0 + 1 + 0.5 + 0.25$$
$$= (45.75)_{10}$$

(2) 将八进制数 123.4 转化为十进制数。

$$(123.4)_8 = 1 \times 8^2 + 2 \times 8^1 + 3 \times 8^0 + 4 \times 8^{-1}$$
$$= 64 + 16 + 3 + 0.5$$
$$= (83.5)_{10}$$

数制之间的转换

(3) 将十六进制数 5F.A 转化为十进制数。

$$(5F.A)_{16} = 5 \times 16^1 + 15 \times 16^0 + 10 \times 16^{-1}$$
$$= 80 + 15 + 0.0625$$
$$= (95.0625)_{10}$$

2．十进制数转换成非十进制数

转换方法：将十进制数转换为其他进制数时，可将此数分成整数与小数两部分分别转换，然后再按照规则组合起来即可。

整数部分的转换：将十进制整数连续除以非十进制数的基数，并将所得余数保留下来，直到商为 0，然后用"倒数"的方式(第一次相除所得余数为最低位，最后一次相除所得余数为最高位)，将各次相除所得余数组合起来即为所要求的结果，此法称为"除以基数倒取余法"。

小数部分的转换：将十进制小数连续乘以非十进制数的基数，并将每次相乘后所得的整数保留下来，直到小数部分为 0 或已满足精确度要求为止，然后将每次相乘所得的整数部分按先后顺序(第一次相乘所得整数部分为最高值，最后一次相乘所得的整数部分为最低值)组合起来。

例：将$(25.6875)_{10}$转换成二进制数。

整数部分转换如下：

2	25	余数	低位
2	12	·················1	
2	6	·················0	
2	3	·················0	
2	1	·················1	
	0	·················1	高位

即整数部分为$(11001)_2$。

小数部分转换如下：

$$
\begin{array}{r}
0.6875 \\
\times \quad 2 \qquad \text{整数}\\
\hline
1.3750 \cdots\cdots\cdots 1
\end{array}
$$

$$
\begin{array}{r}
0.3750 \\
\times \quad 2 \\
\hline
0.7500 \cdots\cdots\cdots 0
\end{array}
$$

$$
\begin{array}{r}
0.7500 \\
\times \quad 2 \\
\hline
1.5000 \cdots\cdots\cdots 1
\end{array}
$$

$$
\begin{array}{r}
0.5000 \\
\times \quad 2 \\
\hline
1.0000 \cdots\cdots\cdots 1
\end{array}
$$

高位 ↓ 低位

即小数部分为：$(0.1011)_2$。

将整数部分与小数部分组合起来，即得：$(25.6875)_{10} = (11001.1011)_2$。

说明：

(1) 十进制纯小数转换时，若遇到转换过程无穷尽时，应根据精度的要求确定保留几位小数，以得到一个近似值。

(2) 十进制与八进制、十六进制的转换方法和十进制与二进制之间的转换方法相同，这里不再举例。

3．二、八、十六进制数的相互转换

(1) 二进制数与八进制数之间的转换。由于一位八进制数对应三位二进制数，因此转换方法如下：

二进制数转换为八进制数：将二进制数以小数点为界，分别向左、向右每三位分为一组，不足三位时用 0 补足(整数在高位补 0，小数在低位补 0)，然后将每组三位二进制数转换成对应的八进制数。

例：将$(1011010.1)_2$转换成八进制数。

$$
\underline{001}\ \underline{011}\ \underline{010}.\underline{100}
$$

$$
1 \quad 3 \quad 2 \quad 4
$$

结果为$(1011010.1)_2 = (132.4)_8$。

八进制数转换为二进制数：按原数位的顺序，将每位八进制数等值转换成三位二进制数。

例：将八进制数$(756.3)_8$转换成二进制数。

$$
\begin{array}{cccc}
7 & 5 & 6 & .\ 3 \\
111 & 101 & 110 & 011
\end{array}
$$

结果为$(756.3)_8 = (111101110.011)_2$。

(2) 二进制数与十六进制数之间的转换：由于一位十六进制数对应四位二进制数，因而转换方法如下：

二进制数转换为十六进制数：将二进制数以小数点为界，分别向左、向右每四位分为一组，不足四位时用 0 补足(整数在高位补 0，小数在低位补 0)，然后将每组的四位二进制数等值转换成对应的十六进制数。

例：将二进制数$(1100111001.001011)_2$转换成十六进制数。

0011 0011 1001.0010 1100
3   3   9   2   C

结果为$(1100111001.001011)_2 = (339.2C)_{16}$。

十六进制数转换为二进制数：按原数位的顺序，将每位十六进制数等值转换成四位二进制数。

例：将$(AB3.57)_{16}$转换成二进制数。

A   B   3 . 5   7
1010 1011   0011   0101   0111

结果为$(AB3.57)_{16} = (101010110011.01010111)_2$。

1.3.3 计算机数据的编码

计算机数据的编码

计算机可以处理的信息除了数值之外，还有各种各样的文字、符号、声音、图像、视频等等，这些信息也必须表示为二进制编码的形式，计算机才能进行处理。下面介绍一些常用的编码标准。

1. ASCII 码

在计算机中，字符的存储和通信普遍采用 ASCII 码(American Standard Code For Information Interchange，美国标准信息交换代码)。ASCII 码有 7 位码和 8 位码两种形式。

标准 ASCII 码使用 7 位二进制数进行编码，可以表示 128 个字符，包括 0～9 十个数码符号、52 个大小写英文字母、32 个标点符号和运算符、34 个控制符。常见的 ASCII 码与进制的对照表如表 1-3 所示。

表 1-3   常见的 ASCII 码与进制的对照表

八进制	十六进制	十进制	字符	八进制	十六进制	十进制	字符
00	00	0	nul	100	40	64	@
01	01	1	soh	101	41	65	A
02	02	2	stx	102	42	66	B
03	03	3	etx	103	43	67	C
04	04	4	eot	104	44	68	D
05	05	5	enq	105	45	69	E
06	06	6	ack	106	46	70	F
07	07	7	bel	107	47	71	G
10	08	8	bs	110	48	72	H
11	09	9	ht	111	49	73	I
12	0a	10	nl	112	4a	74	J
13	0b	11	vt	113	4b	75	K

续表一

八进制	十六进制	十进制	字符	八进制	十六进制	十进制	字符
14	0c	12	ff	114	4c	76	L
15	0d	13	er	115	4d	77	M
16	0e	14	so	116	4e	78	N
17	0f	15	si	117	4f	79	O
20	10	16	dle	120	50	80	P
21	11	17	dc1	121	51	81	Q
22	12	18	dc2	122	52	82	R
23	13	19	dc3	123	53	83	S
24	14	20	dc4	124	54	84	T
25	15	21	nak	125	55	85	U
26	16	22	syn	126	56	86	V
27	17	23	etb	127	57	87	W
30	18	24	can	130	58	88	X
31	19	25	em	131	59	89	Y
32	1a	26	sub	132	5a	90	Z
33	1b	27	esc	133	5b	91	[
34	1c	28	fs	134	5c	92	\
35	1d	29	gs	135	5d	93	]
36	1e	30	re	136	5e	94	^
37	1f	31	us	137	5f	95	_
40	20	32	sp	140	60	96	`
41	21	33	!	141	61	97	a
42	22	34	"	142	62	98	b
43	23	35	#	143	63	99	c
44	24	36	$	144	64	100	d
45	25	37	%	145	65	101	e
46	26	38	&	146	66	102	f
47	27	39	`	147	67	103	g
50	28	40	(	150	68	104	h
51	29	41	)	151	69	105	i
52	2a	42	*	152	6a	106	j
53	2b	43	+	153	6b	107	k
54	2c	44	,	154	6c	108	l
55	2d	45	-	155	6d	109	m
56	2e	46	.	156	6e	110	n
57	2f	47	/	157	6f	111	o
60	30	48	0	160	70	112	p
61	31	49	1	161	71	113	q
62	32	50	2	162	72	114	r

八进制	十六进制	十进制	字符	八进制	十六进制	十进制	字符
63	33	51	3	163	73	115	s
64	34	52	4	164	74	116	t
65	35	53	5	165	75	117	u
66	36	54	6	166	76	118	v
67	37	55	7	167	77	119	w
70	38	56	8	170	78	120	x
71	39	57	9	171	79	121	y
72	3a	58	:	172	7a	122	z
73	3b	59	;	173	7b	123	{
74	3c	60	<	174	7c	124	|
75	3d	61	=	175	7d	125	}
76	3e	62	>	176	7e	126	~
77	3f	63	?	177	7f	127	del

ASCII 码常用于输入/输出设备，如键盘输入，显示器和打印机输出等。当从键盘输入字符时，编码电路将字符转换成对应的 ASCII 码输入计算机内，经处理后再将 ASCII 码表示的数据转换成对应的字符后在显示器或打印机上输出。

2. BCD 码

BCD(Binary Coded Decimal)码又称"二进制编码"，专门解决用二进制数表示十进制数的问题。BCD 码将每一位十进制数用四位二进制数表示，其编码方法很多，有 BCD_{8421}、BCD_{2421}、余 3 码、格雷码等。

最常用的是 BCD_{8421} 码，其方法是四位二进制数表示一位十进制数，自左至右每一位对应的位权是 8、4、2、1。BCD 码非常直观，但 BCD 码仅仅表示形式上的二进制数而并非真正的二进制数。例如，十进制数 $(82.5)_{10}$ 对应的 BCD 码是 $(10000010.0101)_{BCD}$，但对应的二进制数是 $(1010010.1)_2$。

3. 汉字编码

我国用户在使用计算机进行信息处理时，一般都要用到汉字，在计算机中使用汉字必须解决汉字的输入、输出及汉字处理等一系列问题。由于汉字数量大，汉字的形状和笔画多少差异极大，无法用一个字节的二进制代码实现汉字编码，因此汉字有自己独特的编码方法。在汉字输入、输出、存储和处理的不同过程中，所使用的汉字编码不相同，归纳起来主要有汉字输入码、汉字交换码、汉字机内码和汉字字形码等编码形式。

(1) 汉字输入码。 汉字输入码是为用户由计算机外部设备输入汉字而编制的汉字编码，又称外码。汉字输入码位于人机界面上，面向用户，编码原则简单易记，操作方便，有利于提高输入速度。汉字输入码的种类很多，归纳起来主要有数字编码、字音编码、字形编码和音形结合编码等几大类。每种方案对汉字的输入编码并不相同，但经转换后存入计算机内的机内码均相同。例如，我们以全拼输入编码键入"jin"，或以五笔字型输入法键入"QQQQ"都能得到"金"这个汉字对应的机内码。这个工作由汉字代码转换程序依照事先编制好的输入码对照表完成转换。

(2) 汉字交换码。汉字交换码是指在对汉字进行传递和交换时使用的编码，也称国标码。1981 年，国家标准局颁布了《信息交换用汉字编码字符集(基本集)》，简称 GB2312—80，代号国标码，这一标准是在汉字信息处理过程中使用代码的依据。GB2312—80 共收集汉字、字母、图形等字符 7445 个，其中汉字 6763 个(常用的一级汉字 3755 个，按汉语拼音字母顺序排列；二级汉字 3008 个，按部首顺序排列)，此外，还包括一般符号、数字、拉丁字母、希腊字母、汉语拼音字母等。在该标准集中，每个汉字或图形符号均采用双字节表示，每个字节只用低 7 位；将汉字或图形符号分为 94 个区，每个区分为 94 个位，高字节表示区号，低字节表示位号。国标码一般用十六进制表示，在一个汉字的区号和位号上分别加十六进制 20H，即构成该汉字的国标码。例如，汉字"啊"位于 16 区 01 位，其区位码为十进制数 1601D(即十六进制数 1001H)，对应的国标码为十六进制数 3021H。

(3) 汉字机内码。汉字机内码是只在计算机内部存储、处理、传输汉字用的代码，又称内码。

汉字国标码作为一种国家标准，是所有汉字都必须遵循的统一标准，但由于国标码每个字节的最高位都是"0"，与国际通用的 ASCII 码无法区分，因此必须经过某种变换才能在计算机中使用。英文字符的机内代码是 7 位的 ASCII 码，最高位为"0"，而将汉字机内代码两个字节的最高位设置为"1"，这就形成汉字的内码。

(4) 汉字字形码。 汉字字形码是表示汉字字形信息的编码。目前在汉字信息处理系统中大多以点阵方式形成汉字，所以汉字字形码就是确定一个汉字字形点阵的代码，全点阵字形中的每一点用一个二进制位来表示。随着字形点阵的不同，它们所需要的二进制位数也不同，例如 24×24 的字形点阵，每个字需要 72 字节；32×32 的字形点阵，每个字共需 128 字节。与每个汉字对应的这一串字节，就是汉字的字形码。

综上所述，汉字处理过程就是这些代码的转换过程。可以把汉字信息处理系统抽象为一个简单模型，如图 1-24 所示。

输入 ──→ 输入码 ──→ 交换码 ──→ 机内码 ──→ 字形码 ──→ 输出

图 1-24　汉字处理过程

任务 4　计算机的分类和主要性能指标

1.4.1　计算机的分类

计算机种类很多，可以从不同的角度对计算机进行分类。

1. 按照计算机原理分类

计算机的分类

(1) 数字式电子计算机。数字式电子计算机使用不连续的数字量即"0"和"1"来表示信息，其基本运算部件是数字逻辑电路。数字式电子计算机的精度高、存储量大、通用性强，能胜任科学计算、信息处理、实时控制、智能模拟等方面的工作。人们通常所说的计算机就是指数字式电子计算机。

(2) 模拟式电子计算机。模拟式电子计算机使用连续变化的模拟量即电压来表示信息，其基本运算部件是由运算放大器构成的微分器、积分器、通用函数运算器等运算电路。模拟式电子计算机解题速度极快，但精度不高，信息不易存储，通用性差，它一般用于解微分方程或进行自动控制系统设计中的参数模拟。

(3) 数字模拟混合式电子计算机。数字模拟混合式电子计算机是综合了上述两种计算机的长处设计出来的。它既能处理数字量，又能处理模拟量。这种计算机结构复杂，设计困难。

2．按照计算机用途分类

(1) 通用计算机。通用计算机是为解决各种问题，具有较强的通用性而设计的计算机。它具有一定的运算速度，有一定的存储容量，带有通用的外部设备，配备各种系统软件、应用软件。一般的数字式电子计算机多属此类。

(2) 专用计算机。专用计算机是为解决一个或一类特定问题而设计的计算机。它的硬件和软件的配置依据解决特定问题的需要而定，并不求全。专用计算机功能单一，配有解决特定问题的固定程序，能高速、可靠地解决特定问题。一般在过程控制中使用此类计算机。

3．按照计算机性能分类

计算机的性能主要是指其字长、运算速度、存储容量、外部设备配置、软件配置以及价格高低等。1989 年 11 月美国电气和电子工程师学会(IEEE)根据当时计算机的性能及发展趋势，将计算机分为巨型机、小巨型机、大型机、小型机、工作站和个人计算机六大类。

(1) 巨型机(Super Computer)。巨型机又称超级计算机，它是所有计算机类型中价格最贵、功能最强的一类计算机，其浮点运算速度已达每秒万亿次，目前多用在国家高科技领域和国防尖端技术中。前文提到的我国研发的天河 2 号是目前运算速度最快的巨型机。

(2) 小巨型机(Minisupers Computer)。小巨型机是 80 年代出现的新机种，因巨型机价格十分昂贵，在力求保持或略微降低巨型机性能的条件下开发出了小巨型机，使其价格大幅降低(约为巨型机价格的十分之一)。在技术上采用高性能的微处理器组成并行多处理器系统，使巨型机小型化。

(3) 大型机(Mainframe)。国外习惯上将大型机称为主机，它相当于国内常说的大型机和中型机。近年来大型机采用了多处理、并行处理等技术，其内存一般在 1 GB 以上，运行速度可达 300～750 MIPC(每秒执行 3 亿至 7.5 亿条指令)。大型机具有很强的管理和处理数据的能力，一般在大企业、银行、高校和科研院所等单位使用。例如，中国工商银行在全行计算机网络中配有大型机 100 多台。

(4) 小型机(Minicomputer)。小型机结构简单、价格较低、使用和维护方便，备受中小企业欢迎。70 年代出现小型机热，到 80 年代其市场份额已超过了大型机。那时在我国许多高校、科研院所都配置了 16 位的 PDP-11 及 32 位的 VAX-11 系列小型机。国产的有 DJS-2000 及生产批量较大的太极 2000 等。

(5) 工作站(Workstation)。工作站是一种高档微型机系统。它具有较高的运算速度，具有大型机或小型机的多任务、多用户能力，且兼有微型机的操作便利和良好的人机界面。

其最突出的特点是具有很强的图形交互能力，因此在工程领域特别是计算机辅助设计领域得到迅速应用。典型产品有美国 Sun 公司的 Sun 系列工作站。

(6) 个人计算机(Personal Computer)。个人计算机在国外简称 PC，国内多称为微型计算机。个人计算机是 70 年代出现的新机种，以其设计先进(总是率先采用高性能微处理器)、软件丰富、功能齐全、价格便宜等优势而拥有广大的用户，因而大大推动了计算机的普及应用。现在除了台式个人计算机外，还有膝上型、笔记本、掌上型、手表型等各种类型个人计算机。

计算机的分类还有一些，比如从字长来分，有 4 位、8 位、16 位、32 位、64 位计算机；按主机形式分，有台式机、便携机、笔记本式机、手掌式机等。

1.4.2　计算机的主要性能指标

计算机的主要性能指标

1．运算速度

计算机的运算速度是指计算机每秒钟执行的指令数，其单位为每秒百万条指令(MIPS)或者每秒百万条浮点指令(MFPOPS)。它们都是用基准程序来测试的。影响运算速度的主要因素有：

(1) CPU 的主频。主频指计算机的时钟频率。它在很大程度上决定了计算机的运行速度。

(2) 字长。字长是计算机能直接处理的二进制数据的位数。字长越长，一次所处理数据的有效位数就越多，计算机的运算精度就越高。

(3) 指令系统。不同类型的计算机，其指令系统一般也不同。指令系统越丰富，计算机数据信息的运算和处理能力就越强。

2．存储器的指标

(1) 存取速度：内存完成一次读(取)或写(存)操作所需的时间称为存储器的存取时间或者访问时间。

(2) 存储容量：内存容量反映了主存储器能够容纳的数据总量。内存容量越大，计算机运行时可支配的空间就越大，运行的速度就快。

3．I/O 速度

I/O 速度是指 CPU 与外部设备数据交换的速度。随着 CPU 主频速度的提升，存储器容量的扩大，系统性能的瓶颈越来越多地体现在 I/O 速度上。主机的 I/O 速度取决于 I/O 总线的设计。I/O 速度的提高对于慢速设备(例如键盘、打印机)关系不大，但对于高速设备则效果十分明显。

任务 5　计算机病毒及防范

1.5.1　计算机病毒的定义

计算机病毒是指编制或者在计算机程序中插入的破坏计算机功能或者破坏数据以影响

计算机使用、并能自我复制的一组计算机指令或者程序代码。

　　计算机病毒实际上是一种小程序，它能够自我复制，可将自己的病毒代码依附在其他程序上，通过其他程序的执行，伺机传播病毒程序。病毒程序有一定的潜伏期，一旦条件成熟，即进行各种破坏活动，影响计算机使用。

计算机病毒的
定义与特性

1.5.2　计算机病毒的特性

　　计算机病毒的主要特性有传染性、隐蔽性、潜伏性、破坏性、不可预见性，其中传染性是病毒最重要的一条特性。

　　(1) 传染性：正常的计算机程序一般是不会将自身的代码强行连接到其他程序之上的，而病毒却能够使自身的代码强行传染到一切符合其传染条件的未受到传染的程序之上。计算机病毒可以通过各种可能的渠道，如软盘、光盘和计算机网络去传染其他的计算机。当你在一台机器上发现了病毒时，往往曾经在这台计算机上使用过的软盘也已感染上了病毒，而与这台机器相联网的其他计算机或许也被该病毒感染了。是否具有传染性是判别一段程序是否为计算机病毒的最重要的条件。

　　(2) 隐蔽性：病毒一般是具有很高编程技巧、短小精悍的一段程序，通常潜伏在正常程序或磁盘中。病毒程序与正常程序不容易被区别开来，在没有防护措施的情况下，计算机病毒程序取得系统控制权后，可以在很短的时间内感染大量程序。受到感染后，计算机系统通常仍能正常运行，用户不会感到有任何异常。试想，如果病毒在传染到计算机上之后，机器马上无法正常运行，那么它本身便无法继续进行传染了。正是由于其隐蔽性，计算机病毒得以在用户没有察觉的情况下扩散到其他计算机中。大部分病毒的代码之所以设计得非常短小，也是为了隐藏。多数病毒一般只有几百或几千字节，而计算机对文件的存取速度比这要快得多。病毒将这短短的几百字节加入到正常程序之中，使人不易察觉。

　　(3) 潜伏性：大部分病毒在感染系统之后不会马上发作，它可以长时间隐藏在系统中，只有在满足其特定条件时才启动其表现(破坏)模块。正因为这样它才得以进行广泛传播。如"PETER-2"在每年2月27日会提3个问题，答错后将会把硬盘加密。著名的"黑色星期五"每逢13号的星期五发作。国内的"上海一号"会在每年三、六、九月的13日发作。当然，最令人难忘的便是4月26日发作的CIH病毒。这些病毒在平时会隐藏得很好，只有在发作日才会露出本来面目。

　　(4) 破坏性：任何病毒只要侵入系统，都会对系统及应用程序产生不同程度的影响。良性病毒可能只显示些画面或发出点音乐、无聊的语句，或者根本没有任何破坏动作，只是会占用系统资源。恶性病毒则有明确的目的，或破坏数据、删除文件，或加密磁盘、格式化磁盘，有的甚至对数据造成不可挽回的破坏。

　　(5) 不可预见性：从对病毒的检测方面来看，病毒还具有不可预见性。不同种类的病毒，其代码千差万别，但有些操作是共有的，如驻留内存、改中断。有些人利用病毒的这种共性，制作了声称可以查找所有病毒的程序。这种程序的确可以查出一些新病毒，但由于目前的软件种类极其丰富，而且某些正常程序也使用了类似病毒的操作甚至借鉴了某些病毒的技术，因此使用这种方法对病毒进行检测势必会产生许多误报，而且病毒的制作技术也在不断地提高，病毒相对反病毒软件永远是超前的。

1.5.3 常见的计算机病毒

常见的计算机病毒有引导区病毒、文件型病毒、宏病毒、脚本病毒、网络蠕虫病毒和木马病毒等。

1. 引导区病毒

引导型病毒是一种在系统引导时出现的病毒，它先于操作系统，依托的环境是 BIOS 中断服务程序。引导型病毒是利用操作系统的引导模块藏身于某个固定的位置，并且控制权的转交方式是以物理位置为依据，而不是以操作系统引导区的内容为依据，因而病毒占据该物理位置即可

常见的计算机病毒
及感染症状

获得控制权，而将真正的引导区内容转移或替换，待病毒程序执行后，将控制权交给真正的引导区内容，使得这个带病毒的系统看似正常运转，而病毒已隐藏在系统中并伺机传染、发作。

2. 文件型病毒

文件型病毒与引导区病毒的工作方式是完全不同的。在各种 PC 机病毒中，文件型病毒的数目最大，传播得最广，采用的技巧也最多。文件型病毒可对源文件进行修改，使其成为新的文件。文件型病毒分两类：一种是将病毒加在 COM 前部，一种是加在文件尾部。文件型病毒传染的对象主要是.COM 和.EXE 文件。

3. 宏病毒

宏病毒是一种寄存在文档或模板的宏中的计算机病毒。一旦打开这样的文档，其中的宏就会被执行，于是宏病毒就会被激活，转移到计算机上，并驻留在 Normal 模板上。从此以后，所有自动保存的文档都会"感染"上这种宏病毒，而且如果其他用户打开了感染病毒的文档，宏病毒又会转移到其他的计算机上。如果某个文档中包含了宏病毒，我们称此文档感染了宏病毒；如果 WORD 系统中的模板包含了宏病毒，我们称 WORD 系统感染了宏病毒。

4. 脚本病毒

脚本病毒依赖一种特殊的脚本语言(如 VBScript、JavaScript 等)起作用，同时需要主软件或应用环境能够正确识别和翻译这种脚本语言中嵌套的命令。

5. 蠕虫病毒

蠕虫病毒是一种常见的计算机病毒。它利用网络进行复制和传播，传染途径是通过网络和电子邮件。最初的蠕虫病毒定义是因为在 DOS 环境下，病毒发作时会在屏幕上出现一条类似虫子的东西，胡乱吞吃屏幕上的字母并将其变形。蠕虫病毒是自包含的程序(或是一套程序)，它能传播自身功能的拷贝或自身(蠕虫病毒)的某些部分到其他的计算机系统中(通常是通过网络连接)。蠕虫病毒的前缀是 Worm。

比如危害很大的"尼姆亚"病毒就是蠕虫病毒的一种，2006 年春天流行的"熊猫烧香"以及其变种也是蠕虫病毒。这一病毒利用了微软视窗操作系统的漏洞，计算机感染这一病毒后，会不断自动拨号上网，并利用文件中的地址信息或者网络共享进行传播，最终破坏用户的大部分重要数据。

6．木马病毒

木马(Trojan)这个名字来源于古希腊传说。"木马"程序是目前比较流行的病毒文件，与一般的病毒不同，它不会自我繁殖，也并不"刻意"地去感染其他文件，它通过将自身伪装起来吸引用户下载执行，为施种木马者打开被种者电脑的门户，使施种者可以任意毁坏、窃取被种者的文件，甚至远程操控被种者的电脑。"木马"与计算机网络中常常要用到的远程控制软件有些相似，但由于远程控制软件是"善意"的控制，因此通常不具有隐蔽性；"木马"则完全相反，木马要达到的是"偷窃"性的远程控制，如果没有很强的隐蔽性的话，那就是"毫无价值"的。

木马病毒通过一段特定的程序(木马程序)来控制另一台计算机。木马通常有两个可执行程序：一个是客户端，即控制端；另一个是服务端，即被控制端。植入被种者电脑的是"服务器"部分，而所谓的"黑客"正是利用"控制器"进入运行了"服务器"的电脑。运行了木马程序的"服务器"以后，被种者的电脑就会有一个或几个端口被打开，黑客可以利用这些打开的端口进入电脑系统，安全和个人隐私也就全无保障了！木马设计者为了防止木马被发现，一般会采用多种手段隐藏木马。木马的服务一旦运行并被控制端连接，其控制端将享有服务端的大部分操作权限，例如给计算机增加口令，浏览、移动、复制、删除文件，修改注册表，更改计算机配置等。

随着病毒编写技术的发展，木马程序对用户的威胁越来越大，尤其是一些木马程序采用了极其狡猾的手段来隐蔽自己，使普通用户很难在中毒后发觉。

1.5.4　计算机病毒的防治

对病毒的防治方法可从以下几个方面实现：

计算机病毒的防治

1．用常识进行判断

绝不打开来历不明邮件的附件，对看来可疑的邮件附件要自觉阻断。这是因为Windows 允许用户在文件命名时使用多个后缀，而许多电子邮件程序只显示第一个后缀，例如，你看到的邮件附件名称是 wow.jpg，而它的全名实际是 wow.jpg.vbs，打开这个附件意味着运行一个恶意的 VBScript 病毒，而不是你的 JPG 查看器。

2．安装防病毒软件

安装防病毒软件并保证更新最新的病毒定义码，建议用户至少每周更新一次病毒定义码，因为防病毒软件只有最新才最有效。常用的杀毒软件有金山毒霸、瑞星、江民、卡巴斯基、360 杀毒软件等。

3．做一次彻底的病毒扫描

当你首次在计算机上安装防病毒软件时，一定要花费些时间对机器做一次彻底的病毒扫描，以确保它尚未受过病毒感染。领先的防病毒软件供应商现在都已将病毒扫描作为自动程序，当用户在初装其产品时自动执行。

4．安全渠道下载

不要从任何不可靠的渠道下载任何软件。因为通常我们无法判断什么是不可靠的渠道，所以比较保险的办法是对安全下载的软件在安装前先做病毒扫描。

5．做好邮件杀毒的工作

根据国际计算机安全协会的统计，目前 87%的病毒是通过电子邮件进入系统的。如果你收到一封来自朋友的邮件，声称有一个最具杀伤力的新病毒，并让你将这封警告性质的邮件转发给你所有认识的人，这十有八九是欺骗性的病毒。建议你访问防病毒软件供应商，证实确有其事。这些欺骗性的病毒不仅浪费收件人的时间，而且可能与其声称的病毒一样有杀伤力。

6．禁用 Windows Scripting Host

禁用 Windows Scripting Host。Windows Scripting Host(WSH)运行各种类型的文本，但基本都是 VBScript 或 Jscript。许多病毒/蠕虫，如 Bubbleboy 和 KAK.worm 使用 Windows Scripting Host，无需用户点击附件，就可自动打开一个被感染的附件。

7．使用防火墙

使用基于客户端的防火墙或过滤措施。如果你使用互联网，特别是使用宽带并总是在线，那就非常有必要用个人防火墙保护你的隐私并防止不速之客访问你的系统。如果你的系统没有加设有效防护，你的家庭地址、信用卡号码和其他信息都有可能被窃。

虽然通过上述方法并不能从根本上做到一劳永逸地防治计算机病毒，但只要平时的"防、查、杀"工作做得好，就会将病毒对系统的潜在破坏性降到最低。

项目 2

认识 Windows 10 操作系统及基本应用

/////////////////////////////

任务 1　认识 Windows 10 操作系统

　　Windows 10 是美国微软(Microsoft)公司开发的跨平台、跨设备的封闭性操作系统，于 2015 年 7 月 29 日正式发布。Windows 10 在易用性和安全性方面有了极大的提升，除了针对云服务、智能移动设备、自然人机交互等新技术进行融合外，还对固态硬盘、生物识别、高分辨率屏幕等硬件方面进行了优化完善与支持，使用户通过 Windows 10 能够更便捷地使用更多种类的电子设备。

2.1.1　Windows 10 的不同版本

　　Windows 10 总共分为 7 个不同的版本，如图 2-1 所示。

图 2-1　Windows 10 版本

1. Windows 10 家庭版(Windows 10 Home)

　　Windows 10 家庭版是普通用户用的最多的版本，该版本拥有 Windows 全部核心功能，比如 Edge 浏览器、Cortana 小娜语音助手、虚拟桌面以及微软 Windows Hello 等。

　　该版本支持 PC、平板、笔记本电脑、二合一计算机等各种设备。

2. Windows 10 专业版(Windows10Pro)

　　Windows 10 专业版主要面向计算机技术爱好者和企业技术人员，除了拥有 Windows 10

家庭版所包含的应用商店、Edge 浏览器、Cortana 小娜语音助手以及 Windows Hello 等之外，还新增加了一些安全类和办公类功能。比如，允许用户管理设备及应用，保护敏感企业数据，云技术支持等。

除此之外，Windows 10 专业版还内置了一系列 Windows 10 增强的技术，主要包括组策略、Bitlocker 驱动器加密、远程访问服务以及域名连接。

3．Windows 10 企业版(Windows 10 Enterprise)

Windows 10 企业版在提供全部专业版商务功能的基础上，还新增了特别为大型企业设计的强大功能，包括无需 VPN 即可连接的 DirectAccess、通过点对点连接与其他 PC 共享下载与更新的 BranchCache、支持应用白名单的 AppLocker 以及基于组策略控制的开始屏幕。

Windows 10 企业版除了具备 Windows Update for Business 功能外，还新增了一种名为 LongTerm Servicing Branches 的服务，可以让企业拒绝功能性升级而仅获得安全相关的升级。

4．Windows 10 教育版(Windows 10 Education)

在 Windows 10 之前，微软公司还从未推出过教育版操作系统，这是针对大型的学术机构设计的版本，具备企业版中的安全、管理和连接功能。此外，除了更新选项方面的差异之外，教育版基本上与企业版相同。

5．Windows 10 移动版(Windows 10 Mobile)

Windows 10 的移动版主要面向尺寸较小、配置触控屏的移动设备，比如智能手机和小尺寸平板电脑。

移动版是 Windows 10 的关键组成部分，向用户提供了全新的 Edge 浏览器以及针对触控操作优化的 Office 和 Outlook 办公软件。搭载移动版的智能手机或平板电脑可以连接显示器，向用户呈现 Continuum 界面。

6．Windows 10 企业移动版(Windows 10 Mobile Enterprise)

Windows 10 企业移动版是针对大规模企业用户推出的，采用了与企业版类似的批量授权许可模式，它将提供给批量许可用户使用，增添了企业管理更新，以及及时获得更新和安全补丁软件的功能。

7．Windows 10 物联网核心版(Windows10IoT Core)

Windows 10 物联网核心版是专为嵌入式设备构建的 Windows 10 操作系统版本。与电脑版系统相比，Windows 10 物联网核心版在系统功能、代码方面进行了大量的精简和优化，主要面向小体积的物联网设备。

2.1.2 Windows 10 的启动

开启计算机主机箱和显示器的电源开关，Windows 10 将载入内存，接着开始对计算机的主板和内存等进行检测，系统启动完成后将进入 Windows 10 欢迎界面，若只有一个用户且没有设置用户密码，则直接进入系统桌面。

如果系统存在多个用户且设置了用户密码，则需要选择用户并输入正确的密码才能进入系统。

2.1.3　Windows 10 的桌面组成

启动 Windows 10 后，在屏幕上即可看到 Windows 10 桌面。在默认情况下，Windows 10 的桌面是由桌面图标、鼠标指针和任务栏 3 个部分组成，如图 2-2 所示。

图 2-2　Windows 10 桌面

任务栏默认情况下位于桌面的最下方，由"开始"按钮、"cortana 搜索"按钮、"任务视图"按钮、任务区、通知区域和"显示桌面"按钮(单击可快速显示桌面) 6 个部分组成，如图 2-3 所示。

图 2-3　Windows 10 任务栏

"cortana 搜索""任务视图"是 Windows 10 的新增功能，单击"cortana 搜索"按钮，在该界面中可以通过打字或语音输入方式帮助用户快速打开某一个应用，也可以实现聊天、看新闻、设置提醒等操作，如图 2-4 所示。

图 2-4　cortana 搜索

单击"任务视图"按钮，可以让一台计算机同时拥有多个桌面，如图 2-5 所示。

图 2-5　任务视图

2.1.4　Windows 10 的退出

在退出 Windows 10 之前应保存文件或数据，然后关闭所有打开的应用程序。单击"开始"按钮，在打开的"开始"菜单中单击"电源"按钮，然后在打开的列表中选择"关机"选项即可。成功关闭计算机后，再关闭显示器的电源，如图 2-6 所示。

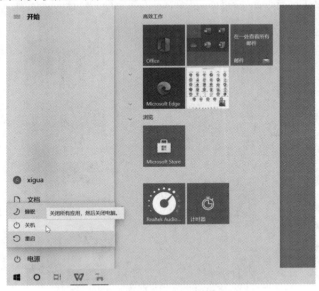

图 2-6　Windows 10 的退出

2.1.5　Windows 10 的程序启动

单击桌面任务栏左下角的"开始"按钮，即可打开"开始"菜单，计算机中几乎所有的应用都可在"开始"菜单中启动。"开始"菜单是操作计算机的重要门户，即使是桌面上没有显示的文件或程序，通过"开始"菜单也能轻松找到相应的程序，如图 2-7 所示。

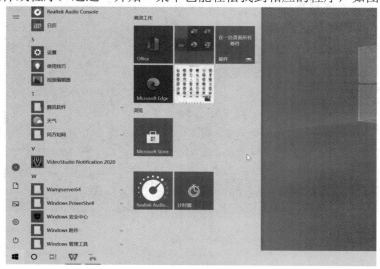

图 2-7 "开始"菜单

　　方法一：单击"开始"按钮，打开"开始"菜单，此时可以先在"开始"菜单左侧的高频使用区查看是否有需要打开的程序选项，如果有则选择该程序选项启动。如果高频使用区中没有要启动的程序，则在"所有程序"列表中依次单击展开程序所在的文件夹，选择需执行的程序选项启动程序，如图 2-8 所示。

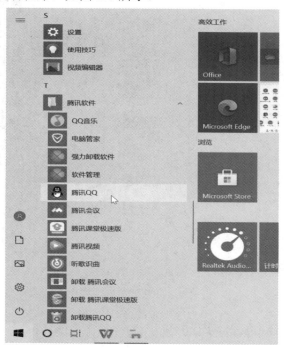

图 2-8 启动程序

方法二：在"此电脑"中找到需要执行的应用程序文件，用鼠标双击，也可在其上单击鼠标右键，在弹出的快捷菜单中选择"打开"命令。

方法三：双击应用程序对应的快捷方式图标。

方法四：单击"开始"按钮，打开"开始"菜单，在"搜索程序"文本框中输入程序的名称，选择后按"Enter"键打开程序，如图 2-9 所示。

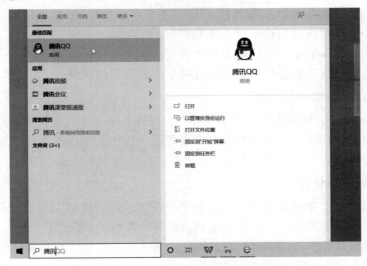

图 2-9 搜索程序

2.1.6 Windows 10 的窗口操作

1. Windows 10 的窗口组成

双击桌面上的"此电脑"图标，将打开"此电脑"窗口，这是一个典型的 Windows 10 窗口，窗口中各个组成部分如图 2-10 所示。

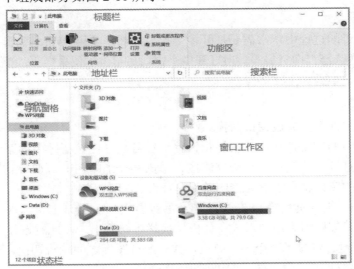

图 2-10 窗口组成

标题栏：位于窗口顶部，通过该工具栏可以快速实现设置所选项目属性和新建文件夹等操作，最右侧是窗口最小化、窗口最大化和关闭窗口的按钮。

功能区：功能区是以选项卡的方式显示的，其中存放了各种操作命令，要执行功能区中的操作命令，只需单击对应的操作名称即可。

地址栏：显示当前窗口文件在系统中的位置。

搜索栏：用于快速搜索计算机中的文件。

导航窗格：单击可快速切换或打开其他窗口。

窗口工作区：用于显示当前窗口中存放的文件和文件夹内容。

状态栏：用于显示当前窗口所包含项目的个数和项目的排列方式。

2．打开窗口及窗口中的对象

在 Windows 10 中，每当用户启动一个程序、打开一个文件或文件夹时都将打开一个窗口，而一个窗口中包括多个对象，打开某个对象又可能打开相应的窗口，该窗口中可能又包括其他不同的对象。

3．最大化或最小化窗口

• 最大化窗口可以将当前窗口放大到整个屏幕显示，这样可以显示更多的窗口内容，而最小化后的窗口将以图标按钮的形式缩放到任务栏的程序按钮区；

• 打开任意窗口，单击窗口标题栏右侧的"最大化"按钮，此时窗口将铺满整个显示屏幕，同时"最大化"按钮变成"还原"按钮；

• 单击"还原"即可将最大化窗口还原成原始大小；

• 单击窗口右上角的"最小化"按钮，此时该窗口将隐藏显示，并在任务栏的程序区域中显示一个图标，单击该图标，窗口将还原到屏幕显示状态。

4．移动和调整窗口大小

打开窗口后，有些窗口会遮盖屏幕上的其他窗口内容，为了查看被遮盖的部分，需要适当移动窗口的位置或调整窗口大小。

5．排列窗口

在使用计算机的过程中常常需要打开多个窗口，如既要用 Word 编辑文档，又要打开 Microsoft Edge 浏览器查询资料等。当打开多个窗口后，为了使桌面更加整洁，可以对打开的窗口进行层叠、堆叠和并排等操作。

6．切换窗口

下列几种方法都可以完成窗口切换。

通过任务栏中的按钮切换：将鼠标指针移至任务栏左侧按钮区中的某个任务图标上，此时将展开所有打开的该类型文件的缩略图，单击某个缩略图即可切换到该窗口，在切换时其他同时打开的窗口将自动变为透明效果，如图 2-11 所示。

按"Alt+Tab"组合键切换：按"Alt+Tab"组合键后，屏幕上将出现任务切换栏，系统当前打开的窗口都以缩略图的形式在任务切换栏中排列出来，此时按住"Alt"键不放，再反复按"Tab"键，将显示一个白色方框，并在所有图标之间轮流切换，当方框移动到需要的窗口图标上后释放"Alt"键，即可切换到该窗口。

图 2-11　切换窗口

　　按"Win+Tab"组合键切换：按"Win+Tab"组合键后，屏幕上将出现操作记录时间线，系统当前和稍早前的操作记录都以缩略图的形式在时间线中排列出来，若想打开某一个窗口，可将鼠标指针定位至要打开的窗口中，当窗口呈现白色边框后单击鼠标即可打开该窗口，如图 2-12 所示。

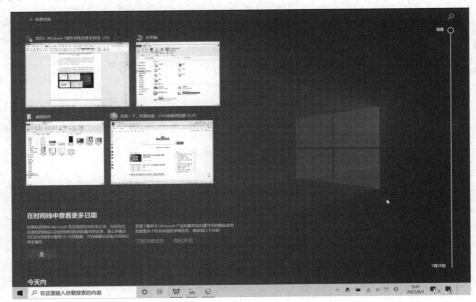

图 2-12　操作记录时间线

7. 关闭窗口

下列几种方法均可以关闭窗口。

- 单击窗口标题栏右上角的"关闭"按钮。
- 在窗口的标题栏上单击鼠标右键，在弹出的快捷菜单中选择"关闭"命令。

- 将鼠标指针移动到任务栏中某个任务缩略图上，单击其右上角的"关闭"按钮。
- 将鼠标指针移动到任务栏中需要关闭窗口的任务图标上，单击鼠标右键，在弹出的快捷菜单中选择"关闭窗口"命令或"关闭所有窗口"命令。
- 按"Alt+F4"组合键。

任务2　Windows 10 的文件管理

2.2.1　文件和文件夹的基本概念及其关系

1．文件和文件夹

文件是操作系统中用于组织和存储各种信息的载体，这些信息可以是程序、数据、文章、图片、影像或声音等。因此，文件是一组相关信息的集合，是计算机中组织和存储信息的基本单位。计算机通过文件来区分不同的信息集合。每个文件都有一个名字，即文件名。文件名是存取文件的依据，操作系统对每一个文件以文件名的方式在存储介质上进行存储。

文件夹是 Windows 10 中保存文件的最基本单位。用户将文件按不同类型放置到不同的文件夹中。文件夹中既可以包含文件，也可以包含文件夹，通常将包含的文件夹称为子文件夹，子文件夹中可以再包含下一级子文件夹，这样就形成一个目录树。

2．文件和文件夹的命名规则

为了区分和使用文件(文件夹)，必须给每一个文件(文件夹)起个名字，即文件名。文件名通常由主文件名和扩展名两部分组成，中间以"."连接，如图 2-13 所示。

图 2-13　文件名

文件名有如下几个特性：
- 文件名最长可有 255 个字符。
- 可以使用多个间隔符"."，最后一个间隔符后的字符才是扩展名。
- 文件名中包含汉字和空格，一个汉字算两个字符。
- 文件名不能包含下列九种字符：| " ？ \ / ： * < >
- 文件名中，不区分字母的大小写。
- 同一文件夹中的文件、子文件夹不能同名。
- 扩展名常用来表示文件的数据类型和性质，文件夹命名时一般不用扩展名部分。

3．文件和文件夹的基本属性规则

文件的属性是用来说明文件类型和文件信息对象要求的。文件的基本属性如图 2-14 所示。

图 2-14　文件的基本属性

- 只读：若文件或文件夹具有只读属性，意味着用户不能更改和删除。
- 隐藏：若文件或文件夹具有隐藏属性，系统在默认状态下不显示这类文件，这类文件和文件夹一般是系统核心文件或用户不愿意让他人轻易看到的个人文件。
- 存档(备份)：表明文件或文件夹是否进行过备份，对于重要的文件数据，需要定期备份，以防数据丢失造成巨大损失。单击【高级】按钮可以进入设置对话框，如图 2-15 所示。

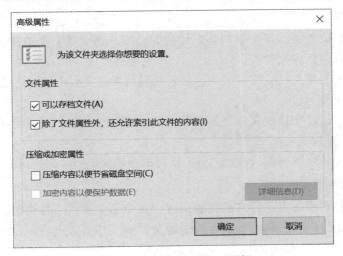

图 2-15　"高级属性"对话框

4．路径

文件存储的位置，称作文件的路径。路径就是操作系统描述文件位置的一条通路，一个完整的路径包括盘符、多级文件夹、文件名，其格式为：盘符\一级文件夹名\二级文件夹名\......\文件名。如：C:\Users\Administrator\Desktop\文件.txt。

5．"剪贴板"的用途

"剪贴板"是内存中的一块临时区域，用以存放用户在使用应用程序时复制的对象，可以是单一的文本或图形，也可以是完整的各类文件。剪贴板使得在各种应用程序之间传递和共享信息成为可能。

在 Windows 10 中，"剪贴板"只能保存一次复制的内容，当下一次复制的内容进入"剪贴板"后，原来的内容被自动覆盖，即"剪贴板"永远保存最新复制的内容。系统重新启动时，"剪贴板"内容将自动清空。

6．复制、剪切、粘贴的区别

- 复制：将选择的内容拷贝到"剪贴板"上，执行操作后原内容仍然存在。
- 剪切(移动)：不仅将选择的内容拷贝到"剪贴板"上，且执行操作后原内容从当前位置删除。
- 粘贴：将"剪贴板"上的内容复制到指定的位置，"剪贴板"的内容不消失。

2.2.2 文件/文件夹操作

1．选择文件和文件夹

选择多个不连续的文件或文件夹：按住"Ctrl"键不放，再依次单击所要选择的文件或文件夹，可选择多个不连续的文件或文件夹。

选择所有文件或文件夹：直接按"Ctrl+A"组合键，或选择【编辑】/【全选】命令，可以选择当前窗口中的所有文件或文件夹。

2．新建文件和文件夹

新建文件是指根据计算机中已安装的程序类别，新建一个相应类型的空白文件，新建后可以双击打开该文件并编辑文件内容。如果需要将一些文件分类整理在一个文件夹中以便日后管理，就需要新建文件夹。

方法一：定位创建文件或文件夹的区域，通过菜单【文件】|【新建】命令来完成新建文件或文件夹的操作；

方法二：定位创建文件或文件夹的区域，通过【单击右键】|【新建】命令来完成新建文件或文件夹的操作。

上述两种方法是最常用的。除此之外，还可以使用快捷键 Ctrl+Shift+N 来创建文件夹。

3．重命名文件或文件夹

文件或文件夹的重命名是经常遇到的问题，在命名文件或文件夹时，除了要遵循命名规则外，应尽量让用户从名称上就能大致了解文件或文件夹的内容，以便于记忆和查找。重命名操作常用以下四种方法：

方法一：利用"文件"菜单。

(1) 单击选中要重新命名的文件或文件夹。

(2) 选择菜单栏中的【文件】|【重命名】命令。

(3) 在名称框中输入新的文件名，按 Enter 键或单击名称框外任意位置即可完成设置。

方法二：利用快捷键。

(1) 单击选中要重新命名的文件或文件夹。

(2) 按 F2 快捷键。

(3) 在名称框中输入新的文件名，按 Enter 键或单击名称框外任意位置即可完成设置。

方法三：两次单击。

(1) 单击选中要重新命名的文件或文件夹。

(2) 再次单击要重新命名的文件或文件夹，时间间隔略长一些，否则将变为双击打开文件操作。

(3) 在名称框中输入新的文件名，按 Enter 键或单击名称框外任意位置即可完成设置。

方法四：利用快捷菜单。

(1) 单击右键选中要重新命名的文件或文件夹。

(2) 在弹出的快捷菜单中选择"重命名"命令。

(3) 在名称框中输入新的文件名，按 Enter 键或单击名称框外任意位置即可完成设置。

在 Windows 10 中可以快速批处理多个文件的重命名，即选择多个对象后进行一次重新命名。将多个图片命名后，各个文件结尾将以"(数字).jpg"的形式区分，如图 2-16、2-17所示。

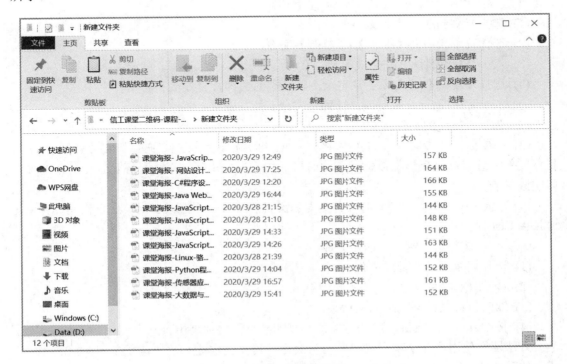

图 2-16　选中多个文件

图 2-17　批处理多文件重命名

4．复制文件或文件夹

复制文件或文件夹是最基本的操作之一，通常有以下四种方法：

方法一：利用"编辑"菜单，分四步完成。

(1) 选择要复制的文件或文件夹。

(2) 选择菜单栏中的【编辑】|【复制】命令。

(3) 双击目标文件夹，进入文件夹。

(4) 选择【编辑】|【粘贴】菜单命令，所选对象即被复制到目标文件夹中。

方法二：利用鼠标拖拽复制，分两步完成。

(1) 选择要复制的文件或文件夹。

(2) 将鼠标指针指向选中的文件，按住 Ctrl 键并按住鼠标左键向目标文件夹拖动鼠标，目标文件夹会以高亮反显加以标识，此时鼠标指针旁会出现一个加号标记，松开鼠标左键即完成复制。

🐞**注意**：如果要复制的目标文件夹与源文件不在同一个驱动器时，则在拖拽过程中无需按住 Ctrl 键。

方法三：使用组合键，分四步完成。

(1) 选择要复制的文件或文件夹。

(2) 按 Ctrl + C 组合键。

(3) 双击目标文件夹，进入文件夹。

(4) 按 Ctrl + V 组合键，所选对象即被复制到目标文件夹中。

方法四：使用快捷菜单中的"发送"命令，可将选定的对象快速复制到特定的文件夹或其他设备(如可移动磁盘)中，分三步完成。

(1) 选择要复制的文件或文件夹。

(2) 将鼠标指向选择的对象，单击右键。

(3) 在打开的快捷菜单中，单击"发送到"级联菜单的指定位置。

5．移动文件或文件夹

移动文件或文件夹是最基本的操作之一，当重新整理文件和文件夹时，经常会进行移动操作。常用的有以下三种方法：

方法一：利用"编辑"菜单，分四步完成。

(1) 单击选中要移动的文件或文件夹。

(2) 选择【编辑】|【剪切】菜单命令。

(3) 双击目标文件夹，进入当前文件夹。

(4) 选择【编辑】|【粘贴】菜单命令。

方法二：利用鼠标进行移动操作，分两步完成。

(1) 单击选中要移动的文件或文件夹。

(2) 将鼠标指针指向选中的文件，按住鼠标左键向目标文件夹拖动，目标文件夹呈高亮反显状态。

🐚 **注意**：如果源文件和目标文件夹处于同一个驱动器，则完成的是文件移动；如果源文件和目标文件夹不在同一个驱动器，此操作完成的是文件复制；如果按住 Shift 键再用鼠标拖动，可以完成不同驱动器之间的移动。

方法三：利用快捷键，分四步完成。

(1) 单击选中要移动的文件或文件夹。

(2) 按 Ctrl + X 组合键。

(3) 双击目标文件夹，进入当前文件夹。

(4) 按 Ctrl + V 组合键。

6．删除文件或文件夹

文件或文件夹的删除操作分为两种类型：可以恢复的删除和不可以恢复的永久删除。前者将删除的对象放入"回收站"中，"回收站"实际上是硬盘上的一块区域，此删除动作等价于将删除的对象移动到了"回收站"，可以打开"回收站"恢复被删除的文件。而不可恢复的删除，则是物理删除，文件不可被恢复，因此需要特别谨慎，以防止误将重要的文件删除。

1) 可恢复删除操作

可恢复删除操作常用的方法有以下四种：

方法一：单击选中要删除的文件或文件夹，选中【文件】|【删除】菜单命令。

方法二：单击选中要删除的文件或文件夹，按删除键 Delete。

方法三：右击要删除的文件或文件夹，在弹出的快捷菜单中选中【删除】命令。

方法四：单击选中要删除的文件或文件夹，将鼠标指针指向选中的文件，按住鼠标左键向"回收站"拖动。

🐚 **注意**：进行这种删除操作时，对话框提示的是"确实要把此文件放入回收站吗？"，如图 2-18 所示。

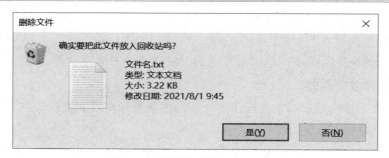

图 2-18　可恢复删除操作对话框

　　将文件或者文件夹放入到"回收站"的这种删除操作是可以恢复的，只需单击进入"回收站"，选中需要恢复的对象后单击右键，选中快捷菜单中的"还原"命令，即可将文件或文件夹恢复到删除前的位置和状态，如图 2-19 所示。

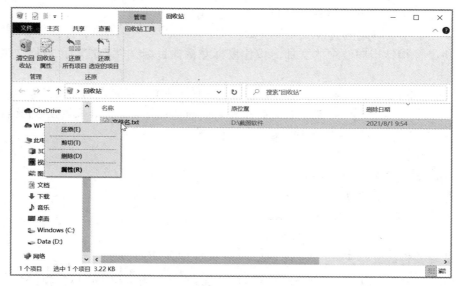

图 2-19　还原文件

2) 不可恢复删除操作

　　不可恢复删除操作的方法只有一种，选定需要删除的文件或文件夹，使用组合键 Shift+Delete 键将选定的文件或文件夹直接永久删除。

　　🐢注意：进行这种删除操作时，对话框提示的是"确实要永久性地删除此文件吗？"。若用户选择【是】按钮，将永久删除文件或文件夹，无法恢复，如图 2-20 所示。

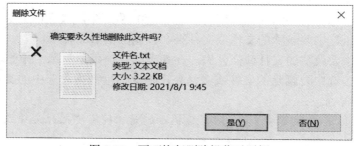

图 2-20　不可恢复删除操作对话框

7．压缩文件或文件夹

压缩文件或文件夹，可以缩小它们所占用的磁盘空间，以便于备份、存储、复制或移动。Windows 10 压缩文件或文件夹的操作可以在文件或文件夹属性中完成。详细步骤如下：

(1) 在"计算机"窗口中定位所需设置的文件夹，使用鼠标右键单击，在弹出的菜单中选择"属性"选项。

(2) 在打开的属性对话框的"常规"选项卡中单击【高级】按钮，打开"高级属性"对话框，如图 2-21 所示。

图 2-21　压缩文件夹

(3) 选中"压缩内容以便节省磁盘空间"复选框，然后单击两次"确定"按钮，即可打开如图 2-22 所示的"确认属性更改"对话框。这里有两个选项，如果选择"将更改应用于此文件夹、子文件夹和文件"选项，则可以压缩该文件夹下的所有内容；如果选择"仅将更改应用于此文件夹"选项，则该文件夹下现有的内容不会被压缩，但是之后加入的内容则会被压缩。

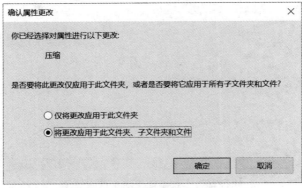

图 2-22　压缩属性更改对话框

(4) 单击【确定】按钮即可开始压缩进程。

解压过程只需将文件夹属性中的压缩选项前的勾选项去除即可。

8．搜索文件或文件夹

有时候，用户会忘记某个文件存放在计算机的哪个位置，而计算机中存储的文件很多，此时可以利用系统自带的搜索功能。Windows 10 提供了查找文件和文件夹的多种方法。用户可以根据实际情况选用不同的搜索方法。

1) 根据"文件内容"、"修改日期"或"文件大小"搜索

如果要基于一个或多个属性(例如标记或上次修改文件的日期)搜索文件，则可以在搜索时使用搜索筛选器指定属性。单击"搜索框"，然后单击相应搜索筛选器。根据单击的搜索筛选器，选择一个值。可以重复执行这些步骤，以建立基于多个属性的复杂搜索。每次单击搜索筛选器或值时，都会将相关字词自动添加到搜索框中，如图 2-23 所示。

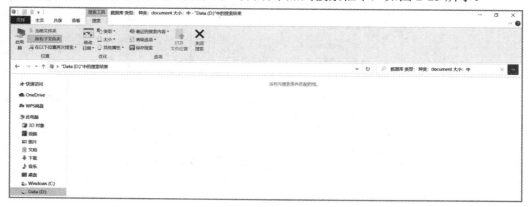

图 2-23　使用搜索筛选器

2) 从搜索框菜单中搜索

用户还可以使用菜单上的搜索框来查找存储在计算机上的文件、文件夹、程序和电子邮件。单击桌面左下角搜索框，在搜索框中键入字词或字词的一部分。键入后，与所键入文本相匹配的项将出现在搜索框中，如图 2-24 所示。

图 2-24　在搜索框中显示搜索结果

　　通常用户可能知道要查找的文件位于某个特定文件夹或库中，例如文档或图片文件夹/库。浏览文件可能意味着查看数百个文件和子文件夹。为了节省时间和精力，可以使用已打开窗口顶部的搜索框。搜索框位于每个库的顶部。它根据所键入的文本筛选当前视图。搜索将查找文件名和内容中的文本，以及标记等文件属性中的文本。在库中，搜索范围包括库中的所有文件夹及这些文件夹中的子文件夹。在搜索框中键入字词或字词的一部分时，系统将筛选文件夹或库的内容，如图 2-25 所示。

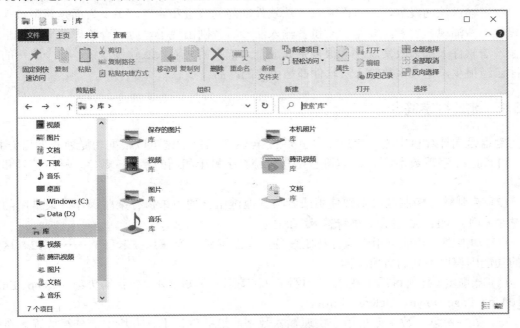

图 2-25　文件夹或库中的搜索框

2.2.3　库的使用

　　在 Windows 10 操作系统中，库的功能类似于文件夹，但它只是提供管理文件的索引，即用户可以通过库来直接访问，而不需要通过保存文件的位置去查找，所以文件并没有真正地被存放在库中。Windows 10 系统自带了视频、图片、音乐和文档等多个库，用户可将这类常用文件资源添加到库中，根据需要也可以新建库文件夹。

任 务 3　输 入 法 基 础

　　输入法是指为了将各种符号输入计算机或其他设备(如手机)而采用的编码方法。汉字输入的编码方法，基本上都是采用将音、形、义与特定的键相联系，再根据不同汉字进行组合来完成汉字的输入的。不同语言、国家或地区，有多种不同的输入法。当今世界上，多数的输入法软件是为汉语、韩语和日语而设计的。

最早的汉字输入法，一般认为是从 20 世纪 70 年代末期或者 80 年代初期有了个人电脑 PC 开始诞生的。虽然更早有电报码，用 0～9 十个数字中的四位组合构成每一个汉字，便于邮电局发送电报之用，但通常意义上，人们还是认为从 1981 年国家标准局发布《信息交换用汉字编码字符集基本集》GB2312－80 以来，个人计算机上开始使用的五笔字型或者拼音输入法才是输入法广为使用的真正开始。台湾的汉字输入法历史则可追溯至 1976 年由朱邦复发明的仓颉输入法。

汉字输入法的发展，一方面是输入法软件功能的改进和完善，另一方面是新型输入法编码的不断涌现。前者主要是针对拼音输入法，后者则出现了"万码奔腾"的局面。早期的输入法软件大都为收费软件，很多企业或个人依靠销售输入法软件挣钱，如今收费的输入法已经很少，绝大多数输入法软件都是免费的产品。

2.3.1　键盘打字简介

键盘是向计算机中输入信息的最主要的方式。键盘上的键可以根据功能划分为几个组：

(1) 键入(字母数字)键。这些键包括与传统打字机上相同的字母、数字、标点符号和符号键。

(2) 控制键。控制键可单独使用或者与其他键组合使用来执行某些操作。最常用的控制键是 Ctrl、Alt、Windows 徽标键 ⊞ 和 Esc。

(3) 功能键。功能键用于执行特定任务。功能键标记为 F1、F2、F3 …… F12。这些键的功能因程序不同而有所不同。

(4) 导航键。导航键用于在文档或网页中移动以及编辑文本，包括箭头键、Home、End、Page Up、Page Down、Delete 和 Insert。

(5) 数字键盘。数字键盘用于快速输入数字。这些键位于一方块中，分组放置，布局像常规计算器或加法器。

图 2-26 和 2-27 所示为这些键在典型键盘上的排列方式、键盘输入指法。

每当需要在程序、电子邮件或文本框中键入内容时，都将看到一条闪烁的竖线(|)。这是光标，也称作插入点。它显示将开始键入文本的位置。可以使用鼠标单击所需位置或者使用导航键来移动光标。

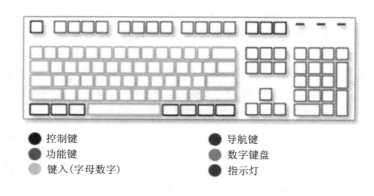

图 2-26　键盘上键的排列方式

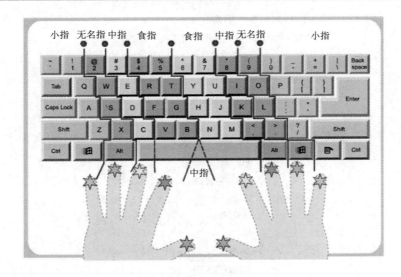

图 2-27　键盘输入指法

除了字母、数字、标点符号和符号以外，键入键还包括 Shift、Caps Lock、Tab、Enter、空格键和 Backspace。各键的功能如表 2-1 所示。

表 2-1　键入键功能

键名称	如何使用
Shift	同时按 Shift 与某个字母将键入该字母的大写字母。同时按 Shift 与其他键将键入在该键的上部分显示的符号
CapsLock	按一次 CapsLock，所有字母都将以大写键入。再按一次 Caps Lock 将关闭此功能。键盘上有一个指示 CapsLock 是否处于打开状态的指示灯
Tab	按 Tab 会使光标向前移动几个空格。还可以按 Tab 将光标移动到表单上的下一个文本框
Enter	按 Enter 将光标移动到下一行开始的位置。在对话框中，按 Enter 将选择突出显示的按钮
空格键	按空格键会使光标向前移动一个空格
Backspace	按 Backspace 将删除光标前面的字符或选择的文本

键盘快捷方式是使用键盘来执行操作的方式，有助于加快工作速度。事实上，可以使用鼠标执行的几乎所有操作或命令都可以使用键盘上的一个或多个键执行。在帮助主题中，两个或多个键之间的加号(+)指示应该一起按这些键。例如，Ctrl+A 表示按住 Ctrl，然后再按 A。Ctrl+Shift+A 表示按住 Ctrl 和 Shift，然后再按 A。可以在大多数程序中使用键盘来执行操作。若要查看哪些命令具有键盘快捷方式，请打开菜单。快捷方式(如果有)一般显示在菜单项的旁边，如图 2-28 所示。

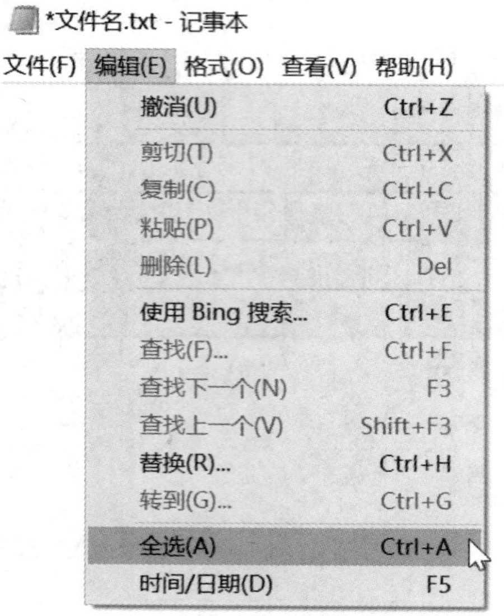

📝 *文件名.txt - 记事本

文件(F)　编辑(E)　格式(O)　查看(V)　帮助(H)

撤消(U)	Ctrl+Z
剪切(T)	Ctrl+X
复制(C)	Ctrl+C
粘贴(P)	Ctrl+V
删除(L)	Del
使用 Bing 搜索...	Ctrl+E
查找(F)...	Ctrl+F
查找下一个(N)	F3
查找上一个(V)	Shift+F3
替换(R)...	Ctrl+H
转到(G)...	Ctrl+G
全选(A)	Ctrl+A
时间/日期(D)	F5

图 2-28　键盘快捷方式显示在菜单项的旁边

表 2-2 列出了部分最有用的键盘快捷方式。

表 2-2　键盘快捷方式

按　键	功　能
Windows 徽标键	打开【开始】菜单
Alt+Tab	在打开的程序或窗口之间切换
Alt+F4	关闭活动项目或者退出活动程序
Ctrl+S	保存当前文件或文档(在大多数程序中有效)
Ctrl+C	复制选择的项目
Ctrl+X	剪切选择的项目
Ctrl+V	粘贴选择的项目
Ctrl+Z	撤消操作
Ctrl+A	选择文档或窗口中的所有项目
F1	显示程序或 Windows 的帮助
Windows 徽标键 🪟 + F1	显示 Windows "帮助和支持"
Esc	取消当前任务
应用程序键	在程序中打开与选择相关的命令的菜单，等同于右键单击选择的项目

　　使用导航键可以移动光标、在文档和网页中移动以及编辑文本。表 2-3 列出了这些键的部分常用功能。

表 2-3　导 航 键 功 能

按　键	功　能
向左键、向右键、向上键或向下键	将光标或选择内容沿箭头方向移动一个空格或一行，或者沿箭头方向滚动网页
Home	将光标移动到行首，或者移动到网页顶端
End	将光标移动到行末，或者移动到网页底端
Ctrl+Home	移动到文档的顶端
Ctrl+End	移动到文档的底端
Page Up	将光标或页面向上移动一个屏幕
Page Down	将光标或页面向下移动一个屏幕
Delete	删除光标后面的字符或选择的文本；在 Windows 中，删除选择的项目，并将其移动到"回收站"
Insert	关闭或打开"插入"模式。当"插入"模式处于打开状态时，在光标处插入键入的文本。当"插入"模式处于关闭状态时，键入的文本将替换现有字符

数字键盘排列数字 0～9、算术运算符"＋"(加)、"－"(减)、"＊"(乘)和"/"(除)以及在计算器或加法器上显示的小数点。当然，这些字符在键盘其他地方会有重复，但数字键盘的排列方式使用户使用一只手即可迅速输入数字数据或数学运算符，如图 2-29 所示。

若要使用数字键盘来输入数字，请按 Num Lock。大多数键盘都有一个指示 Num Lock 处于打开还是关闭状态的指示灯。当 Num Lock 处于关闭状态时，数字键盘将作为第二组导航键运行(这些功能印在键上面的数字或符号旁边)。

图 2-29　数字键盘

2.3.2　切换、删除输入法

系统安装好后可以通过控制面板中【时钟、语言和区域】|【更改键盘或其他输入法】命令打开"区域和语言"设置对话框，然后点击【更改键盘】打开"文本服务和输入语言"对话框，可以查看到系统中已安装的语言和输入法。如果要删除相关输入法，选中输入法后点击右边【删除】按钮即可完成删除操作。输入法的切换可以通过桌面右下角的语言栏选项来完成，或者通过快捷键 Ctrl+空格来打开或关闭输入法，使用 Ctrl+Shift 组合键可以在不同的输入法中切换，如图 2-30 所示。

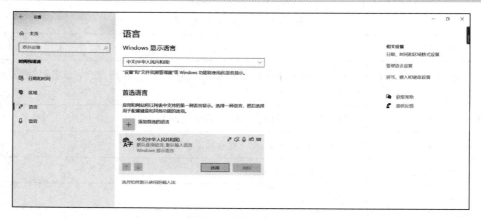

图 2-30　输入法设置

任务 4　Windows 10 的系统管理

2.4.1　设置日期和时间

　　若系统的日期和时间不是当前的日期，可将其设置为当前的日期和时间，还可对日期的格式进行设置。

2.4.2　Windows 10 个性化设置

　　对 Windows 10 系统进行个性化设置的方法为：在系统桌面上的空白区域单击鼠标右键，在弹出的快捷菜单中选择"个性化"命令，进入个性化设置界面，单击相应的按钮便可进行个性化设置，如图 2-31 所示。

图 2-31　个性化设置

• 单击"背景"按钮：在背景界面中可以更改图片，选择图片契合度，设置纯色或者幻灯片放映等参数。

• 单击"颜色"按钮：在颜色界面中，可以为 Windows 系统选择不同的颜色，也可以单击"自定义颜色"按钮，在打开的对话框中自定义自己喜欢的主题颜色。

• 单击"锁屏界面"按钮：在锁屏界面中，可以选择系统默认的图片，也可以单击"浏览"按钮，将本地图片设置为锁屏界面。

• 单击"主题"按钮：在主题界面中，可以自定义主题的背景、颜色、声音以及鼠标指针样式等项目，最后保存主题。

• 单击"开始"按钮：在开始界面中，可以设置"开始"菜单栏显示的应用。

• 单击"任务栏"按钮：设置任务栏中的选项在屏幕上的显示位置和显示内容等。

任务 5　Windows 10 系统的备份与还原

2.5.1　备份 Windows 10 操作系统

打开"控制面板"窗口，单击"系统和安全"超链接，在打开的界面中单击"备份和还原"超链接。

在打开的"备份和还原"窗口中单击"设置备份"超链接，如图 2-32 所示。

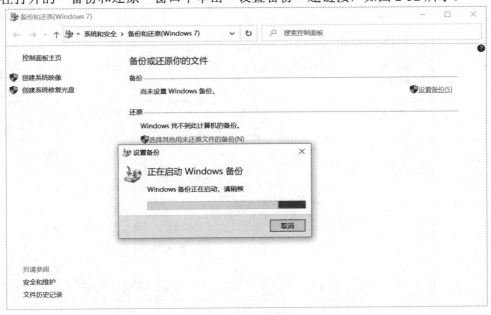

图 2-32　设置备份

在打开的窗口中提供了多种备份文件保存的位置，可以是本机计算机磁盘，也可以是DVD 光盘，甚至可以将备份保存到 U 盘等设备中，这里选择本机计算机磁盘，如图 2-33所示。

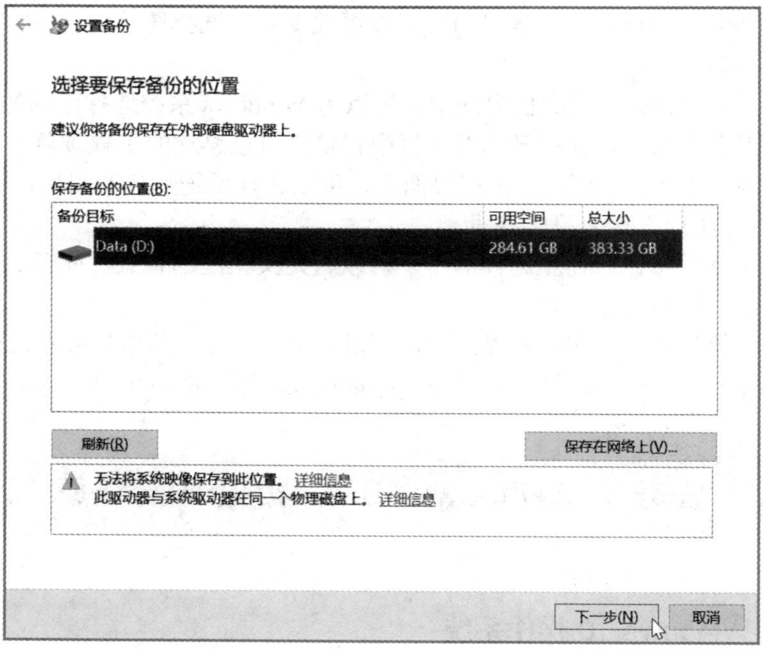

图 2-33　设置备份

　　依次单击"下一步"按钮，确认备份信息无误后，单击"保存设置并运行备份"按钮，如图 2-34 所示。

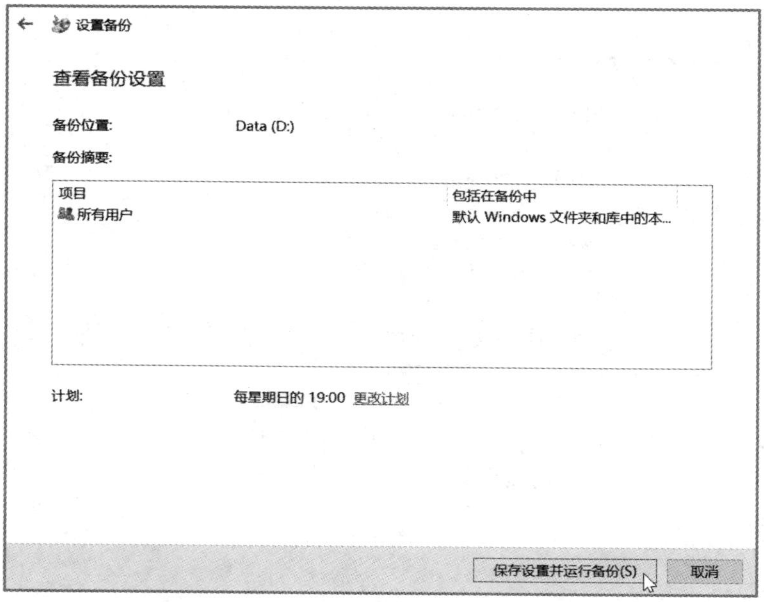

图 2-34　设置备份

　　稍后，系统将开始执行备份操作，待 Windows 备份完成后，将自动弹出提示对话框，单击"关闭"按钮完成备份操作，如图 2-35 所示。

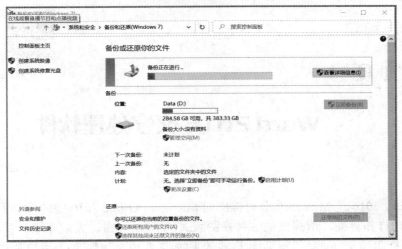

图 2-35　备份

2.5.2　还原 Windows 10 操作系统

在"控制面板"窗口中单击"系统和安全"超链接，在打开的界面中单击"从备份还原"超链接。

在打开的界面中单击"还原我的文件"按钮，打开"还原文件"对话框，单击"浏览文件夹"按钮，在打开的"浏览文件夹或驱动器的备份"对话框中选择已保存的 C 盘备份，然后单击"添加文件夹"按钮。

返回"还原文件"对话框，其中显示了要还原的文件夹，单击"下一步"按钮，如图 2-36 所示。

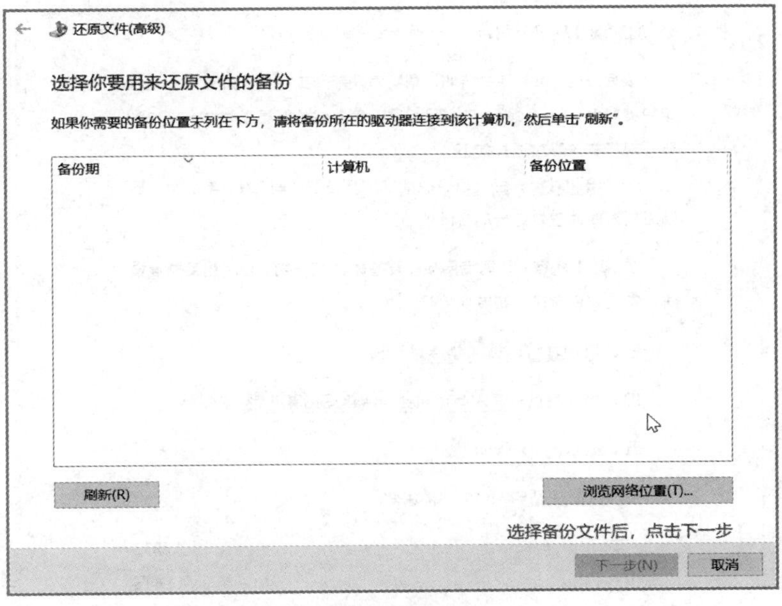

图 2-36　还原文件

项目 3

Word 2016 文字处理软件

/////////////////////////////

　　中文 Word 2016 是 Microsoft 公司推出的 Microsoft Office 2016 中的一个重要组件，具有非常直观的操作界面，所提供的各种视图版式(如页面视图、大纲视图、草稿视图等)、预览功能(如打印预览、缩略图预览)和格式效果(如渐变填充和映像)为用户观察文档的编辑和排版结果提供了极大的方便，是当今最流行的文字处理软件。

任务 1　制作培训通知

3.1.1　任务描述

了解 Word 的工作环境

　　××公司决定对 2014 年新入职的员工进行一次岗前培训，需要人事部制作一份培训通知，通知样文如图 3-1 所示。

> **关于组织××公司 2014 年新员工培训的通知**
>
> **公司各部门及子公司：**
>
> 　　根据公司 2014 年度培训计划，为使新员工尽快了解公司，增强组织凝聚力，拟对 2014 年 1 月 1 日以后入职的新员工举办一期培训班。现将有关事宜通知如下：
>
> 　　**一、培训对象**：总公司各职能部门及各子公司 2014 年 1 月 1 日以后新入职并已签订劳动合同的员工。
>
> 　　**二、培训内容**：公司发展战略及基本情况介绍，公司相关制度宣讲、安全知识宣讲、拓展训练等。
>
> 　　**三、培训时间**：2014 年 9 月 1 日
>
> 　　**四、培训地点**：武汉商贸职业学院素质拓展基地
>
> 　　**五、联系人**☺：张晶
>
> 　　**联系电话**☎：027-82734288
>
> 　　　　　　　　　　　　　　　　　　　　人事处
>
> 　　　　　　　　　　　　　　　　　　　2014 年 8 月 15 日

图 3-1　通知样文

3.1.2　任务分析

要实现本任务，首先要进行文本录入，包括特殊字符的输入，然后对文本进行一定的编辑修改，如复制、剪切、移动、删除等，最后按要求对文本进行相应的格式设置，从而学会制作会议通知、纪要、工作报告和总结等日常办公文档。

要完成本项工作任务，需要进行如下操作：

(1) 新建文档，命名并保存。

(2) 录入文本。

(3) 插入特殊字符☺、☎。

(4) 设置标题文字格式：字体为黑体、三号、加粗、红色，字符间距加宽 2 磅、阴影效果，居中对齐，段前段后间距 12 磅。

(5) 设置称呼格式：宋体、小三、加粗，段后 12 磅，无首行缩进。

(6) 设置正文文字格式：宋体、四号，首行缩进 2 字符，行距 1.5 倍，"联系电话"段落首行缩进 4 字符。

(7) 设置各段子标题格式：加粗，下划线为双线，段后 12 磅。

(8) 设置时间和地点格式：底纹为黄色，边框为 0.5 磅红色单实线。

(9) 设置落款格式：对齐方式为右对齐。

(10) 保存文档。

3.1.3　任务实现

新建文档并录入文字

1．新建 Word 文档并保存

单击【开始】按钮，在【所有程序】列表中找到【Word 2016】并选中，在打开的界面中选择【空白文档】，Word 自动创建名为"文档 1"的空白文档，单击【文件】|【保存】，在打开的"另存为"对话框中，输入文件名"学号+姓名"，保存位置为 E 盘根目录，默认保存类型，Word 2016 默认文件扩展名为".docx"，然后单击【保存】按钮，如图 3-2 所示。

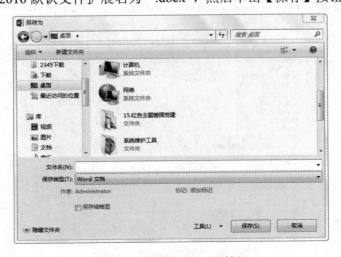

图 3-2　"另存为"对话框

2．录入文本

文本在输入时有两种状态，即插入状态和改写状态，两者可通过 Insert 键进行切换。在 Word 文档中可输入汉字和英文字符。输入汉字时，要按 Ctrl+ 空格键组合键切换到中文输入法状态；如果电脑中安装了多个中文输入法，可按 Ctrl + Shift 组合键切换到要应用的输入法。输入英文字符后，可按 Shift + F3 组合键将光标所在行切换为第一个字母大写其余小写、全部大写或全部小写三种格式。

1）插入符号

在输入文本时，可能要输入一些键盘上没有的特殊符号(如俄、日、希腊文字符，数学符号，图形符号等)，除了利用汉字输入法的软键盘外，Word 还提供了插入符号的功能。其操作过程是：先将光标定位在需要插入的位置，选择【插入】|【符号】组|【符号】|【其他符号】，弹出"符号"对话框，在【符号】选项卡中选择所需要的符号，单击【插入】按钮即可，如图 3-3 所示。

插入特殊字符

图 3-3　"符号"对话框

2）插入日期和时间

要插入日期和时间，在 Word 文档中执行【插入】|【文本】组|【日期和时间】按钮，将弹出"日期和时间"对话框，如图 3-4 所示。

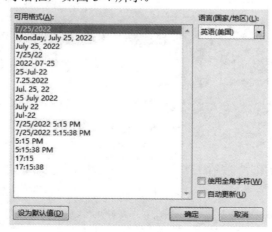

图 3-4　"日期和时间"对话框

3) 插入另一个文档

利用 Word 插入文件的功能，可以将几个文档连接成一个文档。其操作过程是：先将光标定位在需要插入的位置，在 Word 文档中执行【插入】|【文本】组|【对象】|【文件中的文字】，在"插入文件"对话框中选定要插入的文档，如图 3-5 所示。

图 3-5　"插入文件"对话框

3. 字体设置

选中标题文字，点击【开始】|【字体】组中的相关按钮设置字体为黑体，字号为三号，并单击【加粗】按钮。或者单击【开始】|【字体】组右下角的按钮，打开"字体"对话框并选择【字体】选项卡，如图 3-6 所示。

字体设置

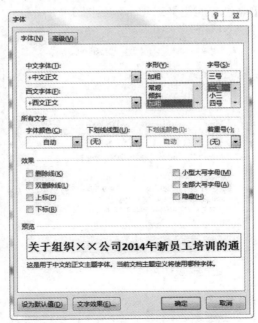

图 3-6　"字体"对话框

再单击【高级】选项卡，设置字符间距，如图 3-7 所示。

在对话框下方单击【文字效果】按钮，弹出"设置文本效果格式"对话框，单击文字效果格式按钮 Ａ，选择【阴影】选项卡下"预设"中的"外部，向下偏移"，如图 3-8 所示。

图 3-7　"字体"对话框　　　　　　　　　图 3-8　设置文本效果格式

用以上方法分别设置称呼文字字体（"公司各部门及子公司："）、正文字体、子标题字体。

4. 段落设置

选中标题文字，单击【开始】|【段落】选项组右下角的按钮 ，打开"段落"对话框并选择【缩进和间距】选项卡，如图 3-9 所示。

段落设置

图 3-9　"段落"对话框

用以上方法分别设置称呼文字字体("公司各部门及子公司：")、正文字体、子标题字体。

5．边框和底纹设置

选中"2014年9月1日"(不包含段落标记)，单击【段落】组|【边框】按钮旁的下拉箭头，在下拉列表中选择"边框和底纹"命令，弹击"边框和底纹"对话框，如图3-10所示。设置边框为0.5磅单实线、红色、应用于文字；底纹为黄色。

边框和底纹设置

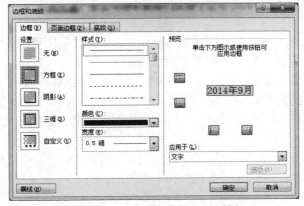

图3-10　"边框和底纹"对话框

采用以上方法为"武汉商贸职业学院素质拓展基地"设置同样的边框和底纹。

3.1.4　知识必备

1．认识 Word 2016 工作界面

Word 2016的操作界面主要包括标题栏、快速访问工具栏、功能区、【文件】选项卡、文档编辑区、滚动条、状态栏、视图切换区以及比例缩放区等，如图3-11所示。

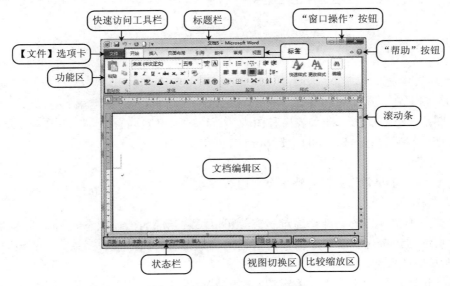

图3-11　Word 2016工作界面

1) 标题栏

标题栏主要用于显示正在编辑的文档的文件名以及所使用的程序的名称，另外还包括【最小化】、【还原】、【关闭】按钮。

2) 快速访问工具栏

快速访问工具栏主要包括一些常用命令，例如【保存】、【撤销】和【恢复】按钮。在快速访问工具栏的右侧是一个下拉按钮，单击此按钮，在弹出的下拉列表中可以添加其他常用命令或经常需要用到的命令。

3) 【文件】选项卡

【文件】选项卡位于 Word 窗口的左上角。单击【文件】选项卡，用户能够获得与文件有关的操作选项，如【打开】、【另存为】或【打印】等。【文件】选项卡实际上是一个类似于多级菜单的分级结构，分为 3 个区域。左侧区域为命令选项区，该区域列出了与文档有关的操作命令选项。在这个区域选择某个选项后，右侧区域将显示其下级命令按钮或操作选项。右侧区域也可以显示与文档有关的信息，如文档的属性信息、打印预览和预览模板等。

4) 标签

单击相应的标签，可以切换到相应的选项卡，不同的选项卡中提供了多种不同的操作设置选项。

5) 功能区

在每个标签对应的选项卡中，按照具体功能将其中的命令进行更详细的分类，并划分到不同的组中，如图 3-12 所示。例如，【开始】选项卡的功能区中收集了对字体、段落等内容设置的命令按钮。

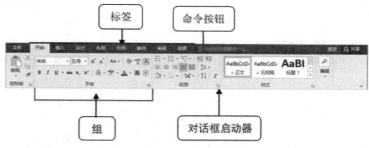

图 3-12　功能区组成

6) 文档编辑区

文档编辑区在 Word 2016 中默认为白色区域。用户可以在文档编辑区中输入文字、数值，插入图片，绘制图形，插入表格和图表等，还可以设置页眉、页脚的内容，设置页码。通过对文档编辑区进行编辑，可以使 Word 文档丰富多彩。

7) 滚动条

拖动滚动条可以浏览文档的整个页面内容。

8) 状态栏

状态栏位于主窗口的底部，通过状态栏可以了解当前的工作状态。例如，在 Word 状态栏中，可以通过单击状态栏上的按钮快速定位到指定的页，查看字数，设置语言。

9) 视图切换区

视图切换区可用于更改正在编辑的文档的显示模式，以便于符合用户的要求。

10) 比例缩放区

比例缩放区可用于更改正在编辑的文档的显示比例。

2．文档的基本操作

1) 新建空白文档

(1) 单击【开始】按钮，在所有程序列表中找到【word 2016】并选中，启动 Word 2016 后，系统默认打开 Word 2016 的开始界面，其左侧显示最近打开过的文档，右侧显示一些常用的文档模板。选择【空白文档】即可创建一个默认名为"文档 1"的空白文档。

(2) 在磁盘文件夹或桌面空白处单击鼠标右键，在弹出的快捷菜单中单击【新建】|【Microsoft Word 文档】，将创建可创建一个默认名为"新建 Microsoft Word 文档"的空白文档。

(3) 新建基于模板的文档。单击【文件】按钮，在弹出的界面中选择【新建】选项，然后在【新建】列表框中选择需要的模板。如果在已安装的模板中没有找到自己需要的模板，可以搜索联机模板，在搜索框中输入模板名称，搜索完成后，用户可以在结果中选择自己需要的模板。

2) 打开文档

在对文档进行编辑前，必须先打开 Word 文档。打开 Word 文档的方法有以下几种：

(1) 单击【文件】|【打开】，弹出"打开"对话框，定位到要打开的文件路径下，然后选择要打开的文档，单击【打开】按钮即可在 Word 窗口中打开选择的文档。

(2) 单击快速访问中工具栏中的"打开"命令。

(3) 按 Ctrl+O 组合键。

如果有已经创建的 Word 文档，双击该文档后系统自动启动与之关联的 Word 应用程序，并同时打开此 Word 文档。

3) 关闭文档

注意在关闭 Word 之前，应当先保存文档。如果在关闭 Word 之前，未保存文档，则系统将提示用户是否将编辑文档存盘。关闭 Word 的方法有以下几种：

(1) 单击 Word 窗口右上角的关闭按钮 ✕ 。

(2) 双击窗口中的控制菜单图标 W 按钮。

(3) 单击窗口左上角的控制菜单图标 W 按钮，在出现的控制菜单中选择"关闭"命令。

(4) 单击【文件】选项卡中的"退出"命令。

(5) 按 Alt+F4 组合键。

3．文本的基本操作

1) 输入文本

新建一个空白文档后，就可以输入文本了。在窗口工作区的左上角有一个闪烁的"|"符号，即光标，表示插入文字的位置。输入文本时，插入点自动后移。

Word 有自动换行的功能，当输入到每行的末尾时，不必按 Enter 键，Word 就会自动换行。只有单设一个新段落时才按 Enter 键，按 Enter 键表示一个段落的结束，新段落的开始。

文本输入时有两种状态，即插入状态和改写状态，两者可通过 Insert 键进行切换。在

Word 文档中可输入汉字和英文字符。输入汉字时，要先按 Ctrl+空格键组合键切换到中文输入法状态；如果电脑中安装了多个中文输入法，可按 Ctrl+Shift 组合键切换到要应用的输入法。输入英文字符后，可按 Shift+F3 组合键将光标所在行切换为第一个字母大写其余小写、全部大写或全部小写三种格式。

2) 选定文本

如果要修改或编辑文本的某一部分，则首先应该选定这部分文本。可以用鼠标或组合键来实现选定文本的操作。

在文档中，鼠标指针显示为"I"形的区域是文档的编辑区；当鼠标指针移到文档编辑区左侧的空白区时，鼠标指针变成向右上方的空心箭头↗，这个空白区为文档选定区，文档选定区可用于快速选定文本。

(1) 用鼠标选定文本。

根据选定文本区域的不同，分别有以下几种情况：

① 选定任意大小的文本区。首先将光标移动到要选定文本区的开始处，然后按住鼠标左键并拖动鼠标，这样，鼠标拖动过的区域即被选定，并以反白形式显示出来。文本选定区域可以是一个字符或标点，也可以是整篇文档。

② 选定大块连续文本。首先将光标移动到要选定文本区的开始处，然后按住 Shift 键，同时单击选定区域的末尾，则两次单击范围中包括的文本就被选定。

③ 选定矩形区域中的文本。按下 Alt 键，同时在文本上拖动鼠标即可选定矩形文本。

④ 选定一个句子。按住 Ctrl 键将鼠标光标移到所要选的句子的任意处单击一下即可。

⑤ 选定一个段落。在要选定的段落中的任意位置三击鼠标左键即可选中整个段落文本。也可将光标移到所要选定段落的左侧选定区，当鼠标指针变成向右上方的箭头时双击。

⑥ 选定一行或多行。将光标移到这一行左端的文档选定区，当鼠标指针变成向右上方的箭头时，单击一下就可以选定一行文本，如果拖动鼠标，则可选定若干行文本。

⑦ 选定整个文档。按住 Ctrl 键，将鼠标指针移到文档左侧的选定区单击一下即可选定整个文档。也可单击【开始】|【编辑】组|【选择】按钮，执行"全选"命令。

(2) 用组合键选定文本。

除了使用鼠标选定文本外，用户还可以使用键盘上的组合键选定文本。在使用组合键选定文本时，应首先将光标移到所选文本区的开始处，然后按下相应的组合键。

表 3-1　选定文本的常用组合键

按组合键	选 定 功 能
Shift+←	选定当前光标左边的一个字符或汉字
Shift+→	选定当前光标右边的一个字符或汉字
Shift+↑	选定到上一行同一位置之间的所有字符或汉字
Shift+↓	选定到下一行同一位置之间的所有字符或汉字
Shift+Home	从插入点选定到它所在行的开头
Shift+End	从插入点选定到它所在行的末尾
Ctrl+Shift+Home	选定从当前光标到文档首
Ctrl+Shift+End	选定从当前光标到文档尾
Ctrl+A	选定整个文档

　　为了将标题居中表格中央，可以利用"合并后居中"功能。选择要合并的单元格区域，单击"开始"选项卡，在"对齐方式"选项组单击【合并后居中】按钮右边的箭头，在下拉菜单中单击"合并后居中"命令。

　　对于已经合并的单元格，需要时可以将其拆分为多个单元格。拆分单元格的方法有以下几种：

　　① 右击要拆分的单元格，在弹出的快捷菜单中选择"设置单元格格式"命令，打开"设置单元格格式"对话框，切换到"对齐"选项卡，撤选"合并单元格"复选框即可。

　　② 选择要拆分的单元格，单击"开始"选项卡，在"对齐方式"选项组单击【合并后居中】按钮右边的箭头，在下拉菜单中单击"取消单元格合并"命令。

　　3) 修改文本

　　(1) 复制文本。

　　复制文本是一个常用操作，其基本方法有：

　　① 先选定要复制的文本，然后按 Ctrl+C 组合键进行复制，再将光标移到需要复制的新位置，按下 Ctrl+V 组合键粘贴。

　　② 先选定要复制的文本，选择【开始】|【剪贴板】组|【复制】按钮进行复制，再将光标移到需要复制的新位置，单击【粘贴】按钮。在【粘贴】按钮中有三种形式，可以根据需要进行选择。

　　③ 先选定要复制的文本，按住 Ctrl 键的同时按住鼠标左键，使插入点成为虚线，鼠标箭头尾部同时出现一个带有加号的小虚线框，拖动虚线移到需要复制的新位置后释放鼠标。

　　(2) 移动文本。

　　在修改文档的时候，经常需要将某些文本从一个位置移到另一个位置，以调整文档的结构。移动的基本方法有：

　　① 先选定要移动的文本，然后按 Ctrl+X 组合键进行剪切，再将光标移到需要的新位置，按下 Ctrl+V 组合键粘贴。

　　② 先选定要移动的文本，选择【开始】|【剪贴板】组|【剪切】按钮进行剪切，再将光标移到需要的新位置，单击【粘贴】按钮。在【粘贴】按钮中有三种形式，可以根据需要进行选择。

　　③ 先选定要移动的文本，按住鼠标左键，使插入点成为虚线，鼠标箭头尾部同时出现一个小虚线框，拖动虚线移到需要的新位置后释放鼠标。

　　(3) 删除文本。

　　删除一个字符或汉字时，将光标定位到此字符或汉字的左边，按 Delete 键即可。如果将光标定位到此字符或汉字的右边，按 Backspace 键即可。

　　删除一段文本时，先选中要删除的内容，然后按 Delete 键即可。

　　(4) 撤销和恢复文本。

　　使用撤销和恢复功能，可以撤销和恢复上一步或多步操作。

　　撤销文本：单击快速访问工具栏【撤销】按钮或按 Ctrl+Z 组合键。

　　恢复文本：单击快速访问工具栏【恢复】按钮或按 Ctrl+Y 组合键。

4．文本的初级排版

Word 中的格式编排分为三个层次，即字符格式、段落格式和页面格式。首先应分清每一层次的格式编排所包含的内容，才能减少格式编排中的盲目性和编排错误。对于 Word 初学者，可以先录入，后排版：先录入文本，不定义任何格式，仅在一个自然段之后才输入一个硬回车；各级标题都可当作一个自然段录入；录入完成之后，再来定义格式；正文每段缩进两个字，一般用 Tab 键输入。

1) 字符格式

文字的格式主要指的是字体、字形和字号。此外，还可以给文字设置颜色、边框，加下划线或着重号，改变文字间距等。设置文字格式的方法有两种：一种是用【开始】|【字体】组|【字体】、【字号】、【加粗】、【倾斜】、【下划线】、【字符边框】、【字体颜色】等按钮来设置文字的格式；另一种是在文本编辑区的任意位置单击右键，在随之打开的下拉菜单中选择"字体"，打开"字体"对话框来设置文字的格式。

(1) 字体格式的基本设置。

可以通过【开始】|【字体】组设置文字格式，如图 3-13 所示。

图 3-13　"字体"分组

也可用"字体"对话框设置文字格式，如图 3-14 所示。

图 3-14　"字体"对话框

(2) 设置文字的特殊效果。

在【字体】或【高级】选项卡中单击【文字效果】按钮，即可完成文字特殊效果的设置，如图 3-15 所示。

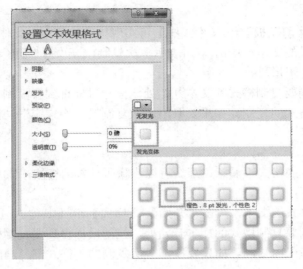

图 3-15　设置文本效果格式

(3) 给文字添加边框和底纹。

选定要加边框和底纹的文本。

单击【设计】|【页面背景】组|【页面边框】按钮，打开如图 3-16 所示的对话框。

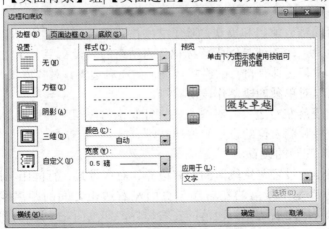

图 3-16　"边框和底纹"对话框

在【边框】选项卡的"设置"、"样式"、"颜色"、"宽度"等列表中选定所需的参数。

在"应用于"列表中选定为"文本"。

在预览框中可查看结果，确认后单击【确认】按钮。

如果要添加底纹，则单击【底纹】选项卡，做类似的操作，在选项卡中选定底纹的颜色和图案，在"应用于"列表中选定为"文字"，在预览框中可查看结果，确认后单击【确认】按钮。边框和底纹可以同时或单独添加在文本上。

(4) 格式的复制和清除。

对一部分文字设置的格式可以复制到另一部分文字上，使其具有相同的格式。设置好的格式如果觉得不满意，也可以清除。

① 格式的复制。

使用【开始】|【剪贴板】组|【格式刷】可实现格式的复制，具体步骤如下：

选中已设置格式的文本，单击(双击表示多次复制)【开始】|【剪贴板】组|【格式刷】，此时鼠标指针变为刷子形。

将鼠标指针移到要复制格式的文本开始处，拖动鼠标直到要复制格式的文本结束处，释放鼠标左键完成格式的复制。如果要取消多次复制的"格式刷"功能，只需再单击"格式刷"按钮一次即可。

② 格式的清除。

如果对于所设置的格式不满意，那么可以清除所设置的格式，恢复到 Word 默认的状态。其操作步骤如下：

选中需要清除格式的文本，单击【开始】|【样式】组|【其他】|【清除格式】即可。

将鼠标指针移到要复制格式的文本开始处，拖动鼠标直到要复制格式的文本结束处，释放鼠标左键完成格式的复制。如果要取消多次复制的"格式刷"功能，只需再单击"格式刷"按钮一次即可。

或者用 Ctrl+Shift+Z 组合键清除格式。

或者选中需要清除格式的文本，单击【开始】|【样式】组右下角的【样式】按钮，在弹出的列表中单击"全部清除"即可。

2) 段落格式

一篇文章是否简洁、醒目和美观，除了文字格式的合理设置外，段落的恰当编排也是很重要的。简单地说，段落就是以段落标记作为结束的一段文字。在文档中，段落是一个独立的格式编排单位，它具有自身的格式特征，如左右边界、对齐方式、行间距和段间距、分栏等，所以，可以对单独的段落作段落编排。

这里主要介绍段落左右边界、对齐方式、行间距与段间距的设定、段落编号、给段落加边框和底纹、分栏和制表位的设定等编排技术。

(1) 段落缩进和间距的设置。

段落缩进和间距的设置包括段落的左右边界、对齐方式、行间距与段间距的设置。

段落的左右边界是指段落的左右端与页面左右边距之间的距离(以厘米或字符为单位)。Word 默认以页面左右边距为段落的左右边界，即页面左边距与段落左边界重合，页面右边距与段落右边界重合。

段落对齐方式有两端对齐、左对齐、右对齐、居中、分散对齐五种。可以用【段落】组功能按钮(见图 3-17)、"段落"对话框、快捷键三种方法进行设置。

行间距与段间距可以用"段落"对话框来精确设置。

设置段落的左右边界、对齐方式、行间距与段间距时，可以采用指定单位，如左右边界用"厘米"，首行缩进用"字符"，间距用"磅"等，只要在键入设置值的同时键入单位即可。

图 3-17　【段落】组功能按钮

(2) 项目符号和编号。

编排文档时，在某些段落前加上编号或某种特定的符号(称为项目符号)，可以提高文档的可读性。

用【开始】|【段落】组按钮设置段落格式的步骤如下：

① 选中文档中需要设置的段落，单击【开始】|【段落】组|【项目符号】☰▾的下拉按钮。

② 在"项目符号库"中，单击 ♣ 符号，如图 3-18 所示。

图 3-18　在"项目符号库"中选定项目符号

如果在"项目符号库"中找不到需要设定的项目符号，则选择"定义新项目符号"进行设置。

(3) 给段落添加边框和底纹。

有时给文章的某些重要段落或文字加上边框或底纹，会使其更为突出和醒目。给段落添加边框和底纹的方法与文本加边框和底纹的方法相同，不同的是，在【边框】或【底纹】选项卡中的"应用于"列表框中应选定"段落"选项。

5．格式刷的使用

要将一段文字的格式应用于另一段文字，可以用格式刷。

打开 Word 文档，将光标定位在已设置好格式的句子上。

选中已设置好格式的文字，点击【开始】|【剪贴板】组|【格式刷】，见图 3-19。

此时光标会变成一个右侧带小刷子的光标。用光标选择想要应用的文字，则所选文字就应用第一段第一句的格式了。

在使用格式刷时，单击一次只能使用一次，双击则是使用多次。所以双击格式刷时，一定要再次单击格式刷将它还原回去。

图 3-19 格式刷

6. 文档的打印

当文档编辑、排版完成后，就可以打印输出了。打印前，可以利用打印预览功能先看一下排版是否理想。如果满意则打印，否则继续修改编排。文档打印操作可以使用【文件】|【打印】命令实现。

打印预览

1) 打印预览

单击【文件】|【打印】，在打开的"打印"窗口面板右侧就是打印预览内容，如图 3-20 所示。

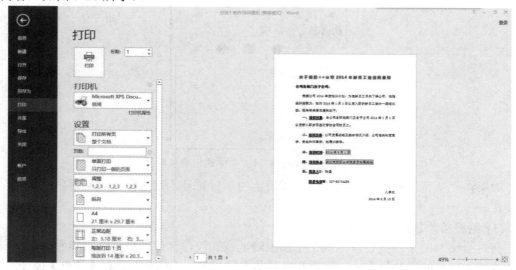

图 3-20 "打印"窗口面板

2) 打印文档

通过"打印预览"查看满意后，就可以打印了。打印前，最好先保存文档，以免意外丢失。Word 提供了许多灵活的打印功能。可以打印一份或多份文档，也可以打印文档的某一页或几页。当然，在打印前，应该准备好并打开打印机。

(1) 打印一份文档。

要打印一份文档，只要单击"打印"窗口面板上的【打印】按钮即可。

(2) 打印多份文档。

要打印多份文档，可在"打印"窗口面板上的"份数"文本框中输入要打印的文档份数，然后单击【打印】按钮。

(3) 打印一页或几页。

要打印几页或几页，可单击"打印所有页"右侧下拉列表按钮，选定"打印自定义范围"，进一步设置需要打印的页码或页码范围。

任务 2　制作使用说明书

3.2.1　任务描述

九阳公司新款豆浆机马上要上市，公司要求设计部工作人员为新款豆浆机设计使用说明书。设计部工作人员制作的说明书如图 3-21 所示。

使用说明

-------------- 双磨多功能全钢豆浆机 --------------

使用方法：
- 用随机所配的量杯按机型和功能取材，并将取号材料用水清洗干净。
- 在豆浆机的杯体里加入食材。
- 网杯体里加入清水，将水加至上下水位线之间。
- 安装五谷精磨器，将五谷精磨器的口部和下盖配合紧密无缝隙。
- 插上电源，将功能键循环点亮，选择对应的功能键，打开启动键，制作豆浆。
- 经过充分的熬煮，豆浆机停止工作，豆浆制作好了。

产品特点：
九阳全自动家用豆浆机，是家庭自制好豆浆、果汁、浓汤、米糊等多种饮品，以及提供轻松功能的实用小家电。本机采用微电脑控制，预热、粉碎、煮浆、延时熬煮全自动完成，可在 20 分钟左右做出各种新鲜香浓的熟豆浆，是您健康生活的好帮手。

安全使用注意事项：
- 机头、耦合器、底座、电源插座请勿进水，如果进水，必须擦拭晾干后才能使用。
- 杯体、刀片、防溢电极、超微搅磨器请及时清洗干净。刀片刃口锋利，清洗时注意防止刀片伤手。
- 机器工作后期或工作完成后，请勿拔插电源线插头且重新按键执行工作程序，否则可能造成豆浆溢出。
- 倒豆浆时，请先将机头取下再倒豆浆，以免机头滑落伤人。
- 超微搅磨器请及时清洗干净，以免影响制浆效果。
- 本机采用高速电机，粉碎时出现间歇性忽快忽慢的声音属于正常现象。

保养和维护：
- 机头用水中去底部粘附的豆浆，但是不要将机头浸入水中，也不要用水清洗机头，防止水进入机头。
- 清洗五谷精磨器的时候一定要清洗干净，以免残留豆浆产生的异味。
- 用清洁丝清洗电热器，避免下次使用时产生糊味。
- 用清洁丝清洗杯体，将杯体的底部和侧面清洗干净。
- 放置豆浆机的时候将它放置在干燥通风的地方。
- 豆浆机没有正常完成工作程序时，不要使用杯体内的豆浆。

2022-1-1

图 3-21　产品使用说明书

3.2.2　任务分析

本工作任务的重点是对图片进行设置，实现图文混排的效果。要完成本项工作任务，需要进行如下操作：

(1) 新建文档，命名并保存。

(2) 页面设置：页边距为"窄"，纸张宽度 25 cm、高度 20 cm，纸张方向为横向。

(3) 在第一行插入图片"九阳豆浆机.JPG"，文字环绕为嵌入式，对齐方式为居中对齐。

(4) 录入文本。

(5) 插入页眉为现代型(奇数页)，输入文本"使用说明"，文本加粗，页脚为现代型(偶数页)，将页眉、页脚中多余的文本删除。

(6) 各级标题为宋体、小四号、加粗，段前 1 行，居中对齐。

(7) "产品特点"标题下文本为宋体、五号，首行缩进 2 字符。

(8) 将全文分成两栏。

(9) 在第二栏首行输入文本"双磨多功能全钢豆浆机"，设置文本格式为宋体、小四、加粗、蓝色，居中，在文本两边插入虚线，蓝色，粗细为 1 磅。

(10) 文本背景设置文字水印"九阳"。

3.2.3 任务实现

1. 新建 Word 文档并保存

在桌面上单击鼠标右键，选择【新建】|【Microsoft Word 文档】即可新建文档，见图 3-22。选中新建的 Word 文档，单击鼠标右键选择【重命名】即可完成文档的重命名操作。

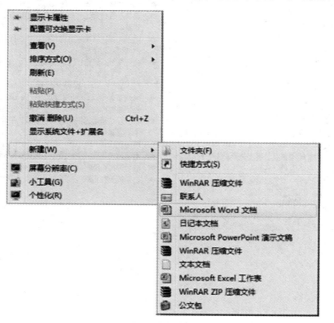

新建文档并保存

图 3-22　新建 Word 文档

2. 录入文本

双击打开文本文档"任务 2——文字素材"，按 Ctrl+A 全选整篇文档，再按 Ctrl+C 复制整篇文档，然后按 Ctrl+V 将复制的文档粘贴到新建的 Word 文档中，即可完成文本录入。

3．页面设置

(1) 单击【布局】|【页面设置】组|【页边距】下拉按钮选择"窄"。

(2) 单击【布局】|【页面设置】组|【纸张方向】下拉按钮选择"横向"。

(3) 单击【布局】|【页面设置】组|【纸张大小】下拉按钮选择"其他页面大小"，在对话框中设置纸张宽度为 25 cm，高度为 20 cm，如图 3-23 所示。

文本录入

页面设置

图 3-23　"页面设置"对话框中【纸张】选项卡

字体段落设置

4．字体、段落设置

选中需要设置的文字或段落，分别在【开始】|【字体】功能区或【段落】功能区选择相应的按钮按要求设置标题、正文以及段落缩进等格式。在设置过程中可以先设置一个标题或一段文字，然后使用格式刷进行格式复制。设置效果如图 3-24 所示。

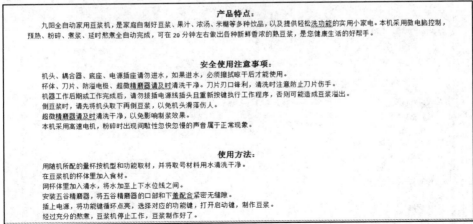

图 3-24　设置效果

5．添加项目符号

按住 Ctrl 键的同时选中需要设置的段落，单击【开始】|【段落】组|【项目符号】 ☰ ▾ 的下拉按钮。在"项目符号库"中单击◆符号，如图 3-25 所示。

添加项目符号

图 3-25　"项目符号库"选定项目符号

如果需要设定的项目符号在"项目符号库"中找不到，则选择"定义新项目符号"进行设置。

6. 插入图片

(1) 将光标定位到文章的开始位置，单击【插入】|【插图】组|【图片】按钮，打开"插入图片"对话框。

(2) 在打开的对话框中，选中"九阳豆浆机"图片，然后单击【插入】按钮，如图 3-26 所示。

插入图片

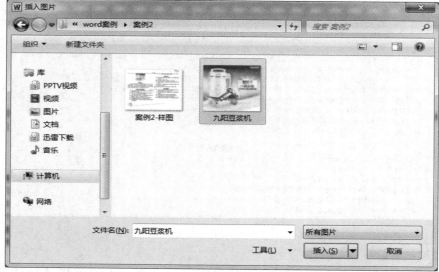

图 3-26　"插入图片"对话框

(3) 选中该图片，在图片的四周会出现 8 个空心小圆点，拖动其中一个控制点改变图片的大小。或在"布局"对话框中选择【大小】选项卡，分别输入数值来改变图片的大小。

(4) 选中该图片，单击【图片工具】|【格式】|【排列】组|【环绕文字】下拉箭头，选择"嵌入型"命令，如图 3-27 所示。单击【图片工具】|【格式】|【排列】组|【位置】下拉按钮，选择"顶端居中"命令，如图 3-28 所示(图片边框、图片选项、图片样式、图片排列等相关格式均可在【图片工具】|【格式】中进行设置)。

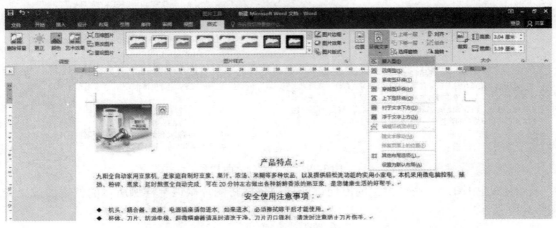

图 3-27　选择"嵌入型"命令

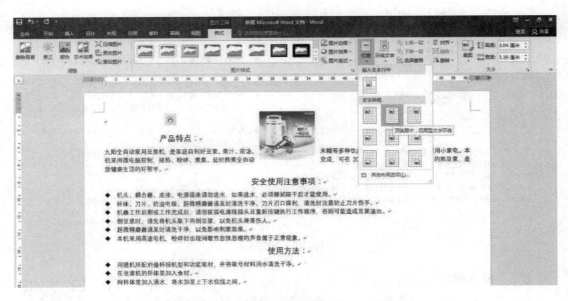

图 3-28　选择"顶端居中"命令

7．分栏

全选整篇文章，单击【布局】|【页面设置】组|【分栏】下拉按钮，选择"两栏"命令，如图 3-29 所示。

分栏

产品特点：
　　九阳全自动家用豆浆机，是家庭自制好豆浆、果汁、浓汤、米糊等多种饮品，以及提供轻松洗功能的实用小家电。本机采用微电脑控制，预热、粉碎、煮浆、延时熬煮全自动完成，可在 20 分钟左右做出各种新鲜香浓的熟豆浆，是您健康生活的好帮手。

使用方法：
◆　用随机所配的量杯按机型和功能取材，并将取号材料用水清洗干净。
◆　在豆浆机的杯体里加入食材。
◆　网杯体里加入清水，将水加至上下水位线之间。
◆　安装五谷精磨器，将五谷精磨器的口部和下盖配合紧密无缝隙。
◆　插上电源，将功能键循环点亮，选择对应的功能键，打开启动键，制作豆浆。
◆　经过充分的熬煮，豆浆机停止工作，豆浆制作好了。

保养和维护：
◆　机头用水冲去底部粘附的豆浆，但是不要将机头浸入水中，也不要用水清洗机头，防止水进入机头。

图 3-29　将文本分为两栏

　　然后选中图片，用键盘上的方向键或移动鼠标将图片微调至样例所示的位置。效果如图 3-30 所示。

产品特点：
　　九阳全自动家用豆浆机，是家庭自制好豆浆、果汁、浓汤、米糊等多种饮品，以及提供轻松洗功能的实用小家电。本机采用微电脑控制，预热、粉碎、煮浆、延时熬煮全自动完成，可在 20 分钟左右做出各种新鲜香浓的熟豆浆，是您健康生活的好帮手。

使用方法：
◆　用随机所配的量杯按机型和功能取材，并将取号材料用水清洗干净。
◆　在豆浆机的杯体里加入食材。
◆　网杯体里加入清水，将水加至上下水位线之间。
◆　安装五谷精磨器，将五谷精磨器的口部和下盖配合紧密无缝隙。
◆　插上电源，将功能键循环点亮，选择对应的功能键，打开启动键，制作豆浆。
◆　经过充分的熬煮，豆浆机停止工作，豆浆制作好了。

保养和维护：
◆　机头用水冲去底部粘附的豆浆，但是不要将机头浸入水中，也不要用水清洗机头，防止水进入机头。
◆　清洗五谷精磨器的时候一定要清洗干净，以免残留豆浆产

图 3-30　分栏效果

8．页眉页脚设置

　　(1) 将光标定位在文章的开始处，单击【插入】|【页眉和页脚】组|【页眉】按钮中的下拉按钮，在展开的下拉选项中选择"运动型(奇数页)"，如图 3-31 所示，随即进入页眉的编辑状态，在页眉处输入内容"使用说明"，并选中文字将其设置为加粗，如图 3-32 所示。

插入页眉页脚

图 3-31　选择"现代型(奇数页)"命令

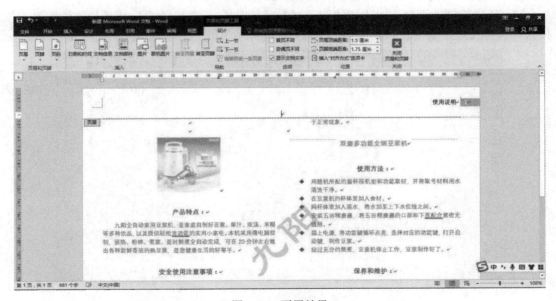

图 3-32　页眉效果

(2) 页眉设置完成后，单击【页眉和页脚工具】|【设计】|【关闭】组|【关闭页眉和页脚】按钮。

(3) 页脚设置与页眉设置方法相同。单击【页眉和页脚工具】|【设计】|【导航】组|【转至页脚】按钮，重复(1)、(2)步就可完成页脚设置。

9. 绘制图形

(1) 将光标定位在需要绘制图形的位置，单击【插入】|【插图】组|【形状】下拉按钮，选择"线条"中的"直线"，如图 3-33 所示。

画直线

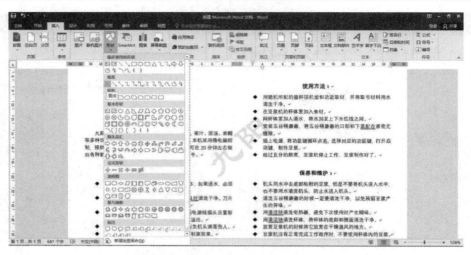

图 3-33　选择"线条"中的"直线"

(2) 在需要插入自选图形的位置，按住鼠标左键并拖动鼠标，绘制一个大小合适的直线，然后用方向键进行微调，直到将其调整到最佳位置。

(3) 选中绘制的直线，单击【绘图工具】|【格式】|【形状样式】组|【形状轮廓】下拉按钮，选择【虚线】下拉按钮中的"划线-点"命令，如图 3-34 所示。

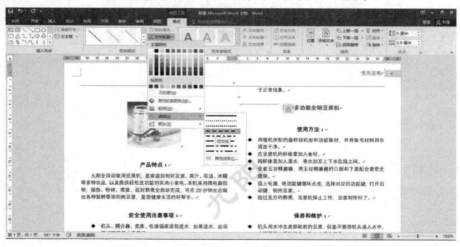

图 3-34　"格式"设置

(4) 同第(3)步操作，单击【形状样式】组|【形状轮廓】下拉按钮，选择【粗细】下拉按钮中的"1 磅"命令，文字左边的虚线就设置好了。然后将设置好的虚线复制一份，按方向键移至文字的右边，效果如图 3-35 所示。

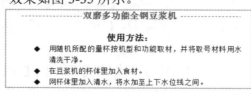

图 3-35　绘制图形后的效果

10. 文字水印设置

(1) 将光标定位在文章开始位置,单击【设计】|【页面背景】组|【水印】按钮中的下拉按钮,选择"自定义水印"命令,打开"水印"对话框。

(2) 在"水印"对话框中选择"文字水印",在"文字水印"栏中依次设置文字为"九阳","字体"为隶书,颜色为"白色,背景 1,深色 35%",其他默认即可,如图 3-36 所示。

文字水印设置

图 3-36 "水印"对话框

3.2.4 知识必备

在创建文档时,Word 预设了一个以 A4 纸为基准的 Normal 模板,其版面可以使用于大部分文档。对于其他型号的纸张,用户可以按照需要重新设置页边距、每页的行数和每行的字数。此外,还可以给文档添加页眉和页脚、插入页码和分栏等。

1. 页面设置

纸张的大小、页边距确定了可用文本区域。文本区域的宽度等于纸张的宽度减去左右页边距,文本区的高度等于纸张的高度减去上下页边距,如图 3-37 所示。

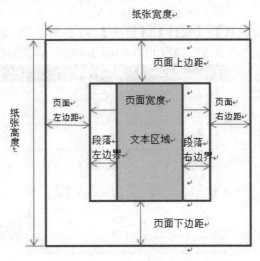

图 3-37 纸张大小、页边距和文本区域示意图

2．页眉页脚

页眉和页脚是打印在页面顶部和底部的注释性文字或图形。它不是随文本输入的，而是通过命令设置的。页眉和页脚只能在页面视图和打印预览方式下看到。

添加页眉页脚的操作步骤如下：

(1) 单击【插入】|【页眉和页脚】组|【页眉】按钮中的下拉按钮，在展开的下拉选项中选择"编辑页眉"命令，如图 3-38 所示，随即进入页眉的编辑状态，在页眉处输入文字内容。

图 3-38　选择"编辑页眉"命令

(2) 单击【页眉和页脚工具】|【设计】|【位置】组|【插入"对齐方式"选项卡】按钮，如图 3-39 所示，打开"对齐制表位"对话框，如图 3-40 所示，选择"居中"对齐方式。

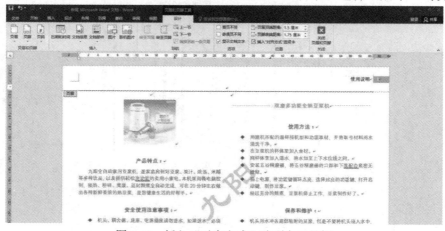

图 3-39　插入"对齐方式"选项卡工具框

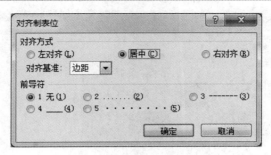

图 3-40　"对齐制表位"对话框

（3）页眉设置完成后，单击【页眉和页脚工具】|【设计】|【关闭】组|【关闭页眉和页脚】按钮。

（4）页脚的设置与页眉的设置方法相同。单击【页眉和页脚工具】|【设计】|【导航】组|【转至页脚】按钮，重复(1)、(2)、(3)步就可完成页脚设置。

3．分栏

分栏使得版面显得更为生动、活泼，可增强可读性。Word 提供了分栏功能。分栏的操作如下：

（1）选定需要分栏的段落或文章，单击【布局】|【页面设置】组|【分栏】按钮，打开分栏下拉菜单，选择"更多分栏"，打开"分栏"对话框。

（2）在"分栏"对话框中选择"两栏"，或在"栏数"中输入"2"（见图 3-41），然后勾选"分割线"。

如果对整个文档分栏，则将插入点定位到文本的任意处；如果对部分段落分栏，则应先选定这些段落。

4．页面背景

为了使 Word 文档看起来更加美观，用户可以添加各种漂亮的页面背景，包括水印、页面颜色以及其他填充效果。

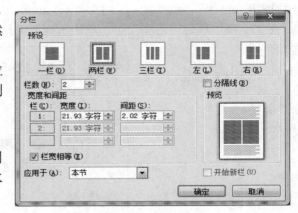

图 3-41　"分栏"对话框

具体操作如下：

（1）单击【设计】|【页面背景】组|【页面颜色】按钮中的下拉按钮，选择"填充效果"命令，打开"填充效果"对话框。

（2）选择"填充效果"对话框中的"纹理"选项卡，在"纹理"列表中选择第四行第三列"羊皮纸"效果，如图 3-42 所示。

（3）单击【设计】|【页面背景】组|【水印】按钮中的下拉按钮，选择"自定义水印"命令，打开"水印"对话框。

（4）在"水印"对话框中选择"文字水印"，在"文字水印"栏中依次设置文字、字体和颜色等。

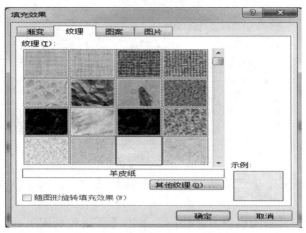

图 3-42   "填充效果"对话框

5．项目符号和编号

编排文档时，在某些段落前加上编号或某种特定的符号(称为项目符号)，可以提高文档的可读性。

用【开始】功能区【段落】组对话框设置段落格式：

(1) 选中需要添加项目编号的段落，单击【开始】|【段落】组|【项目符号】 ≣ ▾ 的下拉按钮。

(2) 在"项目符号库"中，单击所需要的符号即可，如图 3-43 所示。

设置项目符号

图 3-43   "项目符号库"选定项目符号

如果需要设定的项目符号在"项目符号库"中找不到，则选择"定义新项目符号"进行设置。

添加项目编号的操作方法与添加项目符号的方法类似。

6．插入图片、自绘图形、Smartart 图示

在文档中可以插入由其他软件制作的图片，也可以插入用 Word 提供的绘图工具绘制的图形，使一篇文章达到图文并茂的效果。

1) 插入图片

插入图片的具体操作如下：

(1) 将光标定位到需要插入图片的位置，单击【插入】|【插图】组|【图片】按钮，打开"插入图片"对话框。

(2) 在"插入图片"对话框中，选中所需要的图片，然后单击【插入】按钮即可。

设置图片

(3) 选定该图片，单击【图片工具】|【格式】|【排列】组|【位置】下拉按钮中的"其他布局选项"命令(图片边框、图片选项、图片样式、图片排列等相关格式均可在【图片工具】|【格式】中进行设置)。

(4) 打开"布局"对话框，选择【文字环绕】选项卡，在环绕方式中单击选择所需要的文字环绕类型，单击【确定】按钮，如图 3-44 所示。

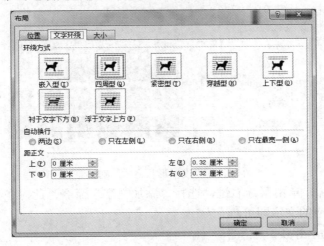

图 3-44　"布局"对话框

(5) 选定该图片，在图片的四周会出现 8 个空心小圆点，拖动 8 个控制点改变图片的大小。或在"布局"对话框中选择【大小】选项卡，分别输入数值，从而改变图片的大小。

2) 插入自绘图形

Word 提供了一套绘制图形的工具，利用这套工具可以创建各种图形。只有在页面视图方式下可以插入图形。

具体操作如下：

(1) 将光标定位到需要插入图片的位置，单击【插入】|【插图】组|【形状】下拉按钮，选择所需要的图形类型。

(2) 在需要插入自选图形的位置拖动鼠标左键绘制一个大小合适的图形，然后将其调整到最佳位置。

(3) 选定该图片，单击【图片工具】|【格式】|【排列】组|【位置】下拉按钮中，选择"其他布局选项"命令，打开"布局"对话框，选择【文字环绕】选项卡，选择任意一种环绕方式，单击【确定】按钮。

(4) 选定该图片，单击【图片工具】|【格式】|【图片样式】组按钮，打开"设置图片

格式"任务窗格，单击【填充与线条】按钮，选择【渐变填充】|【预设渐变】中任意一种
颜色，单击【关闭】，如图 3-45 所示。

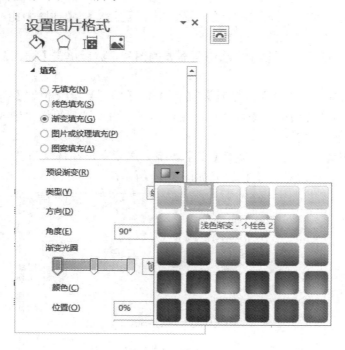

图 3-45　"设置形状格式"对话框

(5) 选定该图片，单击鼠标右键，选择"添加文字"命令，此时在自选图形上出现闪
动的光标，输入相应的文字即可。

3) 插入 Smartart 图形

创建 Smartart 图形时，系统将提示选择一种 SmartArt 图示类型(如图 3-46 所示)，如"组
织结构图"、"循环图"、"射线图"、"棱锥图"、"维恩图"和"目标图"。每种类型的 SmartArt
图形包含几个不同的布局。选择了一个布局之后，可以很容易地切换 SmartArt 图形的布局
或类型。新布局中将自动保留大部分文字和其他内容以及颜色、样式、效果和文本格式。

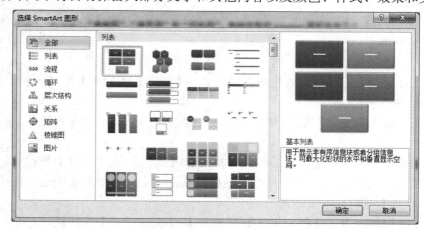

图 3-46　SmartArt 图示类型

用户也可以用图示工具自定义图示设置，可以插入、删除图形，设置图示样式、版式等。

任务3 制作广告页

3.3.1 任务描述

苹果公司某经销商要为新产品 Apple Watch 进行销售宣传，要求该公司广告部的工作人员制作出销售广告页。广告部工作人员制作的广告页如图 3-47 所示。

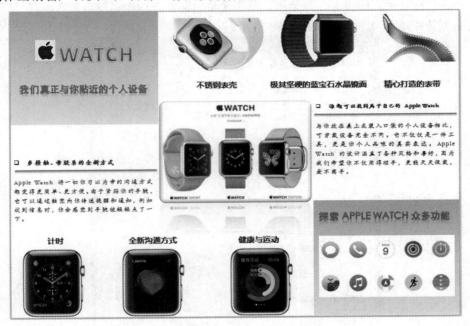

图 3-47 广告页

3.3.2 任务分析

本任务主要是插入图片，自绘图形、艺术字、文本框以及设置格式，并将文本框、自绘图形进行组合，从而制作销售广告页。

要完成本项工作任务，需要进行如下操作：

(1) 新建文档，命名并保存。

(2) 页面设置：纸张大小为 B5，纸张方向为横向，上下左右页边距均为 0.3cm。

(3) 插入多张图片，并修改图片的格式设置。

(4) 插入多个文本框，输入文字，并修改文本框的格式设置。

(5) 插入艺术字，并修改艺术字的格式设置。

(6) 插入自选图形，并修改自选图形的格式设置。

3.3.3　任务实现

1．新建 Word 文档并保存

在桌面上单击鼠标右键，选择【新建】|【Microsoft Word 文档】即可新建文档，选中新建的 Word 文档单击鼠标右键选择【重命名】即可完成文档的命名操作。

新建文档并保存

2．页面设置

1) 页边距

单击【布局】|【页面设置】组|【页边距】下拉按钮，选择"自定义边距"命令，打开"页面设置"对话框，单击【页边距】选项卡，设置其上下左右页边距均为 0.3 cm。如图 3-48 所示。

页面设置

图 3-48　"页面设置"对话框

2) 纸张方向

单击【布局】|【页面设置】组|【纸张方向】下拉按钮，选择"横向"命令。

3) 纸张大小

单击【布局】|【页面设置】组|【纸张大小】下拉按钮，拖动滚动条，选择"B5"命令。

3．插入图片

(1) 将光标定位到文章的开始位置，单击【插入】|【插图】组|【图片】按钮，打开"插入图片"对话框。

(2) 在打开的对话框中，按住 Ctrl 键，同时选中"表带"、"表壳"、"镜面"图片，然后单击【插入】按钮，如图 3-49 所示。

插入图片

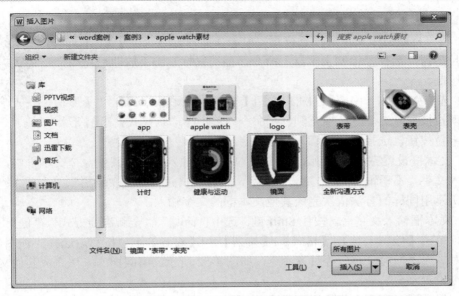

图 3-49　"插入图片"对话框

(3) 选中图片，在图片的四周会出现 8 个空心小圆点，拖动其中一个控制点改变图片的大小。或在"布局"对话框中选择【大小】选项卡，分别输入数值，从而改变图片的大小。

(4) 选中该图片，单击【图片工具】|【格式】|【排列】组|【环绕文字】下拉按钮，选择"穿越型环绕"命令，单击【图片工具】|【格式】|【排列】组|【对齐】下拉按钮，选择"顶端对齐"和"横向分布"命令，如图 3-50 所示。

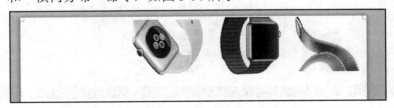

图 3-50　设置图片环绕、对齐方式

(5) 重复第(1)～(4)步，完成图片"计时"、"全新沟通方式"、"健康与运动"的插入和相关设置。效果如图 3-51 所示。

图 3-51　插入图片效果

用以上方法，依次插入图片"logo"、"app"，修改"环绕文字"为"浮于文字上方"，插入图片"apple watch"，修改"自动换行"为"穿越型环绕"，大小为高 5.9 cm，宽 8.5 cm，图片样式为"映像棱台，白色"（"映像"中透明度为 50%，距离为 15 磅）。

4．插入文本框

（1）将光标定位于文章的任意位置，单击【插入】|【文本】组|【文本框】下拉按钮，选择"绘制文本框"命令，拖动鼠标左键不放即可完成文本框的绘制。

插入文本框

（2）选中文本框，单击【绘图工具】|【格式】|【形状样式】组|【形状填充】下拉按钮，选择"无填充颜色"命令；单击【形状样式】组|【形状轮廓】下拉按钮，选择"无轮廓"命令。

（3）文本框设置完成后，复制 5 个文本框。将插入点移至其中一个文本框中，在文本框中输入文字"不锈钢表壳"，并选中文字，设置其格式为"微软雅黑"、"小四"、"加粗"，按样例所示用同样的方法依次完成其他文本框的文字输入。

（4）文本框输入文字后，按住 Shift 键，选中"计时"、"全新沟通方式"、"健康与运动"文本框，单击【绘图工具】|【格式】|【排列】组|【对齐】下拉按钮，选择"顶端对齐"、"底端对齐"、"横向分布"等对齐命令，如图 3-52 所示。用同样的方法完成其他文本框的对齐命令设置。

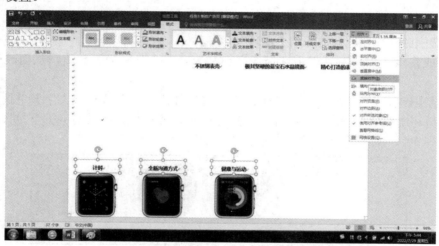

图 3-52　对齐命令设置

5．插入矩形

（1）将光标定位于文章的任意位置，单击【插入】|【插图】组|【形状】下拉按钮，选择"矩形"，拖动鼠标左键不放即可完成文本框的绘制。

插入矩形

（2）选中矩形，单击【绘图工具】|【格式】|【形状样式】组|【形状填充】下拉按钮，选择"渐变"下的"线性向下"命令(如样例所示)，单击【形状样式】组|【形状轮廓】下拉按钮，选择"无轮廓"命令。

（3）矩形设置完成后，复制 1 个矩形。如样例所示，一个放在页面的左上角，另一个放在页面的右下角，适当调整其大小。

6．插入艺术字

将光标定位于文章的任意位置，单击【插入】|【文本】组|【艺术字】下拉按钮，选择"填充-蓝色，着色 1，反射"样式，如图 3-53 所示，在

插入艺术字

弹出的文本框中输入文字，设置文字格式如样例所示。

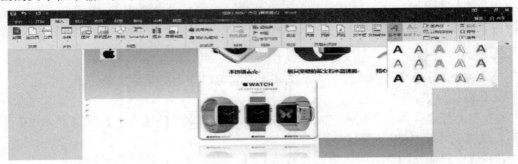

图 3-53　设置艺术字样式

7．文本框、自绘图形组合

按住 Ctrl 键的同时选中要组合的文本框和自绘图形，单击【绘图工具】|【格式】|【排列】组|【组合】下拉按钮，选择"组合"命令，如图 3-54 所示。

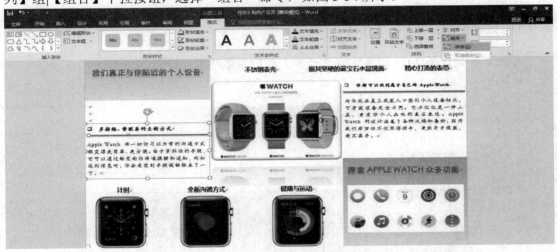

图 3-54　文本框、自绘图形组合

3.3.4　知识必备

1．文本框设置

文本框是一个独立的对象，框中的文字和图片可随文本框移动，它与给文字加边框是不同的概念。实际上，可以把文本框看作是一个特殊的图形对象。利用文本框可以把文档编排得更丰富多彩。

1）文本框绘制

将光标定位在需要插入文本框的位置，单击【插入】|【文本】组|【文本框】下拉按钮，选择需要的文本框，即可在当前插入点插入文本框。将插入点移至文本框中，可以在文本框中输入文本或插入图片。文本框中文字的格式设置与文字的格式设置方法相同。

2）文本框格式设置

如果想改变文本框边框线的颜色或给文本框填充颜色，操作步骤如下：

选定要操作的文本框，单击鼠标右键，选中"设置形状格式"命令，打开"设置形状格式"窗格，使用"填充"、"线条颜色"、"线型"、"阴影"、"三维格式"等命令，可为文本框填充颜色，给文本框边框设置线型和颜色，给文本框对象添加阴影或产生立体效果等。

2. 艺术字设置

可以在 Word 中插入有特殊效果的艺术字，它可以作为图形对象来处理。

具体操作如下：

(1) 将光标定位在需要插入艺术字的位置，单击【插入】|【文本】组|【艺术字】下拉按钮，选择艺术字样式。

(2) 选中已插入的艺术字，单击【开始】|【字体】组，可设置其字体格式。

任务4　制作学生成绩表

3.4.1　任务描述

某班主任设计的 2014 级数字媒体技术专业学生成绩单统计表如图 3-55 所示。

2014 级数字媒体技术专业学生成绩统计表

制作人：×××

学号 \ 课程 姓名		网页制作	平面设计	广告设计	三维动画	总分
1411030410	卢飞	76	85	81	92	334
1411030101	李莉	83	95	78	77	333
1411030105	王元斌	67	78	87	88	320
1411030102	吴友成	90	89	71	66	316
1411030106	张国立	68	82	79	76	305
1411030107	袁和伟	68	65	79	85	297
1411030104	郑佩佩	71	61	56	66	254
平均分		74.71	79.29	75.86	78.57	

图 3-55　学生成绩单统计表

3.4.2　任务分析

本任务主要是插入表格，编辑表格，对表格中的数据进行计算，从而制作学生成绩表。要完成本项工作任务，需要进行如下操作：

(1) 将素材重新命名并保存。

(2) 进行页面设置：纸张大小为 A4，纸张方向为纵向，上下页边距均为 3 cm，左右页边距均为 2.5 cm。

(3) 插入表格，并进行行、列的插入。

(4) 在表格前后插入文字，并进行相关设置。

(5) 进行行高、列宽、合并等单元格式设置。

(6) 进行表格内数据计算。

(7) 进行表格样式设置。

3.4.3　任务实现

新建文档并保存　　　　页面设置

1. 将素材重命名并保存

选中素材文件，单击鼠标右键选择【重命名】命令即可完成文档的重命名操作。

2. 页面设置

按任务 3 中所讲的方法进行页面设置，页边距为上下 3 cm，左右 2.5 cm，纸张方向为纵向，纸张大小为 A4。

3. 插入表格并对表格内的文字进行设置

(1) 打开文件，全选所有内容，单击【插入】|【表格】下拉按钮中的"文本转换成表格"命令，打开"将文字转换成表格"对话框，如图 3-56 所示。

插入表格

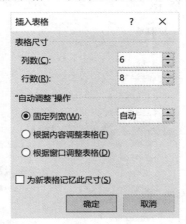

图 3-56　"将文字转换成表格"对话框

(2) 在"将文字转换成表格"对话框中，设置表格"列数"为"6"，"行数"为"8"，选中"固定列宽"单选项，"文字分隔位置"为"制表符"，单击【确定】按钮，转换成表格，效果如图 3-57 所示。

学号	姓名	网页制作	平面设计	广告设计	三维动画
1411030101	李莉	83	95	78	77
1411030102	吴友成	90	89	71	66
1411030103	高飞	76	46	57	60
1411030104	郑佩佩	71	61	56	66
1411030105	王元斌	67	78	87	88
1411030106	张国立	68	82	79	76
1411030107	袁和伟	68	65	79	85

图 3-57　表格

(3) 全选整个表格，单击鼠标右键，单击"单元格对齐方式"中水平垂直均居中即可。

4．输入标题文字并设置字符格式

将光标定位在文章的开始位置，输入相应文字，并对文字做相应调整：标题文字字体为微软雅黑，四号，居中对齐，段前两行，段后一行；副标题文字为楷体，四号，右对齐段前段后一行。效果如图 3-58 所示。

文字效果设置

2014 级数字媒体技术专业学生成绩统计表

制作人：×××

图 3-58　文字效果

5．表格单元格设置

1) 插入列和行

(1) 选中表格的最后一行，单击鼠标右键，选择【插入】|【在下方插入行】即可插入一行，如图 3-59 所示。

单元格设置

图 3-59　插入空行

（2）选中表格的最后一列，单击鼠标右键，选择【插入】|【在右侧插入列】即可插入一列。

2）设置行高和列宽

选中表格的第一行，单击鼠标右键,选择【表格属性】，打开"表格属性"对话框，选择【行】选项卡，勾选"指定高度"，设置高度为 3 cm，行高值为固定值，如图 3-60 所示。单击【下一行】按钮，设置其他每一行的高度均为 1 cm，设置完成后单击【确定】按钮。

设置列宽与设置行高的方法类似。

3）合并单元格

（1）选中第一行第一个单元格和第二个单元格的文字，按 Delete 键删除文字，然后选中这两个单元格，单击【表格工具】|【布局】|【合并】组|【合并单元格】按钮，将第一行第一个单元格和第二个单元格合并。

（2）选中表格最后一行第一个单元格和第二个单元格，单击【表格工具】|【布局】|【合并】组|【合并单元格】按钮，将最后一行第一个单元格和第二个单元格合并。

参照样例，在对应的单元格输入"总分"、"平均分"。

图 3-60　"表格属性"对话框

6. 设置斜线表头

（1）将光标定位在文章的开始位置，单击【插入】|【插图】组|【形状】下拉按钮，选择"直线"，拖动鼠标左键不放绘制直线，设置直线的线型为虚线。

（2）将光标定位在文章的开始位置，绘制 3 个横向文本框，并添加文字"学号"、"姓名"、"课程"，文本框为"无填充""无轮廓"，设置字符大小。

（3）参照样例，将虚线、文本框调整到合适的位置。

7. 设置表格边框和底纹

（1）选定"总分"下方的 7 个单元格，按住 Ctrl 键，再选定"平均分"右方 4 个单元格，单击鼠标右键，在弹出的快捷菜单中选择【表格属性】命令，在"表格属性"对话框中的【表格】选项卡右下方单击【边框和底纹】按钮，在弹出的"边框和底纹"对话框中，选择【底纹】选项卡，【填充】颜色为"绿色，个性色 6，淡色 60%"，选定"平均分"单元格，按住 Ctrl 键，再选定右下角单元格，单击鼠标右键，在弹出的快捷菜单中选择【表格属性】命令，在"表格属性"对话框中的【表格】选项卡右下方单击【边框和底纹】按钮，在弹出的"边框和底纹"对话框中，选择【底纹】选项卡，【填充】颜色为"橙色，个性色 2，淡色 40%"，参照样例将表格中课程分数的底纹填充为"蓝色，个性色 1，淡色 60%"，学号、姓名的底纹填充为"金色，个性色4，淡色60%"，表格的第一行填充为"灰色，个性色3，淡色40%"，如图3-61所示。

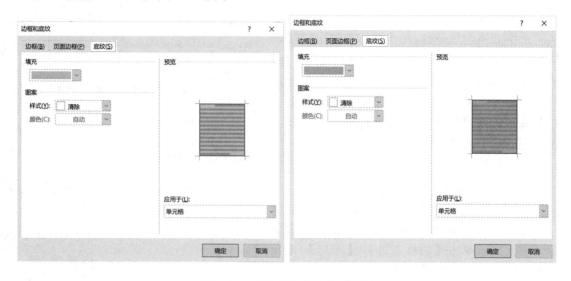

图3-61 "边框和底纹"对话框

(2) 选定整个表格，单击鼠标右键，弹出的快捷菜单中选择【表格属性】命令，在"表格属性"对话框中的【表格】选项卡右下方单击【边框和底纹】按钮，在弹出的"边框和底纹"对话框中，选择【边框】选项卡，【设置】为"全部"，【线形】为"————————"，"宽度"为"1.0磅 ————————"；选定第一行，单击鼠标右键，打开"边框和底纹"对话框，选择"边框"选项卡，"设置"为"自定义"，"线形"为"————————"，"宽度"为"0.75磅 ════════"单击按钮 即可。

8．表格内数据修改

(1) 选中"高飞"一行数据，按Del键删除文字。

(2) 输入如下信息到样例所示位置：1411030410，卢飞，76 85 81 92。

表格内数据调整

9．表格内数值计算、排序

1) 表格内数值计算

(1) 单击"总分"下方的单元格，单击【表格工具】|【布局】|【数据】组|【公式】按钮，打开"公式"对话框。"公式"文本框中默认的计算公式为"=SUM(ABOVE)"，表示对该单元格以上的所有数据求和，而此任务中应输入"=SUM(LEFT)"，单击【确定】按钮，如图3-62所示，按照此方法计算所有学生的总分。

利用公式计算

(2) 单击"平均分"右侧的单元格，单击【表格工具】|【布局】|【数据】组|【公式】按钮，打开"公式"对话框。在"公式"文本框中输入"=AVERAGE(ABOVE)"，表示对该单元格以上的所有数据求平均值，单击【确定】按钮，如图3-63所示。按照此方法计算所有课程的平均分。

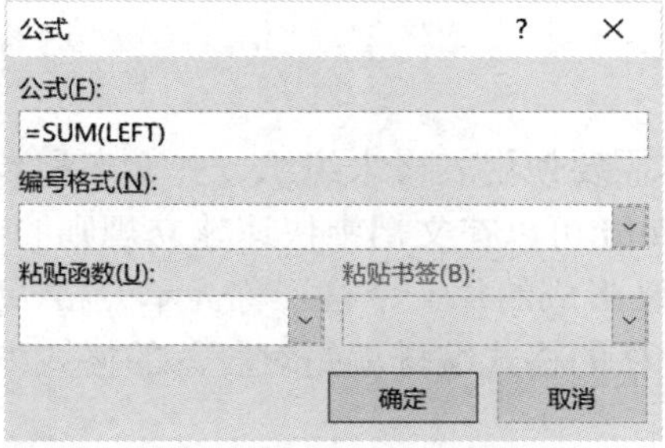

图 3-62　"公式"对话框 SUM 函数　　　图 3-63　"公式"对话框 AVERAGE 函数

2) 表格内数值排序

(1) 选中表格第 2～8 行，单击【表格工具】|【布局】|【数据】组|【排序】按钮，打开如图 3-64 所示的"排序"对话框。

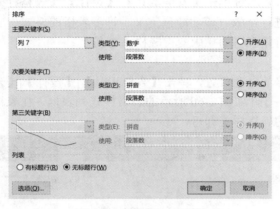

图 3-64　"排序"对话框

(2) 在"排序"对话框的"主要关键字"列表框中选定"列 7"项，其"类型"列表框中选定"数字"，再单击【降序】按钮。

(3) 在"列表"选项组中，单击【无标题行】按钮。之后单击【确定】按钮，排序结果如图 3-65 所示。

学号　课程　姓名		网页制作	平面设计	广告设计	三维动画	总分
1411030410	卢飞	76	85	81	92	334
1411030101	李莉	83	95	78	77	333
1411030105	王元斌	67	78	87	88	320
1411030102	吴友成	90	89	71	66	316
1411030106	张国立	68	82	79	76	305
1411030107	袁和伟	68	65	79	85	297
1411030104	郑佩佩	71	61	56	66	254
平均分		74.71	79.29	75.86	78.57	

图 3-65　排序结果

3.4.4　知识必备

表格是一种简明、扼要的表达方式。文档中经常需要使用表格来组织一些文字和数字，有时还需要计算表格中的数据，对表进行排序等。Word 可以在文档中快速建立规则的简单表格和不规则的复杂表格。Word 表格中由行和列交叉形成的每一个格子称为单元格，所有单元格都初始化成包含插入点的段落。因此，对单元格的格式编排就是对段落的格式编排。

1．表格创建

将光标定位在需要插入表格的位置，单击【插入】|【表格】下拉按钮中"插入表格"命令，打开"插入表格"对话框；或单击【表格】下拉按钮，并拖选方格，即可出现表格。

2．表格自动套用格式

表格创建后，也可以通过单击【表格工具】|【设计】|【表格样式】组中的表格样式对表格进行排版。该功能预定义了许多表格的格式、字体、边框、底纹、颜色，可使表格的排版变得轻松、容易。

具体操作如下：

将光标定位到表格的任意位置，单击【表格工具】|【设计】|【表格样式】组|【其他】按钮，打开如图 3-66 所示的表格样式列表框，在表格样式列表框中选定所需要的表格样式即可。

表格样式设置

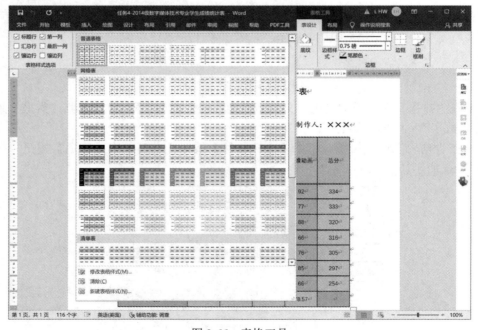

图 3-66　表格工具

3．表格标题行的重复

当一张表格超过一页时，通常希望在第二页的续表中也包括表格的标题行。Word 提供了重复标题的功能，具体操作如下：

选定第一页表格中的一行或多行标题，单击【表格工具】|【布局】|【数据】组|【重复

标题行】按钮。这样，Word 会在因分页而拆开的续表中重复表格的标题行，修改时也只需要修改第一页表格的标题就可以了。

4．表格中数值的计算

在 Word 计算中，系统对表格中的行是以字母 A→Z 进行标记的，列是以自然数从"1"开始标记的，单元格则是由"列表+行标"组成的。表格中的第一个单元标记为 A1。

在表格中进行计算时，可以用像 A1、A2、B1、B2 这样的形式引用表格中的单元格，Word 中的单元格引用的始终是绝对地址，而且不带"$"符号。

任务 5　制作毕业设计

3.5.1　任务描述

武汉商贸职业学院要求今年的应届毕业生统一答辩，并且按格式书写论文。以下是信工学院某同学制作的毕业论文排版的部分截图，如图 3-67 所示。

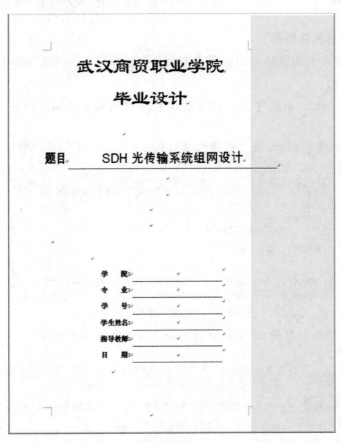

图 3-67　毕业论文排版整体效果

3.5.2　任务分析

本任务首先是修改文本内容，包括文本内容的查找替换，文档页眉页脚的设置，文字样式的设置，公式编辑器的使用，批注的插入以及修订的应用等，然后为便于阅读，为文档添加目录，从而对长篇文档进行编辑。

要完成本项工作任务，需要进行如下操作：

(1) 将素材文件重命名并按要求保存。

(2) 利用查找替换，将文中所有"针"改成"帧"。

(3) 边框底纹的设置及取消。

(4) 学会用样式窗格设置样式。

(5) 通过下一页分节符，根据需要设置不同节的页眉和页脚。

(6) 审阅菜单的作用，添加修订、批注。

(7) 学习 Word 2016 中公式的编辑方法。

(8) 自动生成目录。

3.5.3　任务实现

1．将素材重命名并保存

将素材重命名并保存　　　　查找替换

选中素材文件，单击鼠标右键选择【重命名】命令即可完成文档的重命名操作。

2．查找和替换

(1) 全选整篇文章，单击【开始】|【编辑】组|【替换】按钮，打开"查找和替换"对话框。

(2) 选择【替换】选项卡，在"查找内容"中输入汉字"针"，在"替换为"中输入"帧"，单击【全部替换】按钮，如图 3-68 所示。

图 3-68　"查找和替换"对话框

(3) 在整篇文档中共替换 36 处，并提示是否搜索文档的其余部分，如图 3-69 所示，这里选择【否】按钮。

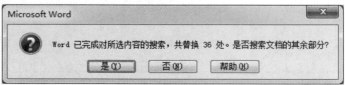

图 3-69　"查找和替换"结果显示

3. 取消所有边框和底纹

(1) 选中需要取消的文字或段落，单击【开始】|【段落】组|【下框线】下拉按钮中"边框和底纹"命令，打开"边框和底纹"对话框，选择【边框】选项卡，在"设置"中选择"无"即可取消边框的设置，如图 3-70 所示。

设置边框和底纹

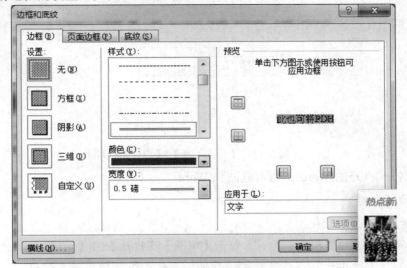

图 3-70　"边框和底纹"选项卡

(2) 在"边框和底纹"对话框中，选择【底纹】选项卡，如图 3-71 所示，在"填充"中选择"无颜色"，在"图案"下的"样式"中选择"清除"即可取消底纹的设置。

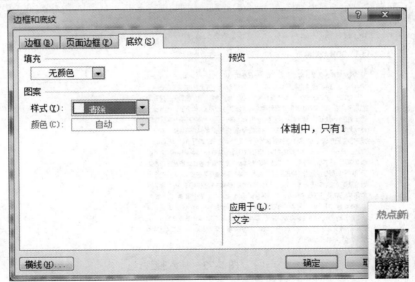

插入公式

图 3-71　"底纹"选项卡

4. 插入公式

将光标定位在需要插入数学公式的位置，单击【插入】|【符号】组|【公式】下拉按钮，选择"插入新公式"，随即光标会定位在公式编辑框中，同时会出现【公式工具】|【设计】

选项卡(如图 3-72 所示)。在【公式工具】|【设计】中选择相应的符号，键入变量和数字构造公式。

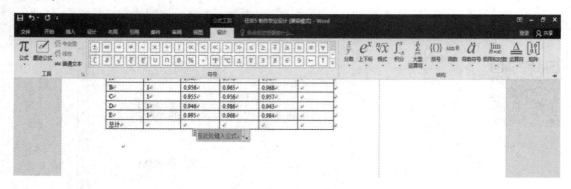

图 3-72   【公式工具】|【设计】选项卡

单击公式以外的 Word 文档可返回到 Word。

5. 审阅文档

1) 插入批注

选中第二段文字"SDH"一词，单击【审阅】|【批注】组|【新建批注】按钮，然后在批注框中输入需要注解或说明的文字，批注信息前面会自动加上"批注"二字以及批注者和批注的编号，如图 3-73 所示。

批注修订的使用

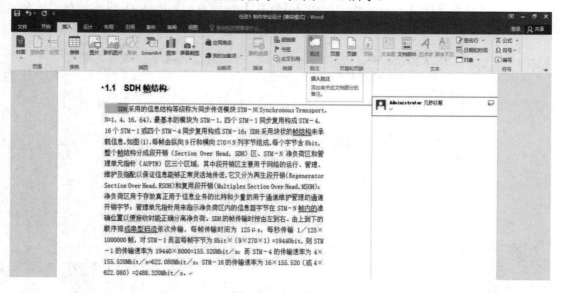

图 3-73   插入批注

2) 修订

选中第二段中的文字"由左到右"一词，单击【审阅】|【修订】组|【修订】按钮，此时可对文档进行修订操作。选定文字"由左到右"，输入文字"从左到右"，此时窗口右侧出现修订文本框，然后将字体改为华文行楷，文本框中显示修改的内容，如图 3-74 所示。

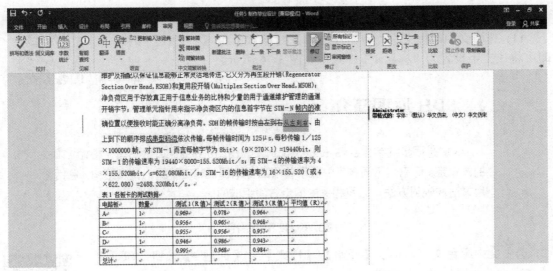

图 3-74　修订

6. 设置不同的页眉页脚

(1) 分别在第 1 页、第 2 页、第 5 页开始位置，单击【布局】|【页面设置】组|【分隔符】下拉按钮，单击"分节符(下一页)"命令，这样上下两页就分布在不同的节。在不同的节之间可以使用不用的页眉、页脚以及不同的页码。

设置页眉页脚

(2) 将光标定位于文章的开始位置，单击【插入】|【页眉和页脚】组|【页眉】下拉按钮，单击"编辑页眉"命令，进入第 1 节页眉编辑状态，如图 3-75 所示。

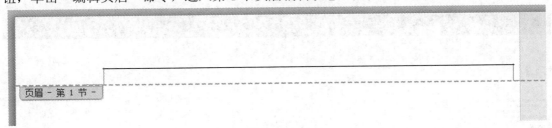

图 3-75　页眉

(3) 单击【页眉和页脚工具】|【设计】|【导航】组|【下一节】按钮，进入第 2 节页眉编辑区。在输入新的页眉内容前，单击【页眉和页脚工具】|【设计】|【导航】功能组中的"链接到前一条页眉"按钮，使之处于灰色取消状态，然后在页眉区域输入"武汉商贸职业学院"，选中文字，在【开始】|【字体】组修改字符格式：隶书、三号，下边线为 1.5 磅的单实线。再次单击【页眉和页脚工具】|【设计】|【导航】组|【下一节】按钮，进入第 3 节页眉编辑区，显示与第 2 节页眉内容相同（即已自动链接到前一条页眉）。如果下一节的页眉与上一节不同，则在设置下一节的页眉时先按上述方法使"链接到前一条页眉"按钮处于灰色取消状态，再重新输入该节的页眉内容。

(4) 单击【页眉和页脚工具】|【设计】|【导航】组|【转至页脚】按钮，编辑不同页脚，方法与页眉编辑类似，编辑完成后单击【关闭页眉和页脚】按钮。

7. 设置文字样式

(1) 选中文中红色文字，单击【开始】|【样式】组|【标题 1】按钮，即可将该文字设置为"标题 1"样式，如图 3-76 所示。

样式设置

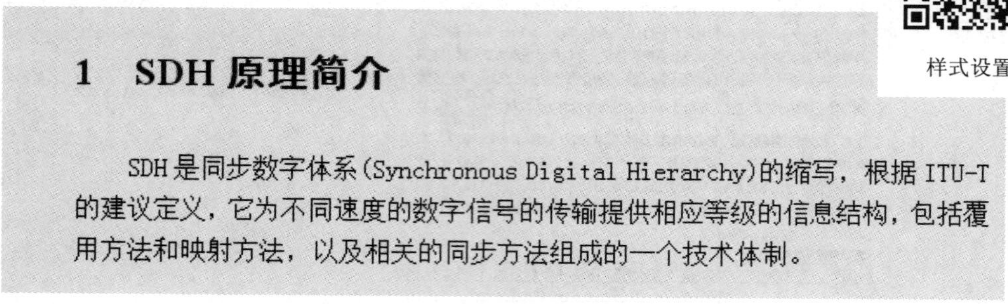

1 SDH 原理简介

SDH 是同步数字体系(Synchronous Digital Hierarchy)的缩写，根据 ITU-T 的建议定义，它为不同速度的数字信号的传输提供相应等级的信息结构，包括覆用方法和映射方法，以及相关的同步方法组成的一个技术体制。

图 3-76 设置文字样式

(2) 选中文中绿色文字，单击【开始】|【样式】组|【标题 2】按钮，即可将该文字设置为"标题 2"样式。

(3) 选中文中蓝色文字，单击【开始】|【样式】组|【标题 3】按钮，即可将该文字设置为"标题 3"样式。

引用

8. 自动生成目录

(1) 将光标定位在目录页，单击【引用】|【目录】组|【目录】下拉按钮，单击"自定义目录"命令，如图 3-77 所示。打开"目录"对话框，如图 3-78 所示。

(2) 在"目录"对话框中，按照样式中的 3 级标题进行设置，勾选"显示页码"、"页码右对齐"、"使用超链接而不使用页码"复选框，单击【确定】按钮即可自动生成目录。

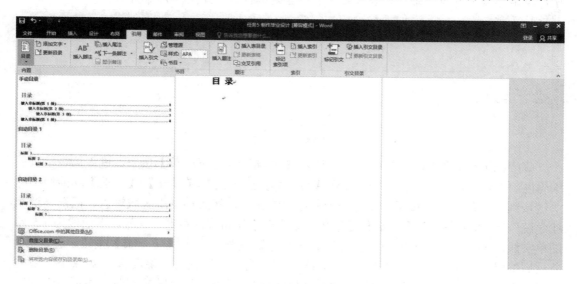

图 3-77 插入目录

图 3-78　"目录"对话框

3.5.4　知识必备

1. 查找和替换

Word 的查找功能不仅可以查找文档中某一指定的文本，还可以查找特殊符号(如段落标记、制表符等)。

导航窗格

1) 常规查找文本

(1) 将光标定位在文章开始位置，单击【开始】|【编辑】组|【替换】按钮，打开"查找和替换"对话框。

(2) 单击【查找】选项卡，在"查找内容"中输入需要查找的文字，如图 3-79 所示，单击【在以下项中查找】按钮，并在其下拉菜单中选择"主文档"命令。

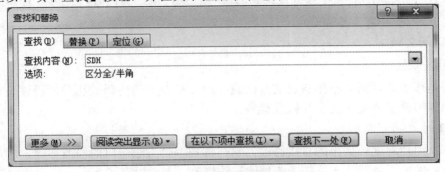

图 3-79　"查找和替换"选项卡

2) 高级查找

在 "查找和替换"对话框中，单击【更多】按钮，就会出现如图 3-80 所示的对话框。该对话框中几个选项的功能如下：

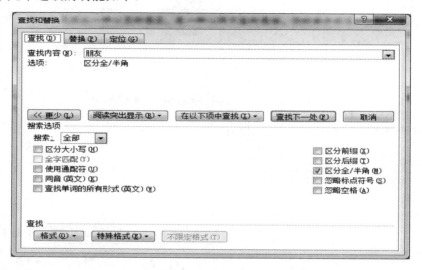

图 3-80 "更多"设置

查找内容：在查找内容表框中键入要查找的文本，单击列表框的下拉列表按钮，会列出最近 4 次查找过的文本供选用。

搜索：在搜索列表框中有全部、向上、向下三个选项。全部表示从插入点开始向文档末尾查找，到达文档末尾后再从文档开头查找到插入点处；向上表示从插入点开始向文档开头处查找；向下表示从插入点向文档末尾处查找。

区分大小写和全字匹配：用于查找英文单词。

使用通配符：用于在要查找的文本中键入通配符以实现模糊查找。

区分全/半角：可区分全角或半角的英文字符和数字。

3) 替换文本

前述的"查找"功能不仅是一种比"定位"更精确的定位方式，还可以和"替换"密切配合对文档中出现的错词/字进行更正。有时需要将文档中多次出现的某个字/词替换为另一个字/词，替换操作不但可以将查找到的内容替换为指定的内容，也可以替换为指定的格式。

2．审阅文档

1) 插入批注

批注是作者或审阅者根据自己的修改意见给文档添加的注释或注解，通过查看批注，可以更加详细地了解某些文字的修改意见。

2) 修订

修订是用户对文档做出的直接修改。它与常规编辑方法做出的修改不同，用户不仅能够看出何处做出了修改，还能接受或拒绝这些修改，大大提高了多人编辑文档的效率。

更改修订的操作步骤如下：

如果同意该修订，单击【审阅】|【更改】组|【接受】|【接受修订】按钮 ✐，此时所作修订将会被自动添加到文档中，而修订文本框将消失。

如果不同意修订，单击【审阅】|【更改】组|【拒绝】|【拒绝更改】按钮 ✕，此时所作修改将不会被添加到文档中，文档自动返回未修改时的状态，修订文本框消失。

修订操作完成后，再次单击【修订】按钮，取消修订状态。

3．使用样式插入目录

文档创建完成后，为了便于阅读，用户可以为文档添加一个目录。使用目录可以使文档的结构更加清晰，便于阅读者对整个文档进行定位。

1）使用样式插入目录

生成目录前，先要根据文本的标题样式设置大纲级别，设置完毕大纲级别即可在文档中插入自动目录。

Word 是使用层次结构来组织文档的，大纲级别就是段落所处层次的级别编号。用户可在【开始】|【样式】组自定义大纲级别。

所谓样式，就是系统或用户自定义并保存的一系列排版格式，包括字体、段落的对齐方式和边距等。

实际上，样式就是预先定义好的某种字符和段落的一系列格式特征，它规范了一个段落的总体格式。利用它可以快速地改变段落的格式，也为将具有一系列相同格式特征的文本段落统一风格提供了有效的手段。使用样式来格式化文档，不仅可以避免重复地设置字体、段落等格式，而且可以构筑大纲和目录。

2）修改目录

如果用户对插入的目录不满意，可以修改目录或自定义个性化目录。

具体操作如下：

(1) 单击【引用】|【目录】组|【目录】下拉按钮，选择"插入目录"命令，打开"目录"对话框，在【格式】下拉按钮中选择"来自模板"选项，并单击【修改】按钮。

(2) 打开"样式"对话框，在"样式"对话框中选择"目录 1"选项，然后单击【修改】按钮。

(3) 打开"修改样式"对话框，设置其字体、字号等格式，单击【确定】按钮，返回"样式"对话框，查看"目录 1"的预览效果。

(4) 单击【确定】按钮，返回"目录"对话框。

(5) 单击【确定】按钮，出现提示用"是否替换所选目录"对话框。

(6) 单击【确定】按钮，返回 Word 文档中。

用户还可以直接在生成的目录中对目录的字体格式和段落格式进行设置。

素材　　　样张

Excel 2016 电子表格处理软件

//////////////////////////////

Excel 2016 是 Microsoft Office 2016 的主要应用程序之一，是微软公司新推出的一个功能强大的电子表格应用软件，具有强大的数据计算与分析处理功能。它可以把数据用表格及各种图表的形式表现出来，使得制作出来的表格图文并茂，信息表达更清晰。Excel 2016 不但可以用于个人、办公等日常事务处理，还被广泛应用于金融、经济、财会、审计和统计等领域，有助于用户高效地建立与管理数据资料。

Excel 概述与主要功能

任务 1　制作新生入学登记表

4.1.1　任务描述

大一××班的辅导员需要给该班级刚入学的新生做一份新生入学登记表，方便日后的工作。表格中要求有学生的基本信息以及联系电话、入学成绩和家庭住址，具体样例如图 4-1 所示。

Excel 工作界面介绍

××班新生入学登记表

学号	姓名	性别	出生日期	联系电话	入学成绩	家庭住址
01701	刘伟	男	1998/10/12	13401200000	375.5	辽宁省本溪市溪湖区经济技术开发区香槐路××号
01702	张自强	男	1999/1/5	13865800000	389.0	河北省衡水市人民西路××号
01703	李月娟	女	1999/5/7	13922500000	320.5	陕西省西安市莲湖区桃园路××号
01704	肖剑锋	男	1998/12/20	18601400000	361.0	湖北省武汉市武汉经济技术开发区东风大道××号
01705	潘全	男	1999/6/9	18935700000	378.5	广东省韶关市浈江区风采街道建国路××号
01706	赵丽芳	女	1998/11/5	18865800000	345.0	北京市朝阳区东三环北路安联大厦××层
01707	孙蕊	女	1999/3/5	18642600000	331.5	大连市中山区解放路××号
01708	毛玉霞	女	1999/7/20	18896300000	318.5	上海市宝山区蕴川路××号
01709	唐月鹂	女	1999/7/9	18642600000	348.5	广州市番禺区汉溪大道××号
01710	郑勇	男	1998/9/16	18896300000	398.0	湖北黄石市下陆区广州路××号
01711	张飞	男	1999/4/28	15783000000	330.5	贵州省贵阳市南明区商厂路××号
01712	江鑫	男	1998/9/15	18965300000	356.5	湖北省武汉市武昌区中北路××号
01713	林正轩	女	1999/6/17	18637400000	369.0	广西南宁市宾阳县永武路××号
01714	杨蓉玉	女	1999/7/21	18256300000	372.5	山西省吕梁市离石区滨河街道××号
01715	谢芸芝	女	1997/11/18	13987500000	384.0	湖北省武汉市硚口区园博园路××号

图 4-1　新生入学登记表样例

4.1.2　任务分析

本任务的重点是实现各种不同类型数据的输入，并能够对工作表进行操作和查看。完成本任务的步骤如下：

(1) 新建文档，命名并保存。

(2) 在 Excel 工作簿的 Sheet1 工作表中输入文本、日期和数值类型等数据。

(3) 应用自动填充柄快速填充数据。

(4) 设置数据验证，快速输入学生性别。

(5) 设置表格标题栏的格式。

(6) 设置学生出生日期的格式。

(7) 设置表格的边框和底纹。

(8) 为指定单元格添加批注。

(9) 将 Sheet1 工作表标签改为"新生入学登记表"。

创建 Excel 文档　　　　Excel 文档的重命名

4.1.3　任务实现

1. 创建"新生入学登记表.xlsx"文档并保存

Excel 文档的保存

单击【开始】按钮，在【所有程序】列表中找到【Excel 2016】，单击启动 Excel 2016，然后在窗口中选择"空白工作簿"选项，系统将新建名为"工作簿 1"的空白工作簿。

单击【文件】选项卡，在弹出的下拉菜单中选择"保存"，打开"另存为"对话框，如图 4-2 所示，将保存位置设置为"桌面"，在【文件名】文本框中输入文档名称"新生入学登记表"，最后单击【保存】按钮。

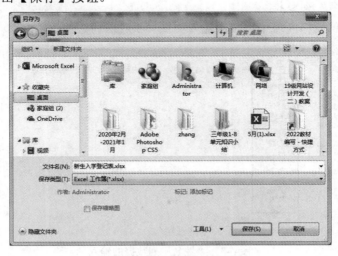

图 4-2　"另存为"对话框

2. 数据录入

1) 输入标题文字

选中 A1 单元格，并在 A1 单元格中输入"××班新生入学登记表"。

数据的输入

2) 输入列标题文字

分别选中 A2、B2、C2、D2、E2、F2、G2 单元格，在这些单元格中依次输入列标题：学号、姓名、性别、出生日期、联系电话、入学成绩、家庭住址，如图 4-3 所示。

	A	B	C	D	E	F	G
1	××班新生入学登记表						
2	学号	姓名	性别	出生日期	联系电话	入学成绩	家庭住址

图 4-3　列标题的输入

3) 输入"学号"列数据

选中 A3 单元格，输入"'01701"，按 Enter 键确认输入，把鼠标指针移到 A3 单元格右下角的填充柄上，当鼠标变成✚形状时，按住鼠标左键向下拖动鼠标指针到 A17 单元格，然后松开鼠标左键，则在 A4：A17 单元格区域中填充了所需的数据，如图 4-4 所示。

	A	B	C	D	E	F	G	H
1	××班新生入学登记表							
2	学号	姓名	性别	出生日期	联系电话	入学成绩	家庭住址	
3	01701							
4	01702							
5	01703							
6	01704							
7	01705							
8	01706							
9	01707							
10	01708							
11	01709							
12	01710							
13	01711							
14	01712							
15	01713							
16	01714							
17	01715							
18								
19								
20								

自动填充功能

图 4-4　"学号"列数据的输入

4) 输入"姓名"列数据

在 B3：B17 单元格区域中，依次输入如图 4-5 所示的数据。

	A	B	C	D	E	F	G	H
1	××班新生入学登记表							
2	学号	姓名	性别	出生日期	联系电话	入学成绩	家庭住址	
3	01701	刘伟						
4	01702	张自强						
5	01703	李月娟						
6	01704	肖剑锋						
7	01705	潘全						
8	01706	赵丽芳						
9	01707	孙蕊						
10	01708	毛玉霞						
11	01709	唐月鹏						
12	01710	郑勇						
13	01711	张飞						
14	01712	江鑫						
15	01713	林正轩						
16	01714	杨蓉玉						
17	01715	谢芸芝						
18								
19								

数据有效性

图 4-5　"姓名"列数据的输入

5) 输入"性别"列数据

选中 C3：C17 单元格区域，单击【数据】选项卡，在【数据工具】选项组中单击【数据验证】按钮右边的箭头，在弹出的下拉菜单中选择"数据验证"，打开"数据验证"对话框，如图 4-6 所示。

图 4-6　"数据验证"对话框

在【设置】选项卡的【允许】下拉列表中选择"序列"，在【来源】中输入"男,女"，单击【确定】按钮即可返回 Excel 界面；单击 C3：C17 单元格区域中任一单元格，即可显示如图 4-7 所示的下拉菜单。

图 4-7　利用数据验证制作"性别"列的下拉菜单

🐢**注意**：在【来源】中输入的可选项中间必须用英文状态下的逗号","隔开。

6) 输入"出生日期"列数据

选中 D3 单元格，输入"1998-10-12"或者"1998/10/12"后按 Enter 键确认输入；依次在 D 列其他单元格中输入如图 4-1 中所示的"出生日期"列的数据，最终结果如图 4-8 所示。

	A	B	C	D	E	F	G
1	××班新生入学登记表						
2	学号	姓名	性别	出生日期	联系电话	入学成绩	家庭住址
3	01701	刘伟	男	1998/10/12			
4	01702	张自强	男	1999/1/5			
5	01703	李月娟	女	1999/5/7			
6	01704	肖剑锋	男	1998/12/20			
7	01705	潘全	男	1999/6/9			
8	01706	赵丽芳	女	1998/11/5			
9	01707	孙蕊	女	1999/3/5			
10	01708	毛玉霞	女	1999/7/20			
11	01709	唐月鹏	男	1999/7/9			
12	01710	郑勇	男	1998/9/16			
13	01711	张飞	男	1999/4/28			
14	01712	江鑫	男	1998/9/15			
15	01713	林正轩	女	1999/6/17			
16	01714	杨蓉玉	女	1999/7/21			
17	01715	谢芸芝	女	1997/11/18			
18							

图 4-8　"出生日期"列数据的输入

7) 输入"联系电话"列数据

选中 E3：E17 单元格区域，在【开始】选项卡的【数字】选项组中单击【数字格式】按钮右边的箭头，在弹出的下拉菜单中选择"文本"，如图 4-9 所示；依次在 E 列其他单元格中输入如图 4-1 中所示的"联系电话"列的数据。

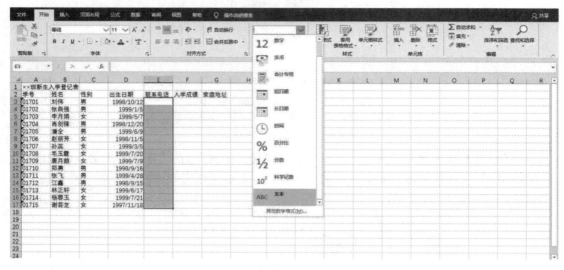

图 4-9　文本格式的设置

8) 输入"入学成绩"列数据

选中 F3 单元格，输入数字"375.5"后按 Enter 键确认输入；依次在 F 列其他单元格中输入如图 4-1 中所示的"入学成绩"列的数据，最终结果如图 4-10 所示。

	A	B	C	D	E	F	G
1	××班新生入学登记表						
2	学号	姓名	性别	出生日期	联系电话	入学成绩	家庭住址
3	01701	刘伟	男	1998/10/12	13401200000	375.5	
4	01702	张自强	男	1999/1/5	13865800000	389	
5	01703	李月娟	女	1999/5/7	13922500000	320.5	
6	01704	肖剑锋	男	1998/12/20	18601400000	361	
7	01705	潘全	男	1999/6/9	18935700000	378.5	
8	01706	赵丽芳	女	1998/11/5	18865800000	345	
9	01707	孙蕊	女	1999/3/5	18642600000	331.5	
10	01708	毛玉霞	女	1999/7/20	18896300000	318.5	
11	01709	唐月鹅	女	1999/7/9	18642600000	348.5	
12	01710	郑勇	男	1998/9/16	18896300000	398	
13	01711	张飞	男	1999/4/28	15783000000	330.5	
14	01712	江鑫	男	1998/9/15	18965300000	356.5	
15	01713	林正轩	女	1999/6/17	18637400000	369	
16	01714	杨蓉玉	女	1999/7/21	18256300000	372.5	
17	01715	谢芸芝	女	1997/11/18	13987500000	384	

图 4-10　"入学成绩"列数据的输入

9) 输入"家庭住址"列数据

选中 G3 单元格，输入"辽宁省本溪市溪湖区经济技术开发区香槐路××号"后，按

Enter 键确认输入；依次在 G 列其他单元格中输入如图 4-1 中所示的"家庭住址"列的数据，最终结果如图 4-11 所示。

	A	B	C	D	E	F	G	H	I	J	K
1	××班新生入学登记表										
2	学号	姓名	性别	出生日期	联系电话	入学成绩	家庭住址				
3	01701	刘伟	男	1998/10/12	13401200000	375.5	辽宁省本溪市溪湖区经济技术开发区香槐路××号				
4	01702	张自强	男	1999/1/5	13865800000	389	河北省衡水市人民西路××号				
5	01703	李月娟	女	1999/5/7	13922500000	320.5	陕西省西安市莲湖区桃园路××号				
6	01704	肖剑锋	男	1998/12/20	18601400000	361	湖北省武汉市武汉经济技术开发区东风大道××号				
7	01705	潘全	男	1999/6/9	18935700000	378.5	广东省韶关市浈江区风采街道建国路××号				
8	01706	赵丽芳	女	1998/11/5	18865800000	345	北京市朝阳区东三环北路安联大厦××层				
9	01707	孙蕊	女	1999/3/5	18642600000	331.5	大连市中山区解放路××号				
10	01708	毛玉霞	女	1999/7/20	18896300000	318.5	上海市宝山区蕴川路××号				
11	01709	唐月鹅	女	1999/7/9	18642600000	348.5	广州市番禺区汉溪大道××号				
12	01710	郑勇	男	1998/9/16	18896300000	398	湖北省黄石市下陆区广州路××号				
13	01711	张飞	男	1999/4/28	15783000000	330.5	贵州省贵阳市南明区南广路××号				
14	01712	江鑫	男	1998/9/15	18965300000	356.5	湖北省武汉市武昌区中北路××号				
15	01713	林正轩	女	1999/6/17	18637400000	369	广西南宁市宾阳县永武路××号				
16	01714	杨蓉玉	女	1999/7/21	18256300000	372.5	山西省吕梁市离石区滨河街道××号				
17	01715	谢芸芝	女	1997/11/18	13987500000	384	湖北省武汉市硚口区园博园路××号				

图 4-11　"家庭住址"列数据的输入

3. 单元格格式的设置

1) 合并居中表格标题

选中 A1：G1 单元格区域，在【开始】选项卡的【对齐方式】选项组中单击【合并后居中】按钮，如图 4-12 所示，将 A1：G1 单元格区域合并成一个大的单元格。

图 4-12　"合并后居中"单元格　　　　　　字体格式及对齐方式

2) 设置字体格式

设置字体格式包括对文字的字体、字号、颜色等进行设置，以符合表格的标准。

选中 A1 单元格，在【开始】选项卡的【字体】选项组中设置字体为黑体，字号为 18

磅，并单击【加粗】按钮**B**。或者单击【开始】选项卡，再单击【字体】选项组右下角的【对话框启动器】按钮，打开"设置单元格格式"对话框并选择【字体】选项卡，如图 4-13 所示。

图 4-13　设置字体格式

用上述方法将列标题 A2：G2 单元格区域中的字体格式设置为宋体、14 磅、加粗，最终效果如图 4-14 所示。

	A	B	C	D	E	F	G	H	I	J	
1				**××班新生入学登记表**							
2	**学号**	**姓名**	**性别**	**出生日期**	**联系电话**	**入学成绩**	**家庭住址**				
3	01701	刘伟	男	1998/10/12	13401200000	375.5	辽宁省本溪市溪湖区经济技术开发区香槐路××号				
4	01702	张自强	男	1999/1/5	13865800000	389	河北省衡水市人民西路××号				
5	01703	李月娟	女	1999/5/7	13922500000	320.5	陕西省西安市莲湖区桃园路××号				
6	01704	肖剑锋	男	1998/12/20	18601400000	361	湖北省武汉市武汉经济技术开发区东风大道××号				
7	01705	潘全	男	1999/6/9	18935700000	378.5	广东省韶关市浈江区风采街道建国路××号				
8	01706	赵丽芳	女	1998/11/5	18865800000	345	北京市朝阳区东三环北路安联大厦××层				
9	01707	孙蕊	女	1999/3/5	18642600000	331.5	大连市中山区解放路××号				
10	01708	毛玉霞	女	1999/7/20	18896300000	318.5	上海市宝山区蕰川路××号				
11	01709	唐月鹃	女	1999/7/9	18642600000	348.5	广州市番禺区汉溪大道××号				
12	01710	郑勇	男	1998/9/16	18896300000	398	湖北黄石市下陆区广州路××号				
13	01711	张飞	男	1999/4/28	15783000000	330.5	贵州省贵阳市南明区南厂路××号				
14	01712	江鑫	男	1998/9/15	18965300000	356.5	湖北省武汉市武昌区中北路××号				
15	01713	林正轩	女	1999/6/17	18637400000	369	广西南宁市宾阳县永武路××号				
16	01714	杨蓉玉	女	1999/7/21	18256300000	372.5	山西省吕梁市离石区滨河街道××号				
17	01715	谢芸芝	女	1997/11/18	13987500000	384	湖北省武汉市硚口区园博园路××号				

图 4-14　设置列标题字体格式后的效果

3) 设置对齐方式

输入数据时，文本靠左对齐，数字、日期和时间靠右对齐。为了使表格看起来更加美观，可以改变单元格中数据的对齐方式，但是不会改变数据的类型。

字体的对齐方式包括水平对齐和垂直对齐两种，其中水平对齐包括靠左、居中和靠右等；垂直对齐包括靠上、居中和靠下等。

选中 A2：G2 单元格区域，在【开始】选项卡的【对齐方式】选项组中设置对齐方式

为水平居中和垂直居中　　　　　　　　　　　。或者单击【开始】选项卡，再单击【对齐】
选项组右下角的【对话框启动器】按钮，打开"设置单元格格式"对话框并选择【对齐】
选项卡，如图 4-15 所示。

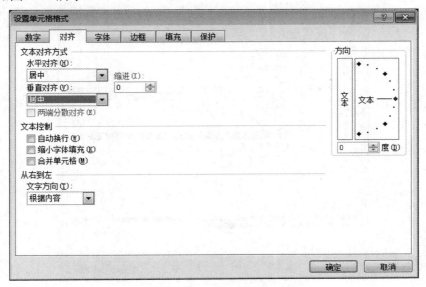

图 4-15　设置对齐方式

用上述方法将 A3：F17 单元格区域中的对齐方式设置为水平居中和垂直居中，最终效
果如图 4-16 所示。

	A	B	C	D	E	F	G	H	I	J
1				××班新生入学登记表						
2	学号	姓名	性别	出生日期	联系电话	入学成绩	家庭住址			
3	01701	刘伟	男	1998/10/12	13401200000	375.5	①宁省本溪市溪湖区经济技术开发区香槐路××号			
4	01702	张自强	男	1999/1/5	13865800000	389	河北省衡水市人民西路××号			
5	01703	李月娟	女	1999/5/7	13922500000	320.5	陕西省西安市莲湖区桃园路××号			
6	01704	肖剑锋	男	1998/12/20	18601400000	361	湖北省武汉市武汉经济技术开发区东风大道××号			
7	01705	潘全	男	1999/6/9	18935700000	378.5	广东省韶关市浈江区风采街道建国路××号			
8	01706	赵丽芳	女	1998/11/5	18865800000	345	北京市朝阳区东三环北路安联大厦××层			
9	01707	孙蕊	女	1999/3/5	18642600000	331.5	大连市中山区解放路××号			
10	01708	毛玉霞	女	1999/7/20	18896300000	318.5	上海市宝山区蕰川路××号			
11	01709	唐月鹤	女	1999/7/9	18642600000	348.5	广州市番禺区汉溪大道××号			
12	01710	郑勇	男	1998/9/16	18896300000	398	湖北黄石市下陆区广州路××号			
13	01711	张飞	男	1999/4/28	15783000000	330.5	贵州省贵阳市南明区南广路××号			
14	01712	江鑫	男	1998/9/15	18965300000	356.5	湖北省武汉市武昌区中北路××号			
15	01713	林正轩	女	1999/6/17	18637400000	369	广西南宁市宾阳县永武路××号			
16	01714	杨蓉玉	女	1999/7/21	18256300000	372.5	山西省吕梁市离石区滨河街道××号			
17	01715	谢芸芝	女	1997/11/18	13987500000	384	湖北省武汉市硚口区国博园路××号			

图 4-16　设置对齐方式后的效果

4) 设置数字格式

在工作表的单元格中，输入的数字通常按常规格式显示，但是这种格式可能无法满足
用户的要求，例如，财务报表中的数据常用的是货币格式。Excel 2016 提供了多种数字格
式，并且进行了分类，如常规、数字、货币、日期、时间等。通过应用不同的数字格式，
可以更改数字的外观。数字格式不会影响 Excel 执行计算的实际单元格值，实际值显示在

编辑栏中。

    选中 D3：D17 单元格区域，单击【开始】选项卡，再单击【数字】选项组右下角的【对话框启动器】按钮 ，打开"设置单元格格式"对话框并选择【数字】选项卡，如图 4-17 所示；在【分类】中选择"日期"，在【类型】中选择"2012 年 3 月 14 日"，单击【确定】按钮即可返回 Excel 工作表。

图 4-17   设置日期格式

    选中 F3：F17 单元格区域，单击【开始】选项卡，再单击【数字】选项组右下角的【对话框启动器】按钮 ，打开"设置单元格格式"对话框并选择【数字】选项卡，如图 4-18 所示；在【分类】中选择"数值"，在【小数位数】中选择"1"，单击【确定】按钮即可返回 Excel 工作表。

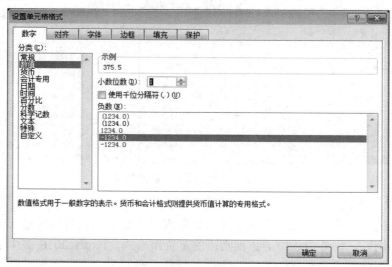

图 4-18   设置数值格式

4．边框和底纹的设置

为了打印有边框线的表格，可以为表格添加不同线型的边框。Excel 默认单元格的颜色是白色，并没有图案，有时为了使表格中的重要信息更加醒目，可以为单元格添加填充效果。

表格的边框和底纹

1) 给表格添加双线外边框和单实线内边框

选择 A2：G17 单元格区域，单击【开始】选项卡，在【字体】选项组中单击【边框】按钮右边的箭头 ，在弹出的菜单中选择"其他边框"。

打开"设置单元格格式"对话框并切换到【边框】选项卡，如图 4-19 所示；选择【样式】为"双实线"样式(第 7 行第 2 列)，在【预置】中单击"外边框"；再选择【样式】为"单实线"样式(第 7 行第 1 列)，在【预置】中单击"内部"。

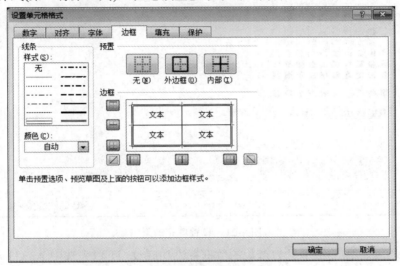

图 4-19　设置边框格式

设置完毕后单击【确定】按钮，返回 Excel 工作窗口即可看到设置效果，如图 4-20 所示。

A	B	C	D	E	F	G
××班新生入学登记表						
学号	姓名	性别	出生日期	联系电话	入学成绩	家庭住址
01701	刘伟	男	1998/10/12	13401200000	375.5	辽宁省本溪市溪湖区经济技术开发区香槐路××号
01702	张自强	男	1999/1/5	13865800000	389	河北省衡水市人民西路××号
01703	李月娟	女	1999/5/7	13922500000	320.5	陕西省西安市莲湖区桃园路××号
01704	肖剑锋	男	1998/12/20	18601400000	361	湖北省武汉市武汉经济技术开发区东风大道××号
01705	潘全	男	1999/6/9	18935700000	378.5	广东省韶关市浈江区风采街道建国路××号
01706	赵丽芳	女	1998/11/5	18865800000	345	北京市朝阳区东三环北路安联大厦××层
01707	孙蕊	女	1999/3/5	18642600000	331.5	大连市中山区解放路××号
01708	毛玉霞	女	1999/7/20	18896300000	318.5	上海市宝山区蕴川路××号
01709	唐月鹏	女	1999/7/9	18642600000	348.5	广州市番禺区汉溪大道××号
01710	郑勇	男	1998/9/16	18896300000	398	湖北黄石市下陆区广州路××号
01711	张飞	男	1999/4/28	15783000000	330.5	贵州省贵阳市南明区南广路××号
01712	江鑫	男	1998/9/15	18965300000	356.5	湖北省武汉市武昌区中北路××号
01713	林正轩	女	1999/6/17	18637400000	369	广西南宁市宾阳县永武路××号
01714	杨蓉玉	女	1999/7/21	18256300000	372.5	山西省吕梁市离石区滨河街道××号
01715	谢芸芝	女	1997/11/18	13987500000	384	湖北省武汉市硚口区国博园路××号

图 4-20　设置边框后的效果

2) 给表格添加底纹

选择 A2：G2 单元格区域，单击【开始】选项卡，在【字体】选项组中单击【填充颜色】按钮右边的箭头 ✎ ，在弹出的菜单中选择所需的颜色。

若需给填充颜色添加图案效果，则单击【开始】选项卡，再单击【字体】选项组右下角的【对话框启动器】按钮，打开"设置单元格格式"对话框并选择【填充】选项卡，如图 4-21 所示；在【背景色】中选择"黄色"，在【图案颜色】中选择"自动"，将【图案样式】设置为"6.25%灰色"。

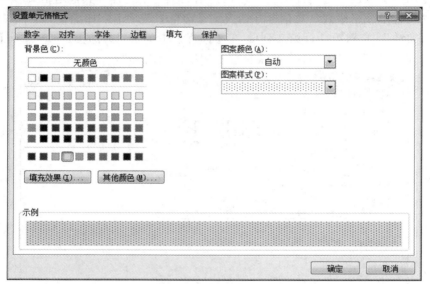

图 4-21　设置填充效果

如图 4-1 所示，需要给学号为奇数的数据行添加底纹，可以先选中 A3:G3 单元格区域，按上述方法添加一种颜色底纹，再选中 A3:G4 单元格区域，将鼠标移动至 A3:G4 单元格区域右下角，当鼠标变成自动填充柄➕形状时，按住鼠标左键向下拖动鼠标指针到 G17 单元格，然后释放鼠标左键；单击右下角的【自动填充选项】按钮，在弹出的子菜单中选择"仅填充格式"即可只复制格式(此时数据不会发生变化)，如图 4-22 所示。

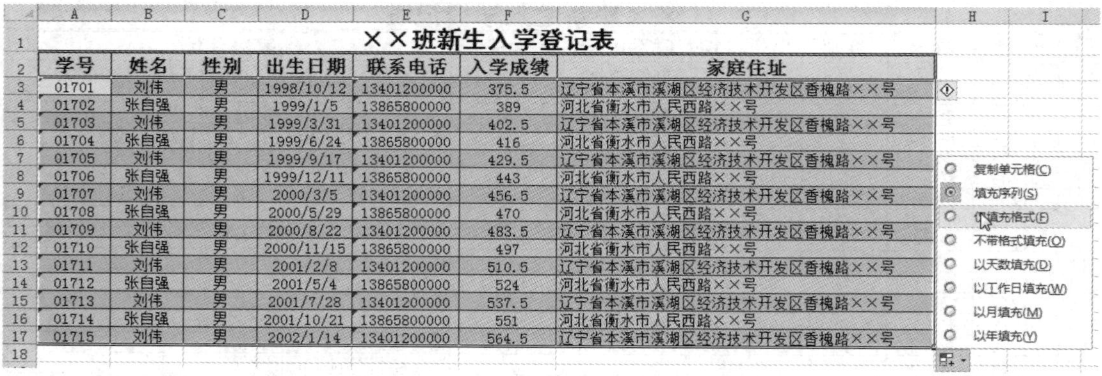

图 4-22　自动填充选项

5．行高和列宽的设置

1）自动调整列宽

选中 A 列：G 列，单击【开始】选项卡，再单击【单元格】选项组中【格式】按钮下方的箭头，在弹出的下拉菜单中选择"自动调整列宽"，如图 4-23 所示，Excel 会根据某列各单元格中数据所占宽度自动给出一种合理的列宽。

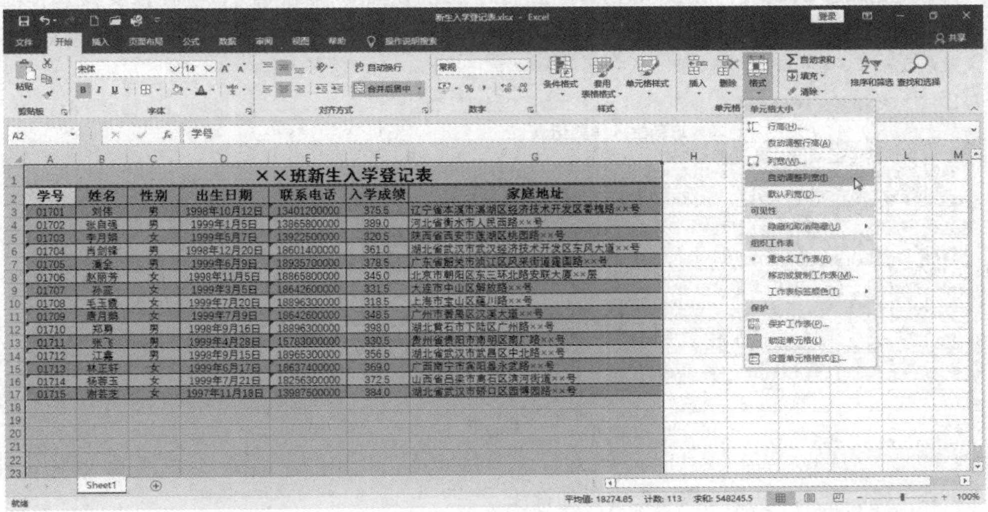

单元格行高与列宽

图 4-23　自动调整列宽

2）自动调整行高

选中 1 行：17 行，单击【开始】选项卡，再单击【单元格】选项组中【格式】按钮下方的箭头，在弹出的下拉菜单中选择"自动调整行高"，如图 4-24 所示，Excel 会根据某行各单元格中数据字号的大小自动给出一种合理的行高。

图 4-24　自动调整行高

6．插入批注

选中 B12 单元格，单击【审阅】选项卡，再单击【批注】选项组中的【新建批注】按钮，如图 4-25 所示，在弹出的文本框中输入"班长"，单击任一单元格即可退出批注的编辑。添加批注的单元格右上角有红色的三角形标记 郑勇 。

添加批注

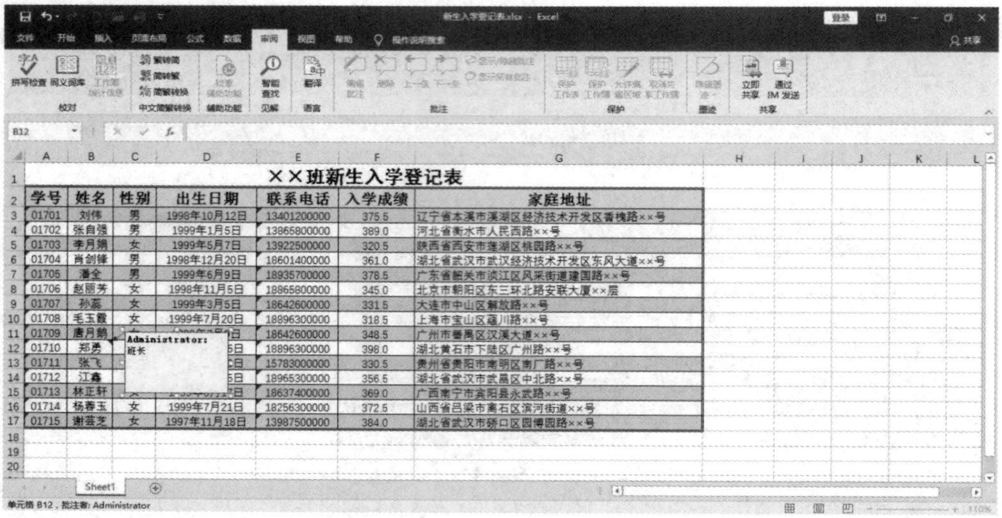

图 4-25　添加批注

7．工作表重命名

将鼠标移至工作表标签名 Sheet1 上，单击鼠标右键，在弹出的右键菜单中选择"重命名"，此时 Sheet1 处于选中状态 Sheet1 ，直接输入新的工作表名"新生入学登记表"，按 Enter 键即可。最终效果图如图 4-26 所示。

工作表标签及颜色

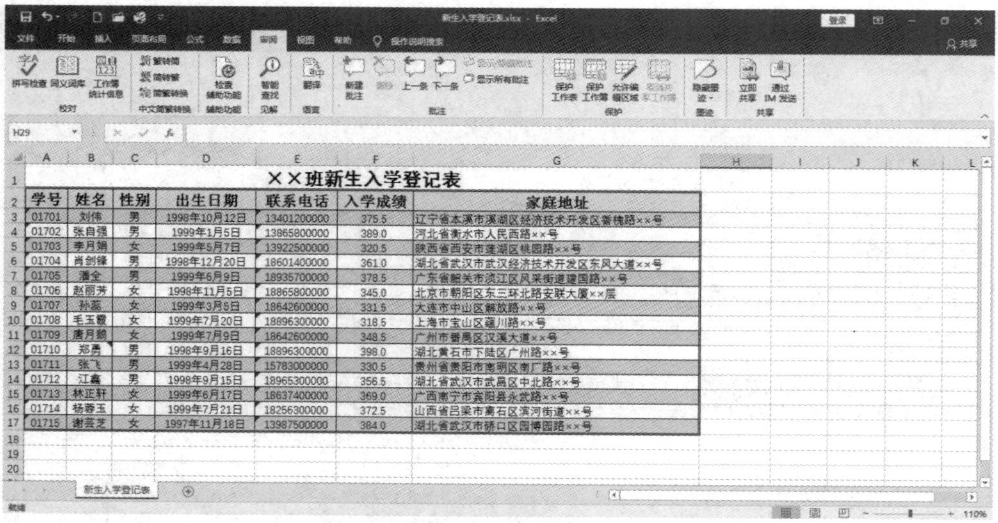

图 4-26　最终效果图

4.1.4 知识必备

1. 认识工作簿

一个 Excel 工作簿就是一个磁盘文件，在 Excel 中操作与处理的各种数据最终都以工作簿文件的形式存储在磁盘上，因此有必要先了解工作簿的常用操作，包括新建与保存工作簿、打开与关闭工作簿、保护与共享工作簿。

1) 新建工作簿

单击【开始】按钮，在【所有程序】列表中找到【Excel 2016】，单击启动 Excel 2016，选择空白工作簿，即可新建一个 Excel 2016 工作簿。

工作簿是用于处理和存储数据的文件，可以含有一张或多张工作表。默认情况下，打开一个工作簿有 1 张工作表(命名为 Sheet1，Sheet1 称为工作表标签)，用户可以使用命令添加或删除工作表。

启动 Excel 2016 后，其工作界面如图 4-27 所示。Excel 2016 的窗口主要包括快速访问工具栏、标题栏、功能区、选项卡、工作区、水平与垂直滚动条、状态栏、视图切换区和比例缩放区等组成部分。

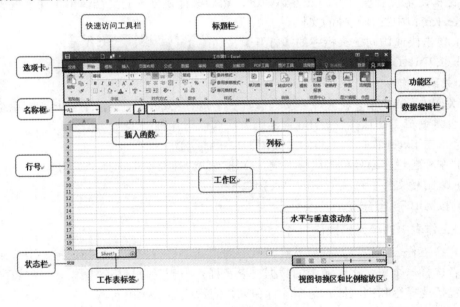

图 4-27 Excel 2016 的工作界面

Excel 2016 的窗口界面与 Word 2016 的窗口界面十分相似，快速访问工具栏、【文件】选项卡等操作与 Word 2016 的大体一致。下面介绍 Excel 2016 窗口中特别重要的几个部件。

- 工作表：工作表是单元格的集合，是 Excel 进行一次完整作业的基本单位。打开一个 Excel 工作簿默认打开的是 Sheet1 工作表，而且 Sheet1 工作表处于激活状态，称为当前工作表。只有当前工作表才能进行操作，可以通过单击工作表标签切换当前工作表。

- 单元格：单元格是工作表的基本组成，是 Excel 操作的最小单位。工作表的工作区中由横行和竖列交叉形成的若干矩形方格即为单元格，表格中的数据就填写在一个个单元格中。

　　工作区中有很多行和列，每列的顶端显示的为该列的列标，列标由 A、B、C 等英文字母表示；每行的行号显示在该行的左端，行号由 1、2、3 等数字表示。

　　为了区分不同的单元格，每个单元格用列标和行号来唯一命名。如图 4-27 所示，位于第 A 列与第 1 行交叉处的单元格名称为"A1"，列标在前，行号在后。当前选中或正在编辑的单元格称为活动单元格，如图 4-27 所示 A1 单元格即为活动单元格。用户只能在活动单元格中输入数据或进行各种格式化操作。要表示一个连续的单元格区域，可以用该区域左上角和右下角单元格表示，中间用冒号(：)分隔，例如"B3：C5"表示从单元格 B3 到 C5 的区域，它包含 B3、B4、B5、C3、C4、C5 共 6 个单元格。

　　• 名称框和编辑栏：名称框用于显示活动单元格的名字；编辑栏用于显示活动单元格中的内容，还可以在此输入活动单元格中的内容或进行修改。

　　2) 打开工作簿

　　要对已经保存的工作簿进行编辑，就必须先打开该工作簿。打开 Excel 工作簿的方法有以下几种：

　　(1) 单击【文件】选项卡，在展开的菜单中选择"打开"，单击【浏览】按钮，弹出"打开"对话框，定位到要打开的文件路径下，然后选择要打开的文档，单击【打开】按钮即可在 Excel 窗口中打开选择的文档。

　　(2) 单击快速访问工具栏中的【打开】按钮 　　　　　　 。

　　(3) 按 Ctrl+O 组合键。

　　3) 关闭工作簿

　　在关闭 Excel 之前，应先保存文档。如果在关闭 Excel 之前未保存文档，则系统会提示用户是否将编辑文档存盘。关闭 Excel 的方法有以下几种：

　　(1) 单击 Excel 窗口右上角的【关闭】按钮 　　　　 。

　　(2) 在标题栏空白处单击鼠标右键，在出现的快捷菜单中选择"关闭"。

　　(3) 单击【文件】选项卡中的"关闭"。

　　(4) 按 Alt+F4 组合键。

　　2．工作表中的单元格操作

　　用户在工作表中输入数据后，经常需要对单元格进行操作，包括选择一个单元格中的数据或者选择一个单元格区域中的数据，以及插入与删除单元格等操作。工作表中行和列的操作包括选择行和列，插入与删除行和列，隐藏或显示行和列。

　　1) 选择单元格

　　选择单元格是对单元格进行编辑的前提。选择单元格包括选择一个单元格、选择多个单元格和选择全部单元格三种情况。

　　(1) 选择一个单元格。

　　选择一个单元格的方法有以下两种：

　　① 单击待选中的单元格即可。

　　② 在名称框中输入单元格的名称，例如 D10，按 Enter 键，即可快速选择单元格 D10。

　　(2) 选择多个单元格。

用户可以同时选择多个单元格，称为单元格区域。选择多个单元格又分为选择连续的多个单元格和选择不连续的多个单元格两种情况，具体方法如下。

① 选择连续的多个单元格：单击要选择的单元格区域内的第一个单元格，当鼠标变为 ✚ 形状时，按住鼠标左键拖动至选择区域内的最后一个单元格，然后释放鼠标左键，即可完成连续多个单元格的选择操作。

② 选择不连续的多个单元格：先选中需选择的第一个单元格，按住 Ctrl 键的同时单击其他要选择的单元格，即可选择不连续的多个单元格。

(3) 选择全部单元格。

单击列标 A 左边或行号 1 上边的按钮 ▢ 即可选择全部单元格。

2) 插入与删除单元格

(1) 插入单元格。

如果工作表中输入的数据有遗漏或者准备添加新数据，则可以通过插入单元格操作轻松解决。插入单元格的方法有以下两种：

① 选择要插入单元格的位置，单击【开始】选项卡，在【单元格】选项组中单击【插入】按钮下方的箭头，在下拉菜单中选择"插入单元格"，打开"插入"对话框，如图 4-28 所示，在对话框中可以按需求进行选择，然后单击【确定】按钮。

② 选择要插入单元格的位置，右击单元格，在弹出的快捷菜单中选择"插入"，也可以打开如图 4-28 所示的"插入"对话框。

(2) 删除单元格。

对于表格中多余的单元格，可以将其删除。删除单元格不仅可以删除单元格中的数据，同时还将选中的单元格本身删除。删除单元格的方法有以下两种：

① 选择要删除的单元格，单击【开始】选项卡，在【单元格】选项组中单击【删除】按钮下方的箭头，在下拉菜单中选择"删除单元格"，打开"删除"对话框，如图 4-29 所示，在对话框中可以按需求进行选择，然后单击【确定】按钮。

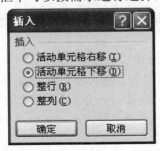
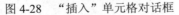

图 4-28　"插入"单元格对话框　　　图 4-29　"删除"单元格对话框

② 右击要删除的单元格，在弹出的快捷菜单中选择"删除"，也可以打开如图 4-29 所示的"删除"对话框。

3) 合并与拆分单元格

(1) 合并单元格。

如果用户希望将两个或两个以上的单元格合并为一个单元格，这时就可以通过合并单元格操作来完成。合并单元格的方法有以下几种：

① 选择要合并的单元格区域，单击【开始】选项卡，在【对齐方式】选项组中单击【合并后居中】按钮右边的箭头 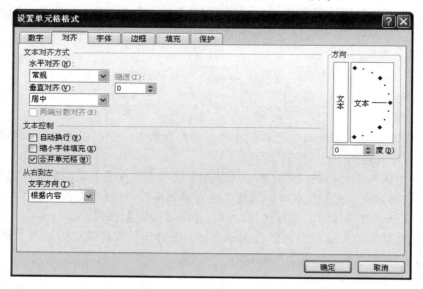 合并后居中 ▾ ，在下拉菜单中选择"合并单元格"。

② 选择要合并的单元格区域，单击【开始】选项卡，再单击【对齐方式】选项组右下角的【对话框启动器】按钮 🔲 ，打开"设置单元格格式"对话框；切换到【对齐】选项卡，勾选"合并单元格"复选框，单击【确定】按钮，如图 4-30 所示。

图 4-30 合并单元格

③ 为了使标题居于表格中央，可以利用"合并后居中"功能。选择要合并的单元格区域，单击【开始】选项卡，在【对齐方式】选项组中单击【合并后居中】按钮右边的箭头 合并后居中 ▾ ，在下拉菜单中选择"合并后居中"。

(2) 拆分单元格。

对于已经合并的单元格，需要时可以将其拆分为多个单元格。拆分单元格的方法有以下两种：

① 右击要拆分的单元格，在弹出的快捷菜单中选择"设置单元格格式"，打开"设置单元格格式"对话框；切换到【对齐】选项卡，撤选"合并单元格"复选框。

② 选择要拆分的单元格，单击【开始】选项卡，在【对齐方式】选项组中单击【合并后居中】按钮右边的箭头 合并后居中 ▾ ，在下拉菜单中选择"取消单元格合并"。

3. 行和列的基本操作

1) 选择行和列

(1) 选择行。

选择表格中的行和列是对其进行操作的前提。选择表格行主要分为选择单行、选择连续的多行以及选择不连续的多行三种情况。

① 选择单行：将光标移动到要选择行的行号上，当光标变成 ➡ 形状时单击鼠标左键即可选择该行。

② 选择连续的多行：单击要选择的多行中最上面一行的行号，按住鼠标左键并向下拖

动至选择区域的最后一行，即可同时选择该区域的所有行。

③ 选择不连续的多行：先选择一行，然后按住 Ctrl 键的同时，单击要选择的其他行的行号，即可同时选择这些行。

(2) 选择列。

选择表格列也分为选择单列、选择连续的多列以及选择不连续的多列三种情况。

① 选择单列：将光标移动到要选择列的列标上，当光标变成 ↓ 形状时单击鼠标左键即可选择该列。

② 选择连续的多列：单击要选择的多列中最左边一列的列标，按住鼠标左键并向右拖动至选择区域的最后一列，即可同时选择该区域的所有列。

③ 选择不连续的多列：先选择一列，然后按住 Ctrl 键的同时，单击要选择的其他列的列号，即可同时选择这些列。

2) 插入与删除行和列

Excel 允许用户建立最初的表格后还能够补充一个单元格、整行或整列，而表格中已有的数据将按照命令自动迁移，以留出插入的空间。

① 插入行：选中该行，单击【开始】选项卡，在【单元格】选项组中单击【插入】按钮下方的箭头，在下拉菜单中选择"插入工作表行"，新行出现在选择行的上方。

② 插入列：选中该列，单击【开始】选项卡，在【单元格】选项组中单击【插入】按钮下方的箭头，在下拉菜单中选择"插入工作表列"，新列出现在选择列的左侧。

③ 删除行：选中要删除的行，单击【开始】选项卡，在【单元格】选项组中单击【删除】按钮下方的箭头，在下拉菜单中选择"删除工作表行"。

④ 删除列：选中要删除的列，单击【开始】选项卡，在【单元格】选项组中单击【删除】按钮下方的箭头，在下拉菜单中选择"删除工作表列"。

3) 隐藏或显示行和列

对于表格中某些敏感或机密的数据，有时不希望让其他人看到，可以将这些数据所在的行或列隐藏起来，待需要时再将其显示出来，具体操作步骤如下：

(1) 右击表格中要隐藏行的行号，如第 5 行，在弹出的快捷菜单中选择"隐藏"，即可将该行隐藏起来。

(2) 要重新显示第 5 行，则需要同时选择相邻的第 4 行和第 6 行，然后右击选择的区域，在弹出的快捷菜单中选择"取消隐藏"，即可重新显示第 5 行。

4．输入数据

数据是表格中不可缺少的元素之一，在 Excel 2016 中常见的数据类型有文本型、数字型、日期时间型等。下面介绍在表格中输入数据的方法。

1) 输入文本

文本是 Excel 常用的一种数据类型，如表格的标题、行标题与列标题等。文本型数据包括任何字母、汉字或数字和字符，一般可直接输入。默认情况下，字符型数据沿单元格左边对齐。

用户输入的文本超过单元格宽度时，如果右侧相邻的单元格中没有任何数据，则超出的文本会占用右侧单元格的显示区域，文本实际仍在左侧单元格中；如果右侧相邻的单元格中已有数据，则超出的文本被隐藏起来，只要增大列宽或用自动换行的方式即可看到全部内容。如果需要单元格中的数据在某个指定的字符后换行，可将光标定位到该字符之后再按 Alt+Enter 组合键。

如果输入的数据是全部由阿拉伯数字组成的字符串，例如工号、学号、联系电话、身份证号等，需在数据前加上英文状态下的单引号"'"后再输入数字，最后按 Enter 键确认输入。此时，单元格的左上角会出现一个绿色的三角块，例如 001   。

2) 输入数字

Excel 是处理各种数据最有利的工具，因此在日常操作中会经常输入大量的数字内容。单击准备输入数字的单元格，输入数字后按 Enter 键即可。如图 4-1 中的"入学成绩"列中的数据为普通数字内容。

若是以下情况，不能直接输入数字：

输入负数：数字前先输入负号"—"或在数字上加一对圆括号()。

输入分数：先输入"0"和一个空格，再输入分数；否则，Excel 会把输入数据当成日期格式处理。若要输入 $2\frac{2}{3}$，则应先输入"2"，再输入一个空格，最后输入 2/3。

输入百分比数据：直接输入数字后再输入百分号"%"；或换算成小数后，单击【开始】选项卡，在【数字】选项组中单击【百分比样式】按钮 % 。

输入小数：直接在指定位置输入小数点。

在 Excel 中，当输入数值的位数达到 12 位及以上时，会自动以科学记数格式显示输入的数值，如(2.43E+09)。

当单元格中填满了"###"符号时，表示该列没有足够的宽度，此时调整列宽即可。

3) 输入日期和时间

输入日期：按年月日顺序输入数字，其间用"/"或"-"进行分隔；若输入时省略年份，则以当前年份作为默认值。如图 4-1 中的"出生日期"列数据为日期型数据。

输入时间：小时与分钟或秒之间用":"(英文半角状态下的冒号)分隔。用户可以使用 12 小时制或者 24 小时制来显示时间。如果使用 24 小时制格式，则不必使用 AM 或 PM；如果使用 12 小时制格式，则在时间后加上一个空格，然后输入 AM 或者 A(表示上午)、PM 或者 P(表示下午)。

4) 输入特殊符号

实际应用中可能需要输入符号，如"℃"、"▲"、"√"等，在 Excel 2016 中可以轻松插入这类符号。

下面以插入符号"√"为例，介绍在单元格中插入特殊符号的方法：选择准备输入符号的单元格，单击【插入】选项卡，在【符号】选项组中单击【符号】按钮 Ω 符号，打开"符号"对话框，在【符号】选项卡下面找到特殊符号"√"，单击【插入】按钮即可。

5. 编辑数据

数据输入完成后经常需要对数据进行编辑，包括修改数据、移动和复制数据、删除数据格式以及删除数据内容等。

1) 修改数据

在对当前单元格中的数据进行修改时，若原数据与新数据完全不一样，则可以重新输入；若原数据中只有个别字符与新数据不同，则可以使用两种方法来编辑单元格中的数据，即直接在单元格中进行编辑或在编辑栏中进行编辑。

在单元格中修改：双击准备修改数据的单元格，将光标定位到该单元格中，通过按Backspace 键或 Delete 键可将光标左侧或光标右侧的字符删除，然后输入正确的内容，再按Enter 键确认输入。

在编辑栏中修改：单击准备修改数据的单元格(该单元格内容会显示在编辑栏中)，然后单击编辑栏，对其中的内容进行修改。当单元格中的数据较多时，利用编辑栏修改很方便。

2) 移动表格数据

创建表格后，可能需要将某些单元格区域的数据移动到其他的位置，这样可以提高工作效率，避免重复。下面介绍三种移动表格数据的方法。

(1) 选择准备移动的单元格，单击【开始】选项卡，在【剪贴板】选项组中单击【剪切】按钮 ，然后单击要将数据移动到的目标单元格，再单击【剪贴板】选项组中的【粘贴】按钮 。

(2) 右击准备移动的单元格，在弹出的快捷菜单中选择"剪切"，然后右击目标单元格，在弹出的快捷菜单中选择"粘贴"，可以快速移动单元格中的数据。

(3) 选择准备移动的单元格，将光标指向单元格的外边框，当光标形状变为 时，按住鼠标左键向目标位置拖动，到合适的位置后释放鼠标左键。

3) 复制表格数据

相同的数据可以通过复制的方式输入，从而节省时间，提高效率。下面介绍三种复制表格数据的方法。

(1) 选择准备复制的单元格，单击【开始】选项卡，在【剪贴板】选项组中单击【复制】按钮 ，然后单击要将数据复制到的目标单元格，再单击【剪贴板】选项组中的【粘贴】按钮 。

(2) 右击准备复制的单元格，在弹出的快捷菜单中选择"复制"，然后右击目标单元格，在弹出的快捷菜单中选择"粘贴"，可以快速复制单元格中的数据。

(3) 选择准备复制的单元格，将光标指向单元格的外边框，当光标形状变为 时，同时按住 Ctrl 键与鼠标左键向目标位置拖动，到合适的位置后释放鼠标左键。

4) 删除单元格内容

删除单元格中的内容是指删除单元格中的数据，而单元格中设置的数据格式并没有删除，如果再次输入数据仍然以设置的数据格式显示输入的数据，例如单元格的格式为货币型，清除内容后再次输入数据，数据格式仍为货币型数据。下面介绍三种删除单元格数据的方法。

(1) 选择准备删除内容的单元格，单击【开始】选项卡，在【编辑】选项组中单击【清除】按钮右边的箭头 ，在弹出的菜单中选择"清除内容"。

(2) 右击准备删除内容的单元格，在弹出的快捷菜单中选择"清除内容"。

(3) 选择准备删除内容的单元格，单击键盘上的 Delete 键清除单元格中的内容。

5) 删除单元格格式

用户可以删除单元格中的数据格式，而仍然保留内容。选择要删除格式的单元格，单击【开始】选项卡，在【编辑】选项组中单击【清除】按钮右边的箭头，在弹出的菜单中选择"清除格式"，即可清除选定单元格中的格式并恢复到 Excel 默认格式。

6．调整表格行高和列宽

新建工作簿文件时，工作表中每列的宽度与每行的高度都相同。如果所在列的宽度不够，而单元格数据过长，则部分数据就不能完全显示出来。这时应该对列宽进行调整，使得单元格数据能够完全显示。行的高度一般会随着显示字体的大小变化而自动调整，用户也可以根据需要进行调整。

1) 使用鼠标调整列宽和行高

使用鼠标调整列宽：将鼠标指针移到列标右侧与下一列的分隔线上，待鼠标指针呈双向箭头显示时拖动鼠标至目标位置，然后释放鼠标左键，即可设置该行的列宽。

使用鼠标调整行高：将鼠标指针移到行号下方与下一行的分隔线上，待鼠标指针呈双向箭头显示时拖动鼠标至目标位置，然后释放鼠标左键，即可设置该行的行高。

2) 使用命令精确设置列宽和行高

选择要调整的列或行，单击【开始】选项卡，再单击【单元格】选项组中【格式】按钮下方的箭头，在弹出的下拉菜单中选择"列宽"(或"行高")，打开如图 4-31 所示的"列宽"对话框(或"行高"对话框)，在文本框中输入具体的列宽值(或行高值)，然后单击【确定】按钮。

图 4-31　"列宽"对话框和"行高"对话框

3) 使用自动调整列宽和行高命令

选择要调整的列或行，单击【开始】选项卡，再单击【单元格】选项组中【格式】按钮下方的箭头，在弹出的下拉菜单中选择"自动调整列宽"(或"自动调整行高")，Excel会根据某列(或某行)各单元格中数据所占宽度(或字号的大小)，自动给出一种合理的列宽(或行高)。

7．套用表格格式

Excel 2016 中提供了"表"功能，可以给工作表中的数据套用"表"格式，实现快速美化表格外观的功能。具体操作步骤如下：

(1) 选择要套用"表"样式的单元格区域，单击【开始】选项卡，在【样式】选项组中单击【套用表格格式】按钮，在弹出的菜单中选择一种表格格式。

(2) 打开"套用表格式"对话框，如图 4-32 所示，确认表数据的来源区域是否正确。若希望标题出现在套用格

图 4-32　"套用表格式"对话框

式后的表中，则勾选"表包含标题"复选框。

(3) 单击【确定】按钮，即可将表格式套用在选择的数据区域中。

任务 2 制作学生成绩表

4.2.1 任务描述

期末考试后，××班现需要在同一个 Excel 工作簿中统计 4 门课程的考试成绩，并计算出每个学生的总分和名次，统计每门课程的班级平均分、班级最高分和班级最低分，最终效果如图 4-33 所示。

学号	姓名	性别	计算机应用	大学英语	高等数学	体育	总分	名次
0001	刘伟	男	66	38	99	94	297	6
0002	张自强	男	92	75	88	91	346	1
0003	李月娟	女	83	57	69	72	281	10
0004	肖剑锋	男	60	90	65	82	297	5
0005	潘全	男	54	95	53	92	294	7
0006	赵丽芳	女	66	94	74	83	317	4
0007	孙蕊	女	84	72	67	34	257	13
0008	毛玉霞	女	84	71	98	74	327	2
0009	唐月鹏	女	70	46	86	46	248	15
0010	郑勇	男	51	93	81	50	275	12
0011	张飞	男	90	77	47	72	286	8
0012	江鑫	男	76	43	77	81	277	11
0013	林正轩	女	82	85	87	68	322	3
0014	杨蓉玉	女	64	94	41	83	282	9
0015	谢芸芝	女	83	56	75	40	254	14
班级平均分			73.59	72.4	73.8	70.8		
班级最高分			92.4	95	99	94		
班级最低分			50.6	38	41	34		

图 4-33 学生成绩表样图

4.2.2 任务分析

本任务的重点是工作表的基本操作和运用公式、函数进行计算。完成本任务的步骤如下：

(1) 工作表的基本操作：插入、删除、复制、重命名。

(2) 公式、函数的计算。

(3) 相对地址和绝对地址的引用。

(4) 基本函数的使用。

4.2.3 任务实现

1. 工作表的复制

(1) 打开"学生成绩表.xlsx"和"大学英语.xlsx"2 个工作簿，将鼠标移至"大学英

工作表的新建、删除、复制、
移动及调整顺序

语.xlsx"工作簿"大学英语"工作表的标签上；单击鼠标右键，在弹出的右键菜单中选择 移动或复制(M)... ，打开如图 4-34 所示的对话框；在【将选定工作表移至工作簿】下拉列表中选择"学生成绩表.xlsx"，在【下列选定工作表之前】下拉列表中选择"（移至最后）"，选中"建立副本"复选框，单击【确定】按钮即可完成工作表的复制。此时，"学生成绩表.xlsx"工作簿中会有"计算机应用"和"大学英语"2 张工作表。

图 4-34 "移动或复制工作表"对话框

(2) 按照上述方法，分别将"高等数学.xlsx"、"体育.xlsx"2 个工作簿中的"高等数学"和"体育"2 张工作表复制到"学生成绩表.xlsx"工作簿中，此时，"学生成绩表.xlsx"工作簿中会有"计算机应用"、"大学英语"、"高等数学"和"体育"4 张工作表，如图 4-35 所示。

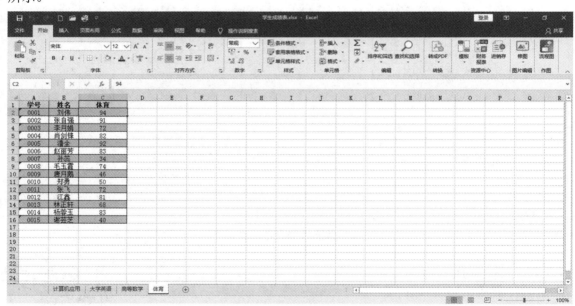

图 4-35 完成 3 张工作表复制后的"学生成绩表"工作簿

2. 公式计算

(1) 打开"计算机应用"工作表，选中 G2 单元格，直接输入"=D2*0.3+E2*0.3+F2*0.4"，再按 Enter 键确认输入，计算结果如图 4-36 所示。

公式计算

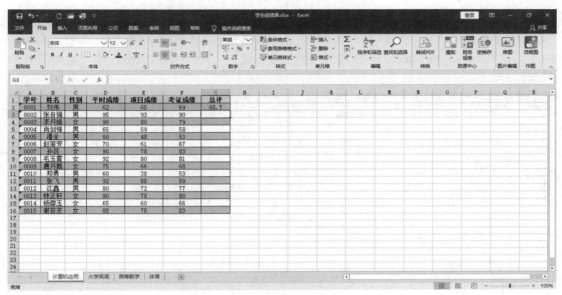

图 4-36　输入公式

注意：输入的公式中的单元格引用将以不同颜色进行区分，在编辑栏中也可以看到输入后的公式。

(2) 选中 G2 单元格，将鼠标移至 G2 单元格右下角的填充柄上，当鼠标指针变成✚时，按住鼠标左键向下拖动到 G16 单元格，然后释放鼠标，即可完成复制公式的操作。这些单元格中会显示相应的计算结果，如图 4-37 所示。

工作表内容复制、粘贴

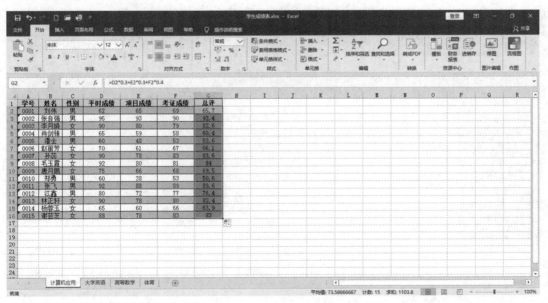

图 4-37　复制带相对引用的公式

3. 创建"学生成绩表"工作表

(1) 插入新工作表。单击"工作表标签"栏的【插入工作表】按钮 ⊕，此时会出现新的工作表 Sheet4，将 Sheet4 重命名为"学生成绩表"，再按 Enter 键确认输入，如图 4-38 所示。

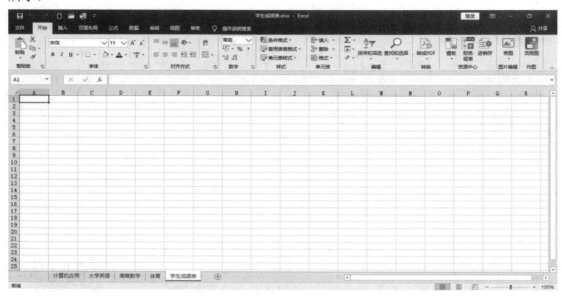

图 4-38 插入新的工作表

(2) 选中"计算机应用"工作表的 A1：C16 单元格区域，按快捷键 Ctrl+C 复制此单元格区域；切换至"学生成绩表"工作表，选中 A1 单元格，按快捷键 Ctrl+V 将数据粘贴至以 A1 单元格为起点的单元格中，如图 4-39 所示。

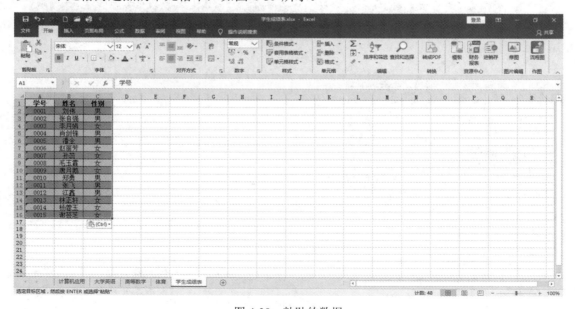

图 4-39 粘贴的数据

(3) 在"学生成绩表"工作表中，分别在 D1、E1、F1、G1、H1、I1 中输入计算机应用、大学英语、高等数学、体育、总分、名次；依次合并 A17：C17、A18：C18、A19：C19 三个单元格区域，分别输入"班级平均分"、"班级最高分"、"班级最低分"，并按图 4-33 所示给表格添加边框和底纹，如图 4-40 所示。

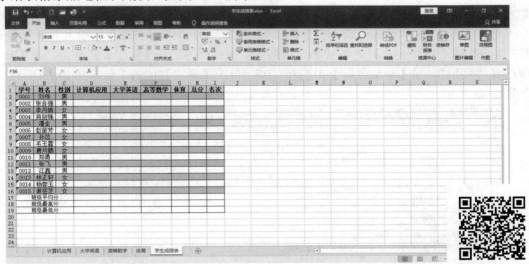

图 4-40　输入列标题、行标题及添加边框和底纹　　　单元格的引用

4．单元格引用

(1) 在"学生成绩表"工作表中选中 D2 单元格，输入"="后，单击"计算机应用"工作表标签，将"计算机应用"切换为当前工作表，选中"计算机应用"工作表中的 G2 单元格，按 Enter 键确认输入，Excel 会自动切换回"学生成绩表"。此时，在"学生成绩表"工作表 D2 单元格中显示的是"计算机应用"工作表 G2 单元格中的数字"65.7"，在编辑栏中显示的是"=计算机应用!G2"，如图 4-41 所示。

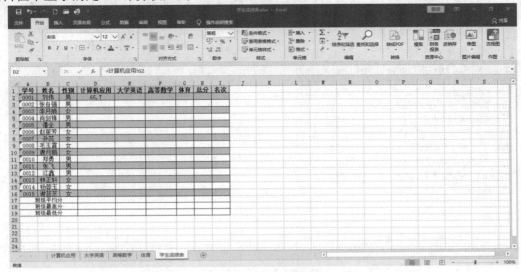

图 4-41　D2 单元格中数据的引用

(2) 选中 D2 单元格，将鼠标移至 D2 单元格右下角的填充柄上，当鼠标指针变成╋时，按住鼠标左键向下拖动到 D16 单元格，然后释放鼠标，即可完成其他单元格的引用。此时，D2 单元格添加的底纹格式也一起填充至 D3：D16 单元格区域，因此继续单击右下角的【自动填充选项】按钮📇，在弹出的子菜单中选择"不带格式填充"，如图 4-42 所示，即可只填充数据，而格式不会发生变化。

选中 D2：D16 单元格区域，单击【开始】选项卡，再单击【数字】选项组右下角的【对话框启动器】按钮，打开"设置单元格格式"对话框并选择【数字】选项卡，在【分类】中选择"数值"，在【小数位数】中选择"0"，单击【确定】按钮即可返回 Excel 工作表，如图 4-43 所示。

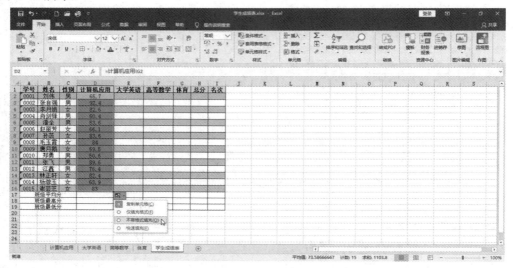

图 4-42　自动填充选项"不带格式填充"

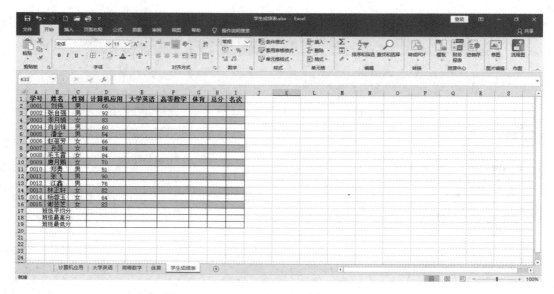

图 4-43　D2：D16 单元格区域中数据的引用

(3) 按照上述方法，分别将"大学英语"、"高等数学"、"体育" 3 张工作表中每个学生对应的成绩引用到"学生成绩表"工作表相对应的单元格中，结果如图 4-44 所示。

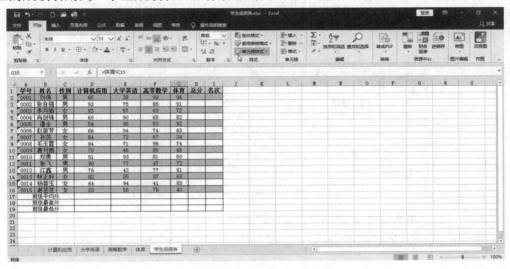

图 4-44　单元格引用

5．函数计算

1）SUM 函数

在"学生成绩表"工作表中选中 H2 单元格，单击【公式】选项卡，

在【函数库】选项组中单击【插入函数】按钮 ，打开"插入函数"对

话框；在【或选择类别】下拉列表中选择函数类别，在【选择函数】列表框中选择正确的函数。

注意： 函数的查找也可以通过"搜索函数"来实现。

这里需选择"SUM"函数，即在【或选择类别】下拉列表中选择"常用函数"类，在【选择函数】列表框中选择"SUM"函数，如图 4-45 所示。

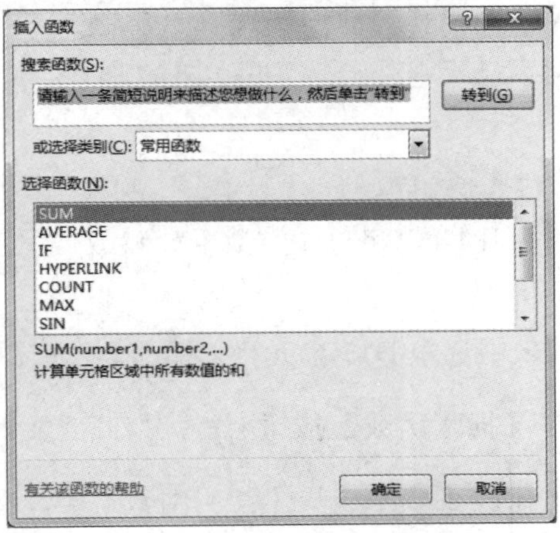

图 4-45　选择 SUM 函数

🐢**注意**：直接单击编辑栏左边的【插入函数】按钮 *fx* 也可插入函数。

单击【确定】按钮，打开"函数参数"对话框，在【Number1】文本框中显示出求和单元格区域"D2：G2"，如果该区域符合要求，则直接单击【确定】按钮；如果该区域不是所需要的求和区域，则单击文本框右侧的【拾取】按钮，选取工作表中正确的区域即可，如图 4-46 所示。

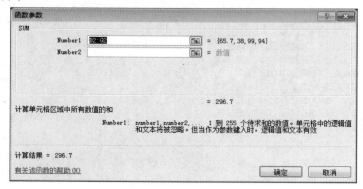

图 4-46　SUM 函数参数对话框

单击【确定】按钮，计算结果即可显示在 H2 单元格中。用复制公式的方法计算出其余的结果，在自动填充选项中选择"不带格式填充"，并将计算结果保留整数位小数，如图 4-47 所示。

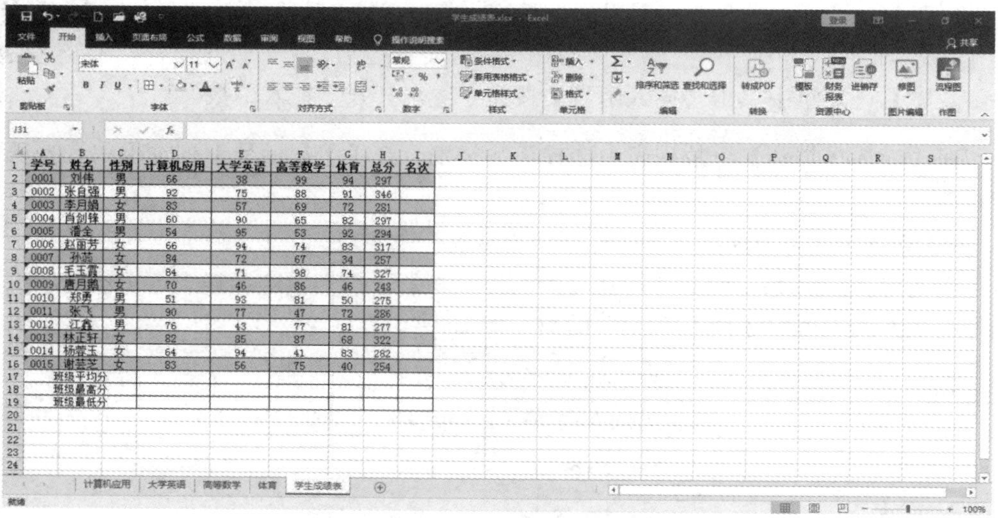

图 4-47　用 SUM 函数计算"总分"

2) AVERAGE 函数

在"学生成绩表"工作表中选中 D17 单元格，单击【公式】选项卡，在【函数库】选项组中单击【插入函数】按钮 *fx*，打开"插入函数"对话框；在【或选择类别】下拉列表中选择"常用函数"类，在【选择函数】列表框中选择"AVERAGE"函数，如图 4-48 所示。

AVERAGE 函数

图 4-48　选择 AVERAGE 函数

单击【确定】按钮，打开"函数参数"对话框，在【Number1】文本框中拾取要计算平均值的单元格区域，即"D2：D16"，如图 4-49 所示。

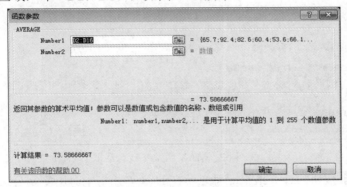

图 4-49　AVERAGE 函数参数对话框

单击【确定】按钮，计算结果即可显示在 D17 单元格中。用复制公式的方法计算出其余的结果，如图 4-50 所示。

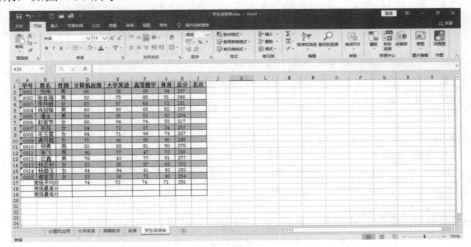

图 4-50　用 AVERAGE 函数计算"班级平均分"

3）MAX 函数

在"学生成绩表"工作表中选中 D18 单元格，单击【公式】选项卡，在【函数库】选项组中单击【插入函数】按钮 ，打开"插入函数"对话框；在【或选择类别】下拉列表中选择"常用函数"类，在【选择函数】列表框中选择"MAX"函数，如图 4-51 所示。

单击【确定】按钮，打开"函数参数"对话框，在【Number1】文本框中拾取要计算最大值的单元格区域，即"D2：D16"，如图 4-52 所示。

MAX 函数、
MIN 函数

图 4-51　选择 MAX 函数

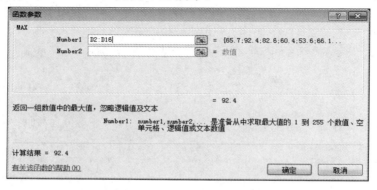

图 4-52　MAX 函数参数对话框

单击【确定】按钮，计算结果即可显示在 D18 单元格中。用复制公式的方法计算出其余的结果，如图 4-53 所示。

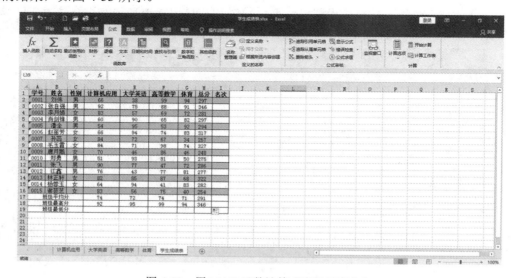

图 4-53　用 MAX 函数计算"班级最高分"

4) MIN 函数

在"学生成绩表"工作表中选中 D19 单元格，单击【公式】选项卡，在【函数库】选项组中单击【插入函数】按钮 fx ，打开"插入函数"对话框；在【或选择类别】下拉列表中选择"统计"类，在【选择函数】列表框中选择"MIN"函数，如图 4-54 所示。

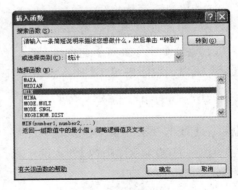

图 4-54　选择 MIN 函数

单击【确定】按钮，打开"函数参数"对话框，在【Number1】文本框中拾取要计算最小值的单元格区域，即"D2:D16"，如图 4-55 所示。

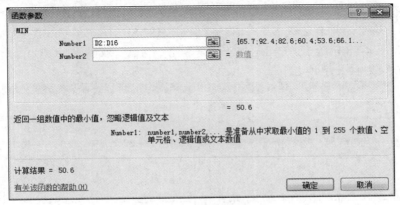

图 4-55　MIN 函数参数对话框

单击【确定】按钮，计算结果即可显示在 D19 单元格中。用复制公式的方法计算出其余的结果，如图 4-56 所示。

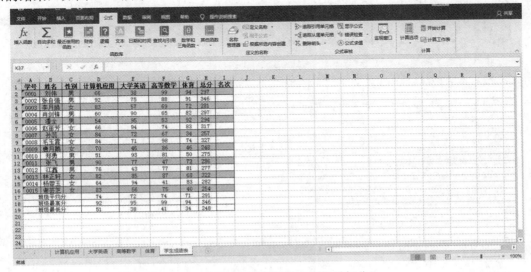

图 4-56　用 MIN 函数计算"班级最低分"

5）RANK 函数

在"学生成绩表"工作表中选中 I2 单元格，单击【公式】选项卡，在【函数库】选项组中单击【插入函数】按钮 ，打开"插入函数"对话框；在【或选择类别】下拉列表中选择"统计"类，在【选择函数】列表框中选择"RANK.EQ"函数，如图 4-57 所示。

图 4-57　选择 RANK.EQ 函数

单击【确定】按钮，打开"函数参数"对话框，在【Number】文本框中拾取待排名数据的单元格地址，这里选择 H2，在【Ref】文本框中拾取要排名的单元格区域，即"H2：H16"，如图 4-58(a)所示。

🌀**注意**：这里的排名区域不变，需绝对引用\$H\$2:\$H\$16，也可以按 F4 键将其转换为绝对引用，如图 4-58(b)所示。Order 用于指定排名的方式，文本框中为 0 或忽略则按降序排名，为非 0 值则按升序排名。

　　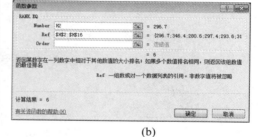

(a)　　　　　　　　　　　　　　　　　(b)

图 4-58　RANK.EQ 函数参数对话框

单击【确定】按钮，计算结果即可显示在 I2 单元格中。用复制公式的方法计算出其余的排名，如图 4-59 所示。

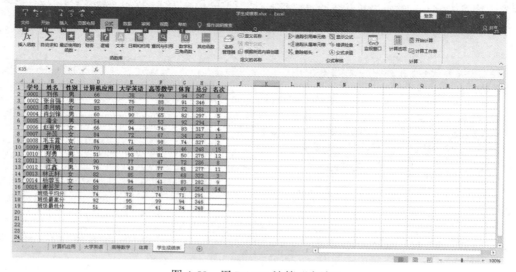

图 4-59　用 RANK 计算"名次"

4.2.4 知识必备

1．工作表的基本操作

工作表的基本操作包括插入、删除、移动、复制、重命名工作表等。

1）插入工作表

默认情况下，一个工作簿中只有 1 张工作表，如果 1
张工作表不够用，可以增加工作表。插入新工作表的方法有
以下几种：

（1）若要在现有工作表之前插入新工作表，则选择该工
作表，在【开始】选项卡的【单元格】选项组中单击【插入】
按钮右边的箭头，在下拉菜单中选择"插入工作表"，如图
4-60 所示。

（2）若要在现有工作表的末尾快速插入新工作表，则单
击"工作表标签"栏的【插入工作表】按钮 ⊕ 。

图 4-60   "插入工作表"命令

（3）右击现有工作表的标签，在快捷菜单中选择"插入"，弹出如图 4-61 所示的"插入"
对话框，在【常用】选项卡上单击"工作表"，然后单击【确定】按钮。

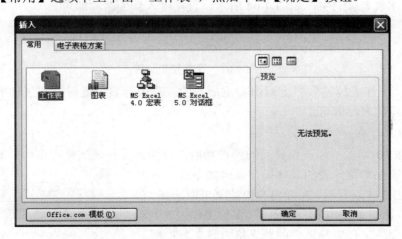

图 4-61   "插入"对话框

2）删除工作表

删除工作表的方法有以下两种：

（1）打开要删除的工作表，在【开始】选项卡的【单元
格】选项组中单击【删除】按钮右边的箭头，在下拉菜单中
选择"删除工作表"，如图 4-62 所示。

（2）右击要删除的工作表的工作表标签，在快捷菜单中
选择"删除" 。

图 4-62   "删除工作表"命令

3）移动、复制工作表

移动或复制工作表的方法有以下两种：

(1) 打开要移动或复制的工作表，在【开始】选项卡的【单元格】选项组中单击【格式】按钮右边的箭头，在下拉菜单中选择"移动或复制工作表"，打开如图 4-63 所示的"移动或复制工作表"对话框。若要移动工作表，则无需选中"建立副本"复选框 □建立副本(C)；若要复制工作表，则需选中"建立副本"复选框 ☑建立副本(C)。若要移动或复制工作表到不同的工作簿中，则需在【将选定工作表移至工作簿】下拉列表中选择目标工作簿名称；默认是在同一工作簿中实现移动或复制。需要移动或复制的工作表在工作簿中最终存放的位置可以通过【下列选定工作表之前】进行选择，然后单击【确定】按钮。

(2) 右击要移动或复制的工作表标签，在快捷菜单中选择"移动或复制"，也可打开如图 4-63 所示的对话框。

4) 重命名工作表

图 4-63 "移动或复制工作表"对话框

重命名工作表的方法有以下两种：

(1) 在"工作表标签"栏上右击要重命名的工作表标签，在快捷菜单中选择"重命名"，此时当前工作表名被选中，如图 4-64 所示，直接键入新的名称即可。

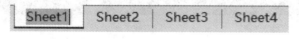

图 4-64 重命名工作表

(2) 在"工作表标签"栏上双击要重命名的工作表标签，此时当前工作表名被选中，再直接键入新的名称即可。

5) 保护工作表

Excel 2010 增加了强大而灵活的保护功能，以保证工作表或单元格中的数据不会被随意更改。设置保护工作表的具体操作步骤如下：

(1) 右击工作表标签，在弹出的快捷菜单中选择"保护工作表"，出现如图 4-65 所示的"保护工作表"对话框，选中"保护工作表及锁定的单元格内容"复选框。

(2) 若要给工作表设置密码，则在【取消工作表保护时使用的密码】文本框中输入密码。

(3) 在【允许此工作表的所有用户进行】列表框中选择可以进行的操作，或者撤选禁止操作的复选框(例如，选中"设置单元格格式"复选框，则允许用户设置单元格的格式)，然后单击【确定】按钮。

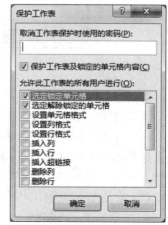

要取消对工作表的保护，可以按照以下步骤进行操作：

(1) 单击【开始】选项卡，在【单元格】选项组中单击【格式】按钮右边的箭头，在下拉菜单中选择"撤

图 4-65 "保护工作表"对话框

消工作表保护"。

(2) 如果给工作表设置了密码，则会出现如图 4-66 所示的"撤消工作表保护"对话框，输入正确的密码，单击【确定】按钮。

图 4-66　"撤消工作表保护"对话框

6) 冻结工作表

通常处理的数据表格有很多行，当移动垂直滚动条查看表格下方数据时，表格上方的标题行不可见，这时每列数据的含义将变得不清晰。为此，可以通过冻结工作表标题行来使其位置固定不变。具体操作步骤如下：

(1) 单击【视图】选项卡，在【窗口】选项组中单击【冻结窗格】按钮，在下拉菜单中选择"冻结首行"命令；如需冻结首列，可选择"冻结首列"命令；如果选中一个单元格执行"冻结拆分窗格"则该单元格上方的行和左侧的列均被冻结。

(2) 此时标题行下边框将显示一条黑色的线条，在滚动垂直滚动条浏览表格下方数据时，标题行将固定不动，始终显示在数据上方，如图 4-67 所示。

1	A	B	C	D	E	F	G	H	I
	学号	姓名	性别	思修	计算机应用	大学语文	大学英语	高等数学	体育
11	0010	郑勇	男	60	38	53	93	81	50
12	0011	张飞	男	92	88	89	77	47	72
13	0012	江鑫	男	80	72	77	43	77	81
14	0013	林正轩	女	90	78	80	85	87	68
15	0014	曾海灵	女	78	56	76	87	97	67
16	0015	胡小燕	女	89	78	65	76	86	94
17	0016	张丽丹	女	97	89	86	95	67	78
18	0017	刘华	男	86	78	60	46	78	96
19	0018	修平高	男	90	90	65	89	67	87
20	0019	邱翠	女	75	74	66	78	96	67
21	0020	唐秋明	男	65	63	75	61	89	94
22	0021	陈鸣山	男	80	80	79	68	78	86
23	0022	谢雪	女	76	67	65	93	78	53
24	0023	杨妮	女	84	90	83	92	94	90
25	0024	张永峰	男	60	87	99	94	84	76
26	0025	黎娟秋	女	70	63	84	53	73	77
27	0026	李毅	男	95	73	77	70	80	85
28	0027	马磊	男	83	76	79	86	85	75
29	0028	许秋梅	女	88	81	80	83	85	82
30	0029	黄蓝吟	女	70	96	95	92	90	91
31	0030	白娜娜	男	62	66	73	43	89	68

图 4-67　已冻结的窗格

若要取消冻结，可以单击【视图】选项卡，在【窗口】选项组中单击【冻结窗格】按钮右边的箭头，在下拉菜单中选择"取消冻结窗格"。

7) 拆分工作表

不少用户可能会遇到这样的情况，在一个数据量较大的表格中，需要在某个区域编辑数据，而有时需要一边编辑数据一边参照该工作表中其他位置上的内容，这时通过拆分工作表的功能可以很好地解决这个问题。拆分工作表的具体操作步骤如下：

(1) 打开要拆分的工作表，单击要从其上方和左侧拆分的单元格，然后单击【视图】选项卡，在【窗口】选项组中单击【拆分】按钮，即可将工作表拆分为 4 个窗格，如图 4-68 所示。

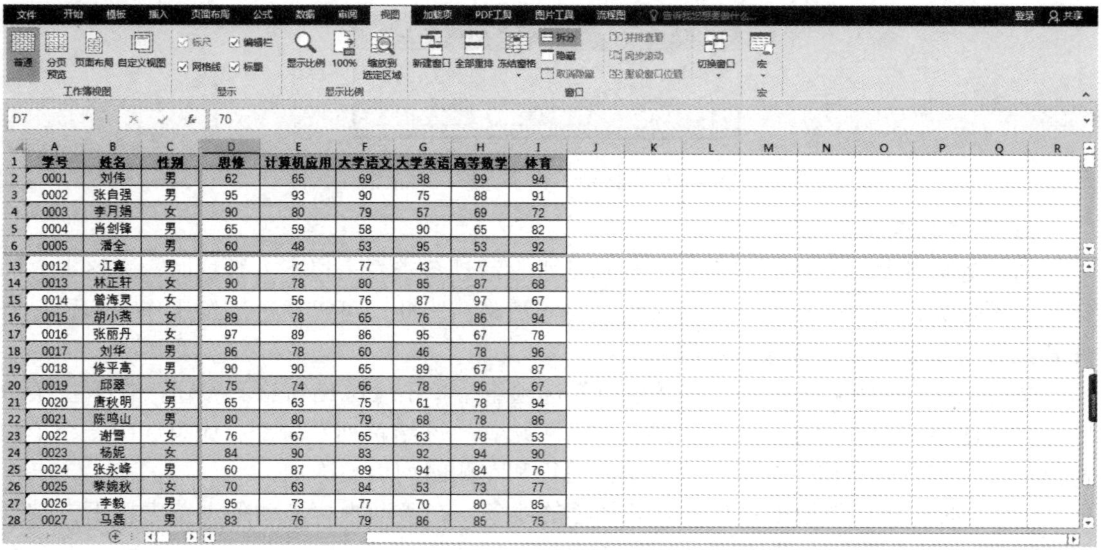

图 4-68　拆分为 4 个窗格

(2) 将光标移到拆分后的分隔条上，当鼠标变为双向箭头时，拖动鼠标可改变拆分后窗口的大小。如果将分隔条拖出表格窗口外，则可删除分隔条。

(3) 用户可以通过用鼠标在各个窗格中单击进行切换，然后在各个窗格中显示工作表的不同部分。

若要取消窗口的拆分，则单击【视图】选项卡，在【窗口】选项组中再次单击【拆分】按钮。

2．公式的应用

公式是对单元格中的数据进行分析的运算式，它可以对数据进行加、减、乘或比较等运算。公式可以引用同一工作表中的其他单元格、同一工作簿中的不同工作表的单元格，或者不同工作簿中工作表的单元格。

Excel 2016 中的公式遵循一个特定的语法，即最前面是等号(=)，后面是参与运算的元素(运算数)和运算符。每个运算数可以是不改变的数值(常量)、单元格或区域的引用、名称或函数。

1) 公式中的运算符

在输入的公式中，各个参与运算的数字和单元格引用都由代表各种运算方式的符号连接而成，这些符号被称为运算符。常用的运算符有算术运算符、文本运算符、比较运算符和引用运算符。

(1) 算术运算符。

算术运算符用来完成基本的数学运算，如加法、减法、乘法、除法等。算术运算符如表 4-1 所示。

表 4-1　算 术 运 算 符

算术运算符	功　能	示　例
+	加	10 + 5
-	减	10 − 5
-	负数	− 5
*	乘	10*5
/	除	10/5
%	百分号	5%
^	乘方	5^2

(2) 文本运算符。

在 Excel 中，可以利用文本运算符(&)将文本连接起来。在公式中使用文本运算符时，以"="开始，先输入文本的第一段(文本或单元格引用)，然后加入文本运算符(&)，再输入下一段(文本或单元格引用)。例如，在单元格 A1 中输入"一季度"，在 A2 中输入"销售额"，在 B1 单元格中输入"=A1& " 累计"&A2"，最终在 B1 中显示结果为"一季度累计销售额"。

(3) 比较运算符。

比较运算符可以比较两个数值并产生逻辑 TRUE 或 FALSE。比较运算符如表 4-2 所示。

表 4-2　比 较 运 算 符

比较运算符	功　能	示　例
=	等于	A1=A2
<	小于	A1<A2
>	大于	A1>A2
<>	不等于	A1<>A2
<=	小于等于	A1<=A2
>=	大于等于	A1>=A2

(4) 引用运算符。

引用运算符主要用于连接或交叉多个单元格区域，从而生成一个新的单元格区域。引用运算符如表 4-3 所示。

表 4-3　引 用 运 算 符

引用运算符	功　能	示　例
:(冒号)	区域运算符，对两个引用之间、包括两个引用在内的所有的单元格进行引用	SUM(A1:A5)
,(逗号)	联合运算符，将多个引用合并为一个引用	SUM(A2:A5,C2:C5)
(空格)	交叉运算符，表示几个单元格区域所重叠的那些单元格	SUM(B2:D3 C1:C4)(这两个单元格区域的共有单元格为 C2 和 C3)

2) 运算符的优先级

当公式中同时用到多个运算符时，就应该了解运算符的运算顺序。例如：公式"=7+23*5"应先做乘法运算，再做加法运算。Excel 按照表 4-4 所示的优先顺序进行运算。

表 4-4　运算符的运算优先级

运算符	说　明	优先级
(和)	括号，可以改变运算的优先级	1
-	负号，使正数变为负数(如-2)	2
%	百分号，将数字变成百分数	3
^	乘幂，一个数自乘一次	4
*和/	乘法和除法	5
+和-	加法和减法	6
&	文本运算符	7
=，>，<，>=，<=，<>	比较运算符	8

如果公式中包含了相同优先级的运算符，如公式中同时使用加法和减法，则按照从左到右的原则进行计算。

要更改求值的顺序，需将公式中要先计算的部分用圆括号括起来。例如：公式"=(7+23)*5"就是先计算 7 加 23，再用结果乘以 5。

3) 相对地址的引用

只要在 Excel 工作表中使用公式，就离不开单元格的引用问题。引用的作用是标识工作表的单元格或单元格区域，并指明公式中使用的数据位置。通过引用，可以在公式中使用工作表不同部分的数据，或者在多个公式中使用同一单元格的数值，还可以引用相同工作簿中不同工作表的单元格。默认情况下，Excel 使用 A1 引用类型，即用单元格地址表示，也可以引用单元格区域。

例如：在"员工工资表"工作簿的"工资表"工作表的 L4 单元格中计算出"何军"的"基本工资"与"奖金"之和，具体步骤如下：

(1) 选择 L4 单元格。

(2) 输入公式"=G4+H4"，按 Enter 键确认输入，如图 4-69 所示。

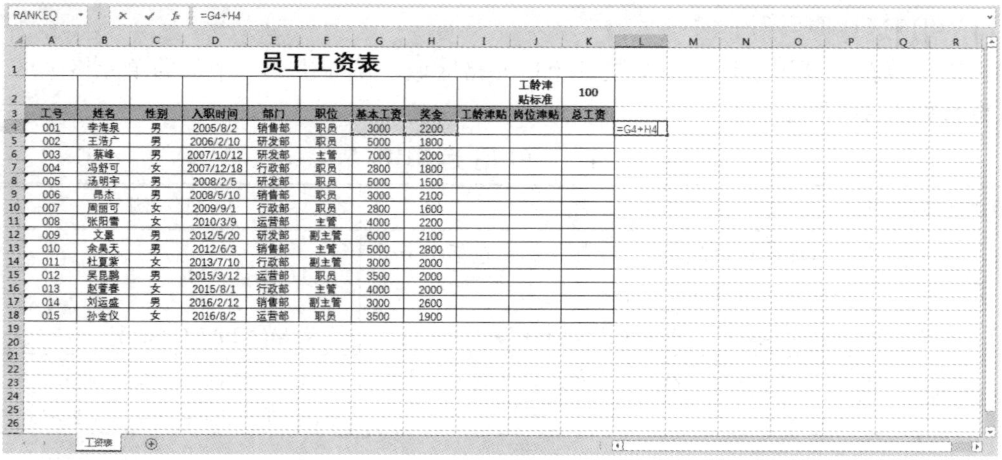

图 4-69　公式的输入

注意：输入的公式中的单元格引用将以不同颜色进行区分，在编辑栏中也可以看到输入后的公式。

编辑公式与编辑数据的方法一样。如果要删除公式中的某些项，则在编辑栏中用鼠标选定要删除的部分，然后按 Backspace 键或者 Delete 键。如果要替换公式中的某些部分，则先选定被替换的部分再进行修改。编辑公式时，公式将以彩色方式标识，其颜色与所引用的单元格的标识颜色一致，以便于跟踪公式，帮助用户查询分析公式。

相对地址的引用是直接使用单元格或单元格区域的名称作为引用名，如 B4、C4。“相对”指的是当把一个公式复制到另一个位置时，公式中的单元格引用也随之变化，但相对于公式所在的单元格的位置不变。例如，单元格 F4 中的公式“=C4+D4+E4”填充到 F5 时，公式随着目的位置自动变化为“=C5+D5+E5”，其他单元格的填充效果也是类似的。

例如：希望将单元格 L4 中的公式复制到 L5～L18 中，可以按照以下步骤进行：

(1) 选择 L4 单元格。

(2) 将鼠标移至 L4 单元格右下角的填充柄上，当鼠标指针变成✚时，按住鼠标左键向下拖动到 L18 单元格。

(3) 释放鼠标后，即可完成复制格式的操作。这些单元格中会显示相应的计算结果，如图 4-70 所示。

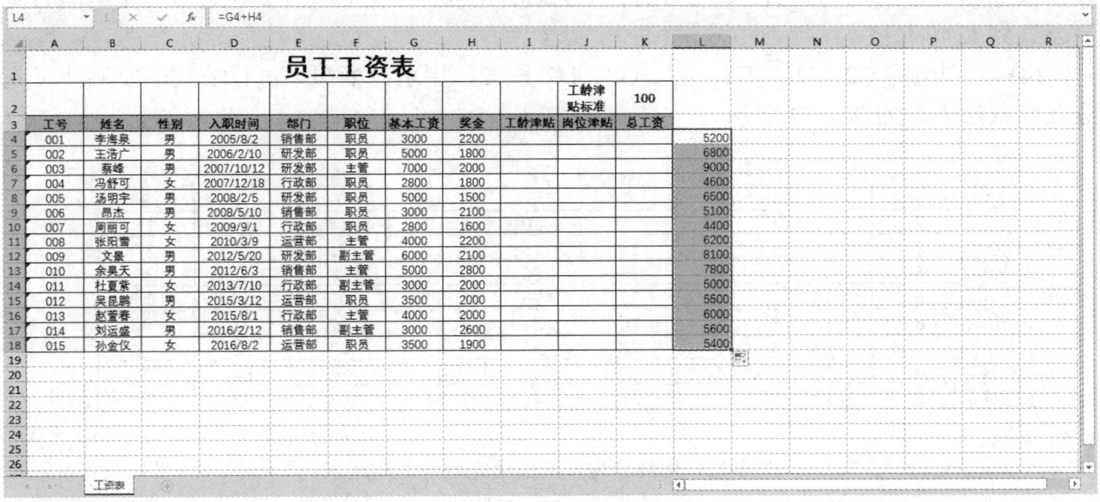
L4　=G4+H4

员工工资表

工号	姓名	性别	入职时间	部门	职位	基本工资	奖金	工龄津贴	岗位津贴	总工资	
									工龄津贴标准	100	
001	李海泉	男	2005/8/2	销售部	职员	3000	2200				5200
002	王浩广	男	2006/2/10	研发部	职员	5000	1800				6800
003	蔡峰	男	2007/10/12	研发部	主管	7000	2000				9000
004	冯舒可	女	2007/12/18	行政部	职员	2800	1800				4600
005	汤明宇	男	2008/2/5	研发部	职员	5000	1500				6500
006	昂杰	男	2008/5/10	销售部	职员	3000	2100				5100
007	周丽可	女	2009/9/1	行政部	职员	2800	1600				4400
008	张阳雪	女	2010/3/9	运营部	主管	4000	2200				6200
009	文景	男	2012/5/20	研发部	副主管	6000	2100				8100
010	余昊天	男	2012/6/3	销售部	主管	5000	2800				7800
011	杜夏紫	女	2013/7/10	行政部	副主管	3000	2000				5000
012	吴昆鹏	男	2015/3/12	运营部	职员	3500	2000				5500
013	赵萱春	女	2015/8/1	行政部	主管	4000	2000				6000
014	刘运盛	男	2016/2/12	销售部	副主管	3000	2600				5600
015	孙金仪	女	2016/8/2	运营部	职员	3500	1900				5400

工资表

图 4-70　复制带相对引用的公式

4) 绝对地址的引用

绝对地址的引用是指该地址不随复制或填充的目的单元格的变化而变化。绝对地址的表示方法是在行号和列标之前加上一个“$”符号，例如$H$4。在拖动填充柄填充公式的过程中，“$”后面的表示位置参数的字符或数字保持不变，与公式所在的单元格位置无关。无论此公式被复制到何处，绝对引用不发生改变，所代表的单元格或区域位置不变。

5) 混合地址的引用

如果单元格引用地址的一部分为绝对引用，另一部分为相对引用，例如“$F3”或“F$3”，则称之为混合引用。如果“$”符号在行号前，则表示该行位置是“绝对不变”的，而列位置会随目的位置的变化而变化。反之，如果“$”符号在列标前，则表示该列位置是“绝对不变"的,而行位置会随目的位置的变化而变化。

例如:创建一个九九乘法表,具体操作步骤如下:

(1) 如图 4-71 所示,在 B2 单元格中计算出 B1 与 A2 的乘积。

▲	A	B	C	D	E	F	G	H	I
1	1	2	3	4	5	6	7	8	9
2	2	=B1*A2							
3	3								
4	4								
5	5								
6	6								
7	7								
8	8								
9	9								

图 4-71　九九乘法表中 B2 的计算公式

(2) 希望填充柄向下复制公式时 B1 单元格中的行号不变,则应将 B1 修改为 B$1;同时,希望填充柄向右复制公式时 A2 单元格中的列标也不变,则应将 A2 修改为$A2,即 B2 单元格中的公式更改为 "=$A2* B$1"。

(3) 选择 B2 单元格,将鼠标移至 B2 单元格右下角的填充柄上,当鼠标指针变成✚时,按住鼠标左键向下拖动到 B9 单元格后释放鼠标;用同样的方法从 B2 开始用填充柄向右复制公式到 I2 单元格。

(4) 分别选择 C2、D2、E2、F2、G2、H2 和 J2,用填充柄向下进行公式的复制即可完成九九乘法表,如图 4-72 所示。

▲	A	B	C	D	E	F	G	H	I
1	1	2	3	4	5	6	7	8	9
2	2	4	6	8	10	12	14	16	18
3	3	6	9	12	15	18	21	24	27
4	4	8	12	16	20	24	28	32	36
5	5	10	15	20	25	30	35	40	45
6	6	12	18	24	30	36	42	48	54
7	7	14	21	28	35	42	49	56	63
8	8	16	24	32	40	48	56	64	72
9	9	18	27	36	45	54	63	72	81

图 4-72　用混合地址的引用完成九九乘法表

🐚**注意**:填充柄向下复制公式时,列标不会变,行号依次加 1;填充柄向右复制公式时,行号不会变,列标由 A 变为 B、由 B 变为 C、由 C 变为 D……以此类推。

3. 不同单元格位置的引用

以上均是同一工作簿的同一工作表中单元格的引用,除此以外,还有一些不同位置上单元格的引用。

1) 引用同一工作簿其他工作表中的单元格

引用同一工作簿其他工作表中单元格的表达方式如下:

　　　　工作表名称！单元格地址

例如,如图 4-73 所示,若要在 Sheet2 工作表的 B2 单元格中计算出 Sheet1 工作表的 A1 单元格中的数据乘以 3 的结果,方法有以下两种:

(1) 直接在 Sheet2 工作表的 B2 单元格中输入公式"=Sheet1!A1*3",按 Enter 键确认即可。

(2) 选择 Sheet1 工作表的 B2 单元格,输入"="后单击 Sheet1 工作表标签,打开 Sheet1 工作表后单击 A1 单元格,此时在编辑栏中显示为"=Sheet1!A1",再继续在编辑栏中输入"*3",按 Enter 键确认即可。

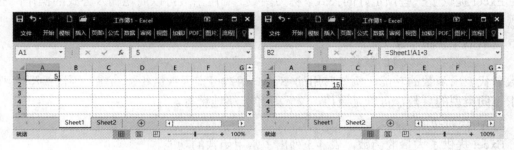

图 4-73　跨工作表的计算

2) 引用同一工作簿多张工作表中的单元格

引用同一工作簿多张工作表中单元格或者单元格区域的表达方式如下:

　　　工作表名称 1:工作表名称 2!单元格地址

例如:在 Sheet2 工作表的 C2 单元格中输入公式"=SUM(Sheet1:Sheet3!B2)",表示计算 Sheet1、Sheet2 和 Sheet3 3 张工作表中 B2 单元格的和,然后将结果显示在 Sheet2 工作表的 C2 单元格内。

3) 引用不同工作簿中的单元格

除了引用同一工作簿中工作表的单元格外,还可以引用其他工作簿中的单元格,其表达方式如下:

　　　'工作簿存储地址[工作簿名称]工作表名称'!单元格地址

例如:如图 4-74 所示,在当前工作簿的 Sheet1 工作表的 B2 单元格中输入公式"='D:\excel\[数据.xlsx]Sheet1'!B2*3",表示在当前工作簿的 Sheet1 工作表的 B2 单元格中引用"数据"工作簿(存储在 D 盘根目录下的 excel 文件夹中)的 Sheet1 工作表的 B2 单元格乘以 3 的积。

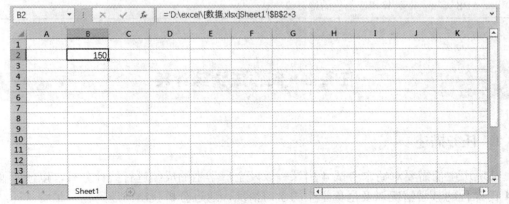

图 4-74　未打开引用工作簿时输入的公式内容

如果已经在 Excel 中打开了被引用的工作簿，则在当前工作簿的 Sheet1 工作表的 B2 单元格中只需输入公式"=[数据.xlsx]Sheet1! B2*3"即可。

4．函数的应用

1）函数的概念

Excel 提供了一些预定好的公式，称为函数。利用函数可以简化输入公式的操作，还能实现许多普通运算符所难以完成的运算。

函数的基本格式如下：

　　　函数名(参数 1，参数 2，…)

函数名代表了函数的功能，例如常用的 SUM 函数可实现数值相加功能；不同类型的函数要求不同类型的参数，可以是数值、文本、单元格地址等。

2）函数的功能

Excel 提供了大量的函数，表 4-5 列出了常用函数的功能。

表 4-5　常用函数功能表

函　　数	功　　　能
SUM	计算指定区域内所有数值的总和
AVERAGE	计算指定区域内所有数值的平均值
MAX	计算指定区域内所有单元格中的最大数值
MIN	计算指定区域内所有单元格中的最小数值
RANK	返回某一数值在指定区域数值中相对于其他数值的排名
COUNT	计算指定区域内数值的个数
COUNTA	计算指定区域内数值个数及非空单元格数目
IF	判断一个条件是否满足，如果满足则返回一个值，如果不满足则返回另一个值
COUNTIF	计算指定区域中满足给定条件的单元格数目
ROUND	返回按指定位数进行四舍五入的数值
ABS	计算相应数值的绝对值

任务 3　制作成绩统计表

4.3.1　任务描述

某班班主任需要对期末考试 4 门课程以及全班学生的成绩进行统计分析，以便了解班级 4 门课程的教学情况以及全班学生的学习情况，通过分析找出问题所在。最终统计结果如图 4-75 和图 4-76 所示。

成绩统计表				
课程	计算机应用	大学英语	高等数学	体育
班级平均分	69.79	69.05	72.65	71.72
班级最高分	91	96.9	99	94
班级最低分	40	38	41	34
应考人数	25	25	25	25
实考人数	22	24	23	25
缺考人数	3	1	2	0
80-100(人)	5	7	7	10
60-79(人)	12	9	12	10
60以下(人)	5	8	4	5
不及格率	22.73%	33.33%	17.39%	20.00%
优秀率	22.73%	29.17%	30.43%	40.00%

图 4-75　成绩统计表

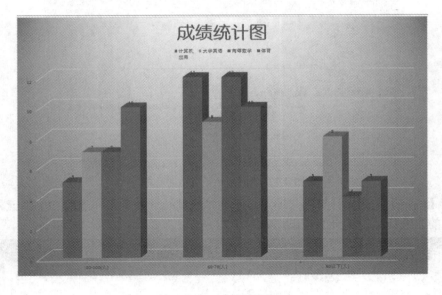

图 4-76　成绩统计图

4.3.2　任务分析

本任务的重点是通过制作成绩统计表介绍 Excel 中统计函数 COUNT、COUNTA、COUNTIF，逻辑判断函数 IF，条件格式的使用以及 Excel 中图表的制作等内容。完成本任务的步骤如下：

(1) Excel 中跨表格计算。

(2) Excel 中常见函数的用法：AVERAGE、MAX、MIN、ROUND、COUNT、COUNTA、COUNTIF、IF 函数。

(3) Excel 中函数的嵌套。

(4) Excel 中条件格式的设置。

(5) Excel 中图表的创建和修改。

Excel 中跨表格计算

4.3.3 任务实现

1. 跨表格计算

打开"成绩统计表.xlsx"工作簿中的"成绩统计表"工作表，完成以下计算：

1) 用函数计算"班级最高分"——MAX 函数

选中"成绩统计表"工作表的 B4 单元格，单击编辑栏中的【插入函数】按钮 f_x，打开"插入函数"对话框；在【或选择类别】下拉列表中选择"常用函数"类，在【选择函数】列表框中选择"MAX"函数，单击【确定】按钮，打开"函数参数"对话框；将光标定位在 Number1 文本框中，再单击"学生成绩表"工作表，拾取"学生成绩表"工作表中的 D2：D26 单元格区域，如图 4-77 所示。

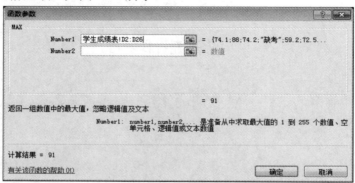

图 4-77　MAX 函数参数对话框

单击【确定】按钮，计算结果即可显示在"成绩统计表"工作表的 B4 单元格中。用复制公式的方法计算出其余的结果，如图 4-78 所示。

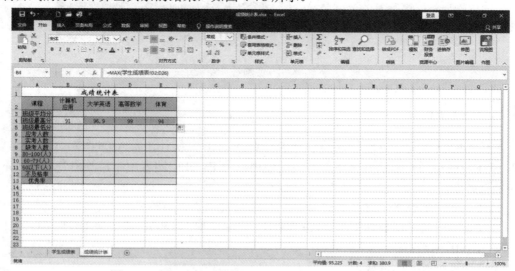

图 4-78　用 MAX 函数统计出 4 门课程的"班级最高分"

2) 用函数计算"班级最低分"——MIN 函数

选中"成绩统计表"工作表的 B5 单元格，单击编辑栏中的【插入函数】按钮 *fx*，打开"插入函数"对话框；在【或选择类别】下拉列表中选择"统计"类，在【选择函数】列表框中选择"MIN"函数，单击【确定】按钮，打开"函数参数"对话框；将光标定位在 Number1 文本框中，再单击"学生成绩表"工作表，拾取"学生成绩表"工作表中的 D2：D26 单元格区域，如图 4-79 所示。

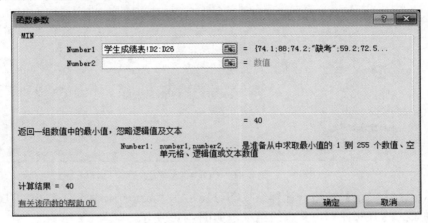

ROUND 函数的用法

图 4-79 MIN 函数参数对话框

单击【确定】按钮，计算结果即可显示在"成绩统计表"工作表的 B5 单元格中。用复制公式的方法计算出其余的结果，如图 4-80 所示。

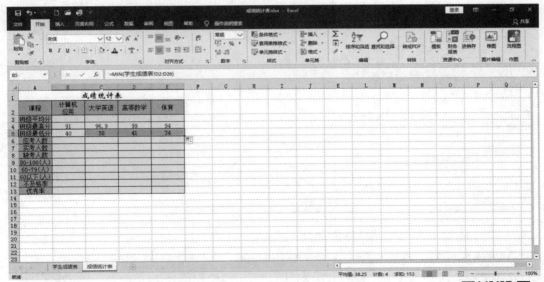

图 4-80 用 MIN 函数统计出 4 门课程的"班级最低分"

3) 用函数计算"应考人数"——COUNTA 函数

选中"成绩统计表"工作表的 B6 单元格，单击编辑栏中的【插入函数】按钮 *fx*，打开"插入函数"对话框；在【或选择类别】下拉列

COUNTA 函数的用法

表中选择"统计"类,在【选择函数】列表框中选择"COUNTA"函数,单击【确定】按钮,打开"函数参数"对话框;将光标定位在 Value1 文本框中,再单击"学生成绩表"工作表,拾取"学生成绩表"工作表中的 D2:D26 单元格区域,如图 4-81 所示。

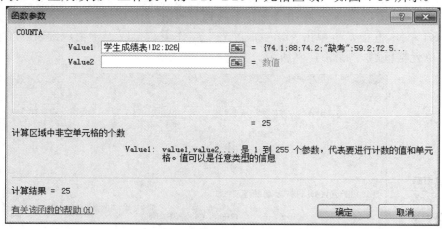

图 4-81　COUNTA 函数参数对话框

单击【确定】按钮,计算结果即可显示在"成绩统计表"工作表的 B6 单元格中。用复制公式的方法计算出其余的结果,如图 4-82 所示。

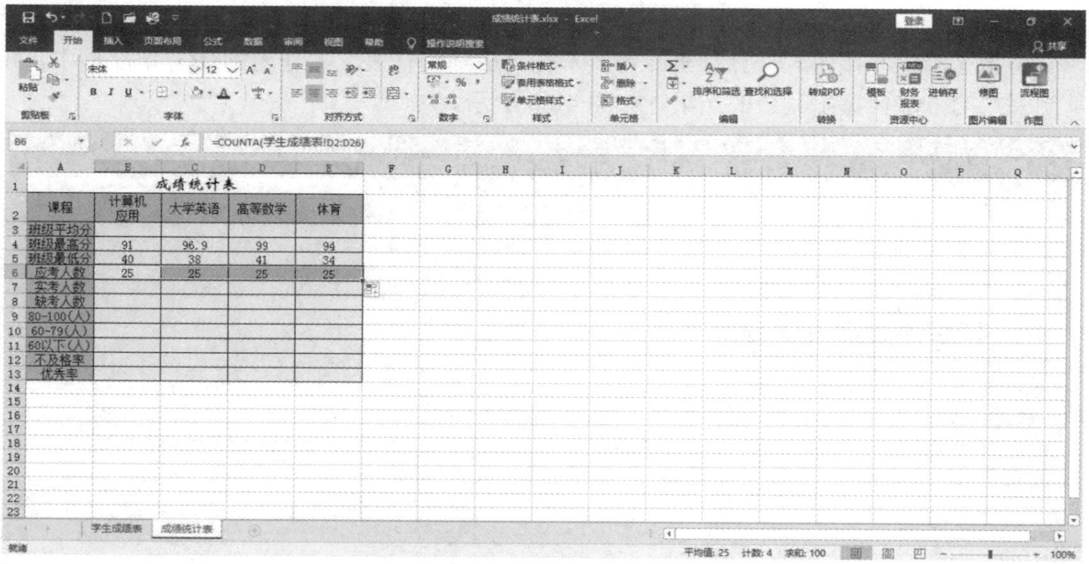

图 4-82　用 COUNTA 函数统计出 4 门课程的"应考人数"

4) 用函数计算"实考人数"——COUNT 函数

选中"成绩统计表"工作表的 B7 单元格,单击编辑栏中的【插入函数】按钮 f_x,打开"插入函数"对话框;在【或选择类别】下拉列表中选择"统计"类,在【选择函数】列表框中选择"COUNT"函数,单击【确定】按钮,打开"函数参数"对话框;将光标定位在 Value1 文本框中,再单击"学生成绩表"工作表,拾取"学生成绩表"工作

COUNT 函数的用法

表中的 D2：D26 单元格区域，如图 4-83 所示。

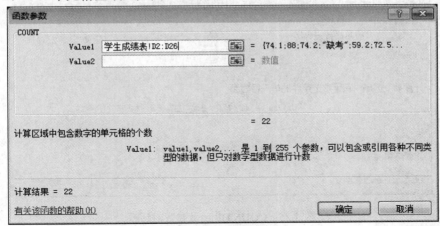

图 4-83　COUNT 函数参数对话框

单击【确定】按钮，计算结果即可显示在"成绩统计表"工作表的 B7 单元格中。用复制公式的方法计算出其余的结果，如图 4-84 所示。

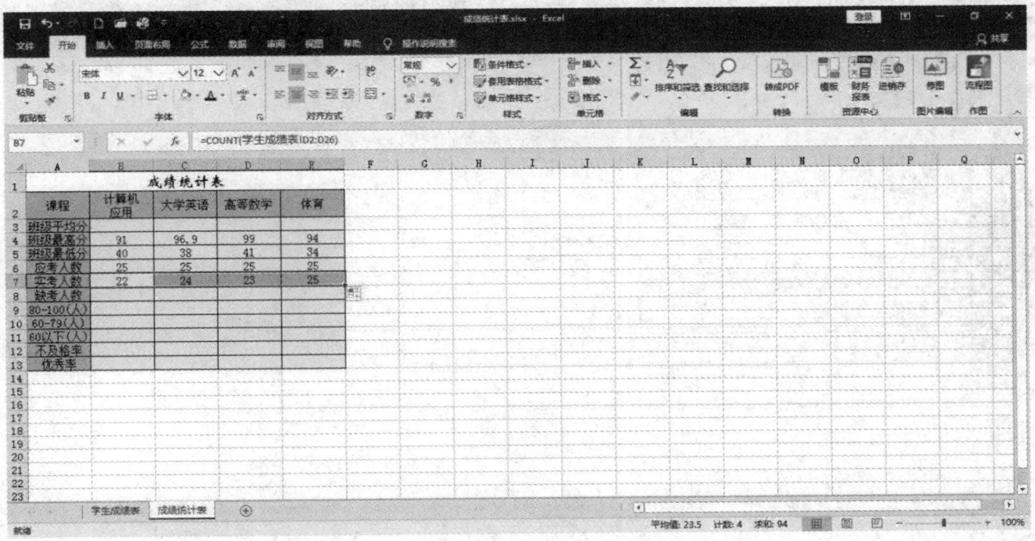

图 4-84　用 COUNT 函数统计出 4 门课程的"实考人数"

5) 用函数计算"缺考人数"——COUNTIF 函数

选中"成绩统计表"工作表的 B8 单元格，单击编辑栏中的【插入函数】按钮 f_x，打开"插入函数"对话框；在【或选择类别】下拉列表中选择"统计"类，在【选择函数】列表框中选择"COUNTIF"函数，单击【确定】按钮，打开"函数参数"对话框；将光标定位在 Range 文本框中，再单击"学生成绩表"工作表，拾取"学生成绩表"工作表中的 D2：D26 单元格区域；再将光标定位在 Criteria 文本框中，输入""缺考""，如图 4-85 所示。

COUNTIF 函数的用法

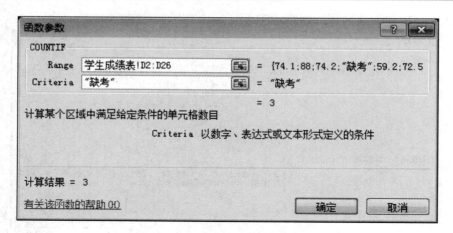

图 4-85　COUNTIF 函数参数对话框

单击【确定】按钮，计算结果即可显示在"成绩统计表"工作表的 B8 单元格中。用复制公式的方法计算出其余的结果，如图 4-86 所示。

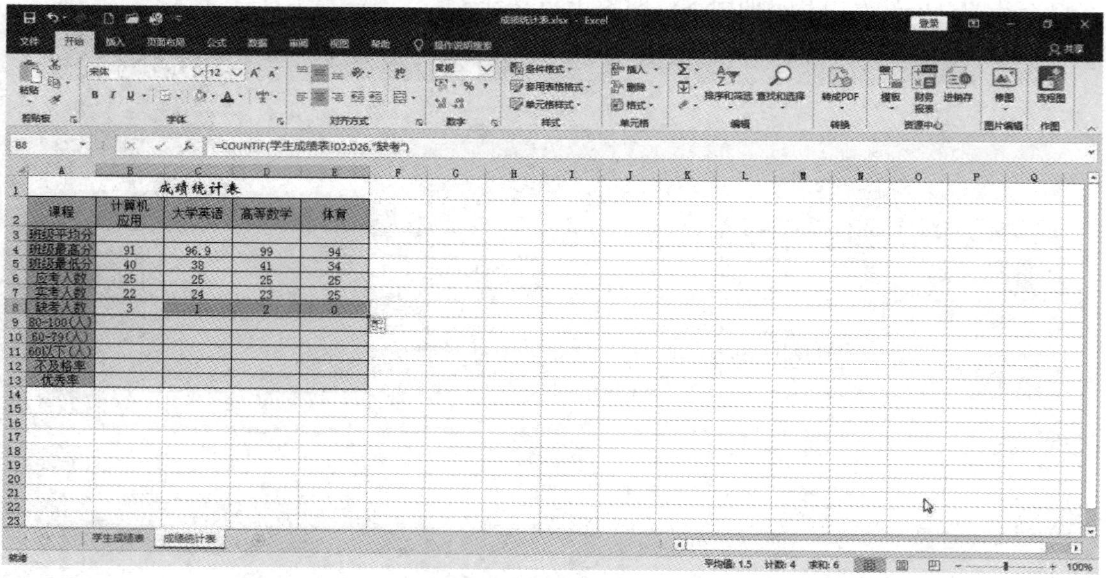

图 4-86　用 COUNTIF 函数统计出 4 门课程的"缺考人数"

6）用函数计算"80-100(人)"——COUNTIF 函数

选中"成绩统计表"工作表的 B9 单元格，单击编辑栏中的【插入函数】按钮 *fx*，打开"插入函数"对话框；在【或选择类别】下拉列表中选择"统计"类，在【选择函数】列表框中选择"COUNTIF"函数，单击【确定】按钮，打开"函数参数"对话框；将光标定位在 Range 文本框中，再单击"学生成绩表"工作表，拾取"学生成绩表"工作表中的 D2：D26 单元格区域；再将光标定位在 Criteria 文本框中，输入">=80"，如图 4-87 所示。

图 4-87 COUNTIF 函数参数对话框

单击【确定】按钮，计算结果即可显示在"成绩统计表"工作表的 B8 单元格中。用复制公式的方法计算出其余的结果，如图 4-88 所示。

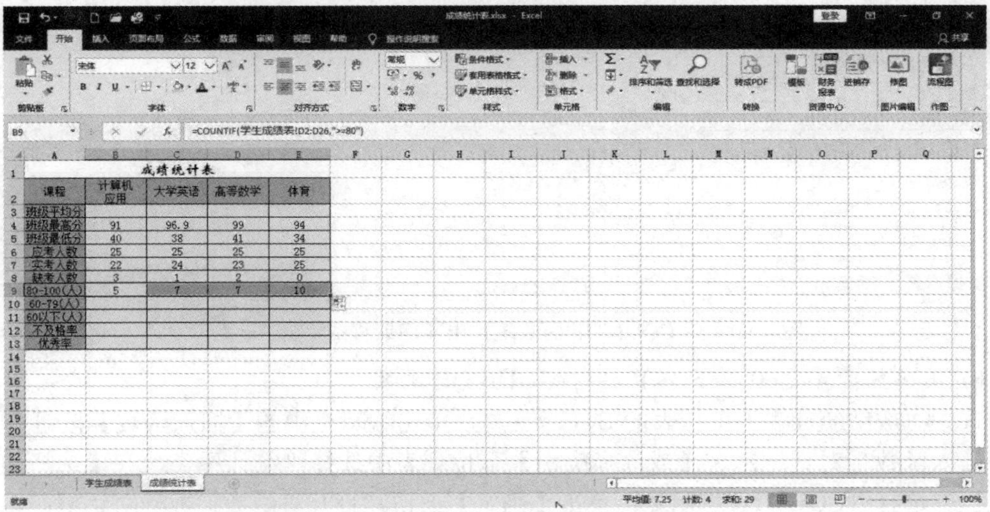

图 4-88 用 COUNTIF 函数统计出 4 门课程的"80-100(人)"

7) 用函数计算"60-79(人)"——COUNTIF 函数

选中"成绩统计表"工作表的 B10 单元格，单击编辑栏中的【插入函数】按钮 f_x，打开"插入函数"对话框；在【或选择类别】下拉列表中选择"统计"类，在【选择函数】列表框中选择"COUNTIF"函数，单击【确定】按钮，打开"函数参数"对话框；将光标定位在 Range 文本框中，再单击"学生成绩表"工作表，拾取"学生成绩表"工作表中的 D2：D26 单元格区域；再将光标定位在 Criteria 文本框中，输入">=60"，如图 4-89 所示。

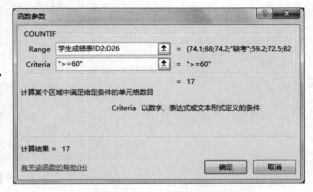

图 4-89 COUNTIF 函数参数对话框

单击【确定】按钮，计算结果即可显示在"成绩统计表"工作表的 B10 单元格中，此时计算出来的是 60～100 分之间的人数，还需要减去 80～100 分之间的人数才是 60～79 分之间的人数。因此需要继续选中 B10 单元格，在编辑栏中将函数修改为"=COUNTIF(学生成绩表!D2：D26,">=60")-B9"，按 Enter 键确认输入。用复制公式的方法计算出其余的结果，如图 4-90 所示。

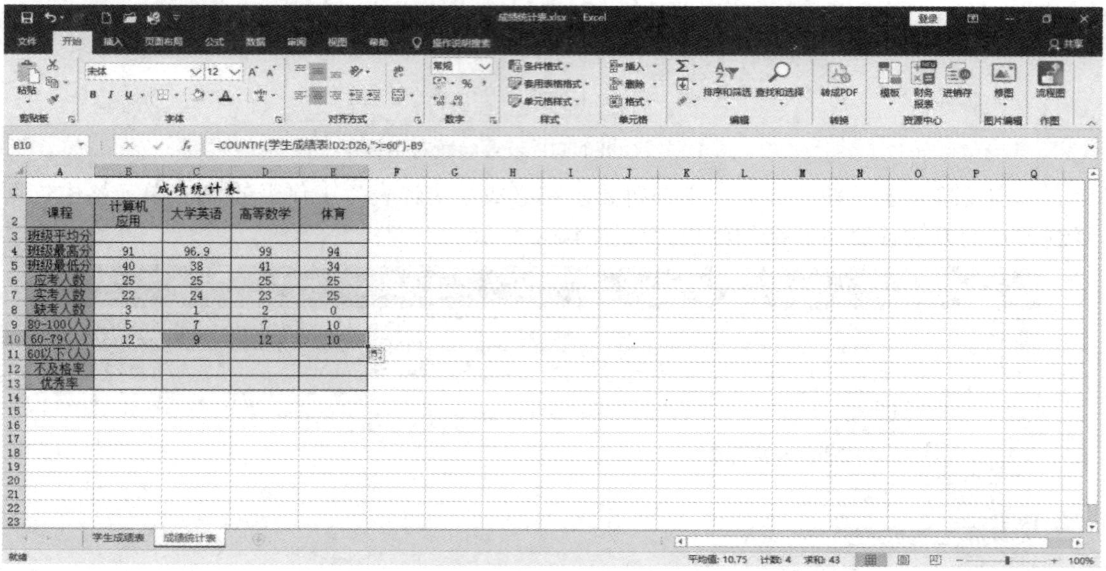

图 4-90　用 COUNTIF 函数统计出 4 门课程的"60-79(人)"

8) 用函数计算"60 以下(人)"——COUNTIF 函数

选中"成绩统计表"工作表的 B11 单元格，单击编辑栏中的【插入函数】按钮 f_x，打开"插入函数"对话框；在【或选择类别】下拉列表中选择"统计"类，在【选择函数】列表框中选择"COUNTIF"函数，单击【确定】按钮，打开"函数参数"对话框；将光标定位在 Range 文本框中，再单击"学生成绩表"工作表，拾取"学生成绩表"工作表中的 D2：D26 单元格区域；再将光标定位在 Criteria 文本框中，输入"<60"，如图 4-91 所示。

图 4-91　COUNTIF 函数参数对话框

单击【确定】按钮，计算结果即可显示在"成绩统计表"工作表的 B11 单元格中。用复制公式的方法计算出其余的结果，如图 4-92 所示。

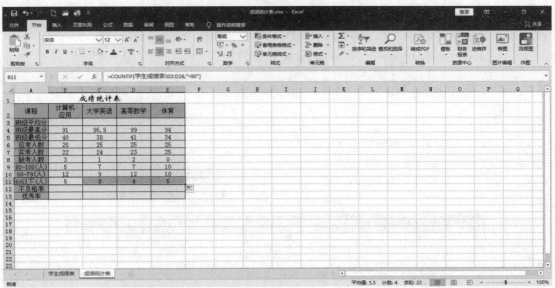

图 4-92　用 COUNTIF 函数统计出 4 门课程的"60 以下(人)"

9) 用公式计算"不及格率"

选中"成绩统计表"工作表的 B12 单元格，输入公式"=B11/B7"，按 Enter 键确认输入。用复制公式的方法计算出其余的结果，如图 4-93 所示。

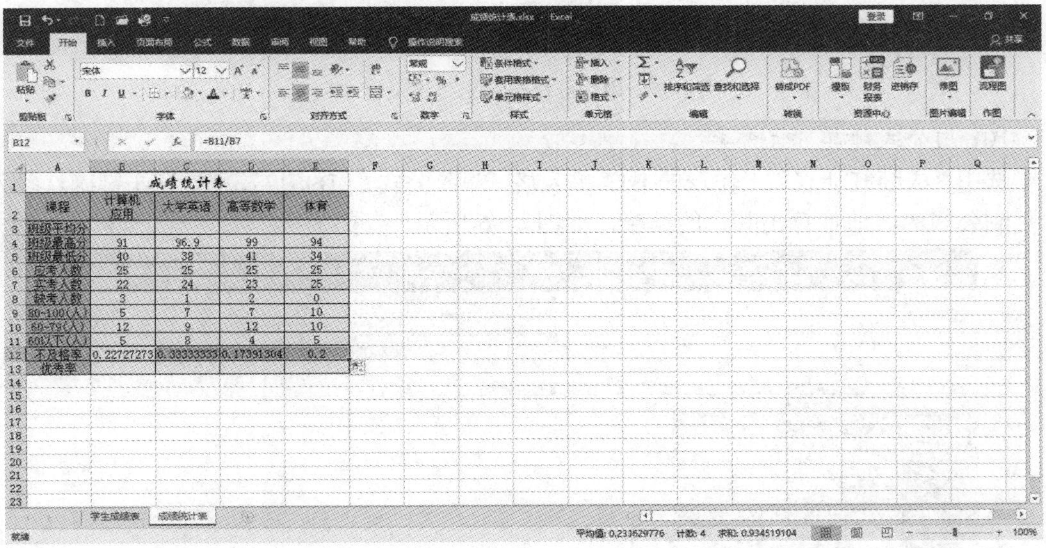

基本公式的用法

图 4-93　用公式计算出 4 门课程的"不及格率"

选中 B12：E12 单元格区域，单击【开始】选项卡，再单击【数字】选项组右下角的【对话框启动器】按钮 ，打开"设置单元格格式"对话框并选择【数字】选项卡，如图 4-94 所示；在【分类】中选择"百分比"，在【小数位数】中选择"2"，单击【确定】按钮返回 Excel 工作表，如图 4-95 所示。

图 4-94　设置百分比格式

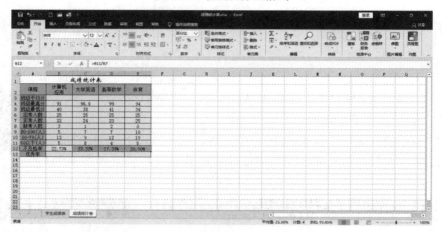

图 4-95　用百分比显示出"不及格率"

10) 用公式计算"优秀率"

选中"成绩统计表"工作表的 B13 单元格，输入公式"=B9/B7"，按 Enter 键确认输入。用复制公式的方法计算出其余的结果，如图 4-96 所示。

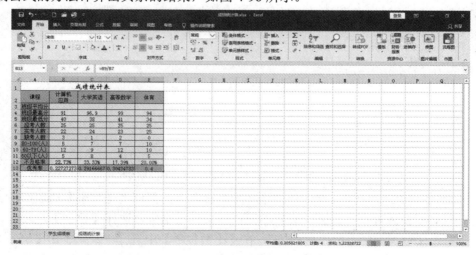

图 4-96　用公式计算出 4 门课程的"优秀率"

　　选中 B13：E13 单元格区域，单击【开始】选项卡，再单击【数字】选项组右下角的【对话框启动器】按钮 🔲，打开"设置单元格格式"对话框并选择【数字】选项卡，如图 4-94 所示；在【分类】中选择"百分比"，在【小数位数】中选择"2"，单击【确定】按钮返回 Excel 工作表，如图 4-97 所示。

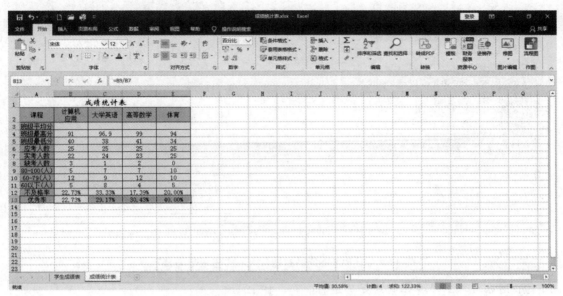

图 4-97　用百分比显示出"优秀率"

2. 函数嵌套

1) 用函数将计算出来的"班级平均分"四舍五入保留两位小数——ROUND 函数

　　选中"成绩统计表"工作表的 B3 单元格，单击编辑栏中的【插入函数】按钮 *fx*，打开"插入函数"对话框；在【或选择类别】下拉列表中选择"数学与三角函数"类，在【选择函数】列表框中选择"ROUND"函数，单击【确定】按钮，打开"函数参数"对话框；在【Num_digits】文本框中输入"2"，如图 4-98(a)所示；将光标定位在 Number 文本框中，再单击单元格名称框右边的按钮 ROUND ∨ ，在下拉列表中选择"AVERAGE"函数，出现 AVERAGE "函数参数"对话框；将光标定位在 Number1 文本框中，再单击"学生成绩表"工作表，拾取"学生成绩表"工作表中的 D2：D26 单元格区域，如图 4-98(b)所示。

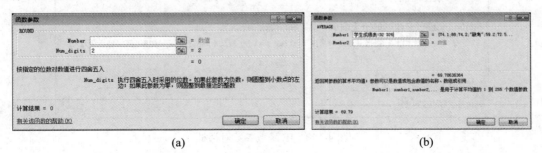

(a)　　　　　　　　　　　　　　　　　(b)

图 4-98　"函数参数"对话框

🐢**注意**：这里用到了在 ROUND 函数中嵌套 AVERAGE 函数来计算。

单击【确定】按钮，即可在 B3 单元格中显示四舍五入保留两位小数的"班级平均分"。用复制公式的方法计算出其余的结果，如图 4-99 所示。

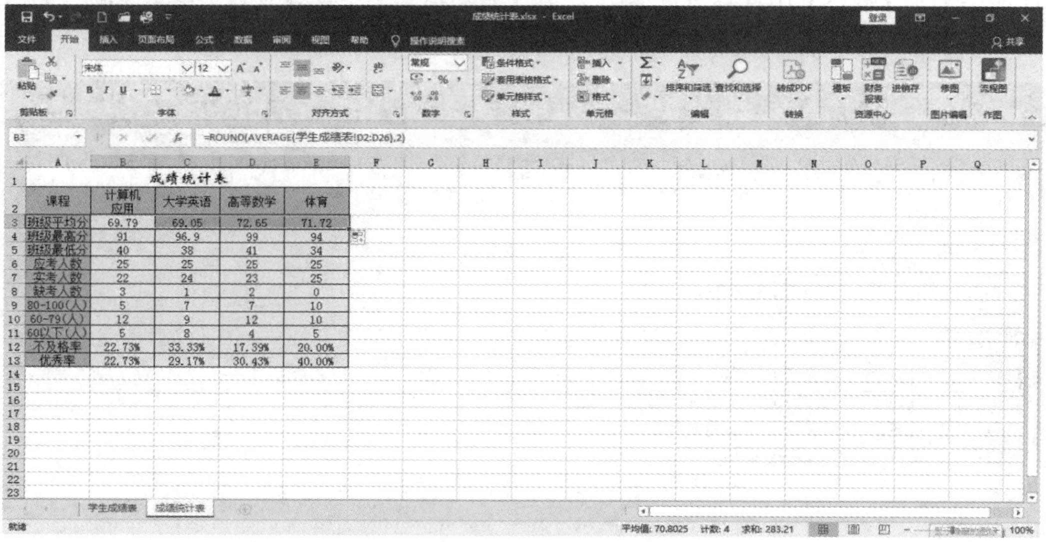

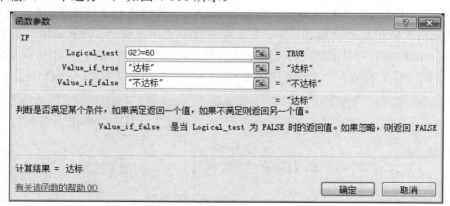

图 4-99　用 ROUND 函数四舍五入"班级平均分"

2) 用函数判断"身体素质是否达标"——IF 函数

选中"学生成绩表"工作表的 I2 单元格，单击编辑栏中的【插入函数】按钮 f_x，打开"插入函数"对话框；在【或选择类别】下拉列表中选择"常用函数"类，在【选择函数】列表框中选择"IF"函数，单击【确定】按钮，打开"函数参数"对话框；在【Logical_test】文本框中输入逻辑判断式"G2>=60"，在【Value_if_true】文本框中输入""达标""，在【Value_if_false】文本框中输入""不达标""，如图 4-100 所示。

IF 函数的用法

图 4-100　IF 函数参数对话框

单击【确定】按钮，即可在 I2 单元格中显示结果。用复制公式的方法计算出其余的结果，如图 4-101 所示。

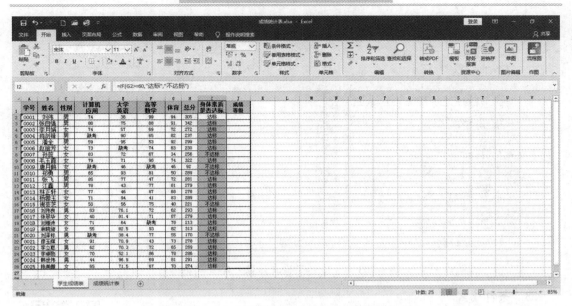

图 4-101　用 IF 函数计算"身体素质是否达标"

3) 用函数判断"成绩等级"——IF 函数嵌套

选中"学生成绩表"工作表的 J2 单元格，单击编辑栏中的【插入
函数】按钮 *fx*，打开"插入函数"对话框；在【或选择类别】下拉列
表中选择"常用函数"类，在【选择函数】列表框中选择"IF"函数，
单击【确定】按钮，打开"函数参数"对话框；在【Logical_test】文

IF 嵌套函数的用法

本框中输入逻辑判断式"H2>=320"，在【Value_if_true】文本框中输入""A""，如图 4-102(a)
所示；将光标定位在 Value_if_false 文本框中，单击单元格名称框右边的按钮

▼ ，此时可以嵌套一个 IF 函数，在下拉列表中选择 IF 函数，打开"函数参
数"对话框；在【Logical_test】文本框中输入逻辑判断式"H2>=240"，在【Value_if_true】
文本框中输入""B""，在【Value_if_false】文本框中输入""C""，如图 4-102(b)所示。

(a)

(b)

图 4-102　IF 函数参数对话框

单击【确定】按钮，即可在 J2 中显示结果。用复制公式的方法计算出其余的结果，如
图 4-103 所示。

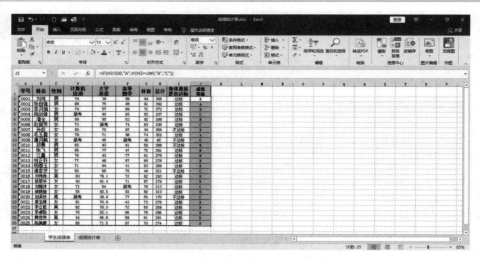

图 4-103 用 IF 函数嵌套计算"成绩等级"

3．条件格式

1）利用条件格式将所有"缺考"的单元格设置为"浅红填充色深红色文本"

选中"学生成绩表"工作表的 D2：G26 单元格区域，单击【开始】选项卡，在【样式】选项组中单击【条件格式】按钮下方的箭头，在下拉菜单中选择"突出显示单元格规则"，在展开的子菜单中选择"等于"，打开如图 4-104 所示的"等于"对话框。

条件格式的设置

图 4-104 "等于"对话框

在"等于"对话框的【为等于以下值的单元格设置格式】文本框中输入"缺考"，在【设置为】下拉列表中选择"浅红填充色深红色文本"，单击【确定】按钮即可看到应用条件格式后的效果，如图 4-105 所示。

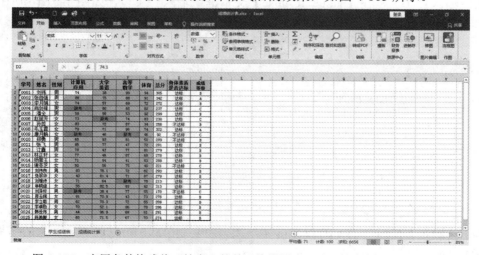

图 4-105 应用条件格式将"缺考"的单元格设置为"浅红填充色深红色文本"

2) 利用条件格式将 4 门课程成绩小于 60 分的单元格设置为"黄色底纹红色加粗字体"

选中"学生成绩表"工作表的 D2：G26 单元格区域，单击【开始】选项卡，在【样式】选项组中单击【条件格式】按钮下方的箭头，在下拉菜单中选择"突出显示单元格规则"，在展开的子菜单中选择"小于"，打开如图 4-106 所示的"小于"对话框。

图 4-106 "小于"对话框

在"小于"对话框的【为小于以下值的单元格设置格式】文本框中输入"60"，在【设置为】下拉列表中选择"自定义格式"，打开"设置单元格格式"对话框；在【字体】选项卡中设置【颜色】为"红色"，【字形】为"加粗"；在【填充】选项卡中设置"黄色"填充效果；单击【确定】按钮即可看到应用条件格式后的效果，如图 4-107 所示。

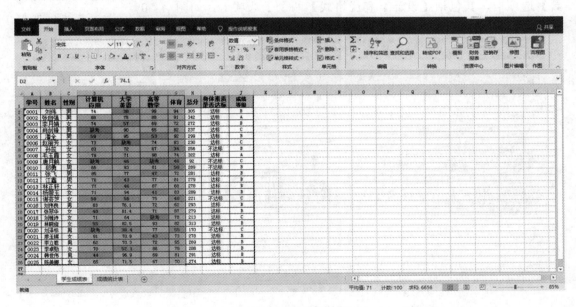

图 4-107 应用条件格式将 4 门课程成绩小于 60 分的单元格
设置为"黄色底纹红色加粗字体"

4．图表

1) 根据各分数段人数及缺考人数制作簇状柱形图

在"成绩统计表"工作表中，选择要创建图表的数据区域：A2：E2 和 A8：E11，单击【插入】选项卡，在【图表】选项组中单击所需图表类型按钮，在下拉列表中选择子图表类型；或者单击【图表】选项组中的【对话框启动器】按钮 ，打开"插入图表"对话框，如图 4-108 所示。

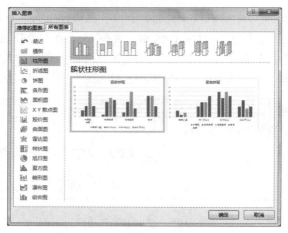

图 4-108　"插入图表"对话框

在"插入图表"对话框的【所有图表】选项卡下，在左窗格中选择图表类型，在右窗格中选择相应的子图表类型。这里选择"簇状柱形图"。

单击【确定】按钮，图表将嵌入到当前工作表中，并显示【图表工具】选项卡，其包括【设计】和【格式】两个子选项卡，如图 4-109 所示。

Excel 中图表的创建

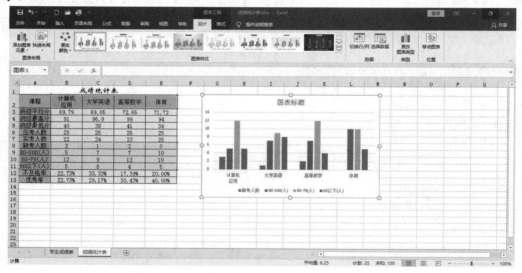

图 4-109　插入图表的效果

2) 对图表进行修改

(1) 给图表添加标题"成绩统计图"，居中显示数据标签，在底部显示图例，将图表作为新工作表插入，并将新工作表重命名为"成绩统计图"。

Excel 中图表的修改

选中图表，单击【图表工具】选项卡，在【设计】选项卡下单击【图表布局】组的【添加图表元素】下拉菜单，在展开的菜单中选择"图表标题"，在右侧的子菜单中选择"图表上方"，此时在图表上方会出现一个文本框，在文本框中直接输入图表标题"成绩统计图"即可，如图 4-110 所示。

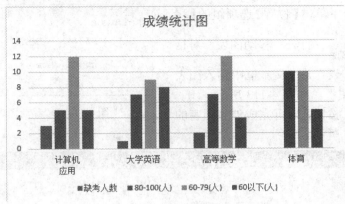

图 4-110　给图表添加标题

选中图表，单击【图表工具】选项卡，在【设计】选项卡中单击【图表布局】选项组的【添加图表元素】下拉菜单，在展开的菜单中选择"数据标签"，右侧的子菜单中选择"居中"，此时柱形图中间会显示具体的数据，如图 4-111 所示。

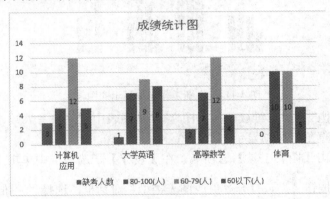

图 4-111　居中显示数据标签

选中图表，单击【图表工具】选项卡，在【设计】选项卡中单击【图表布局】选项组的【添加图表元素】下拉菜单，在展开的菜单中选择"图例"，右侧的子菜单中选择"顶部"，如图 4-112 所示。

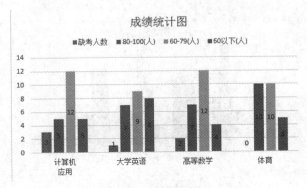

图 4-112　在图表顶部显示图例

选中图表，单击【图表工具】选项卡，在【设计】子选项卡中单击【位置】选项组的【移动图表】按钮 ，打开"移动图表"对话框，选择"新工作表"并在文本框中输入图表名称"成绩统计图"，如图 4-113 所示。

单击【确定】按钮，即可完成独立图表的创建，如图 4-114 所示。

图 4-113   "移动图表"对话框

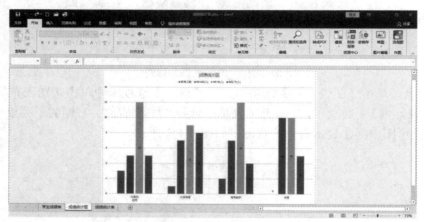

图 4-114   在新工作表中显示的图表

(2) 将图表类型改为"三维簇状柱形图"，并从图表中删除缺考人数，切换行/列，去除三维旋转效果，用直角坐标轴显示。

选中图表，单击【图表工具】选项卡，在【设计】子选项卡中单击【类型】选项组的【更改图表类型】按钮，打开"更改图表类型"对话框，选择"三维簇状柱形图"，单击【确定】按钮即可，如图 4-115 所示。

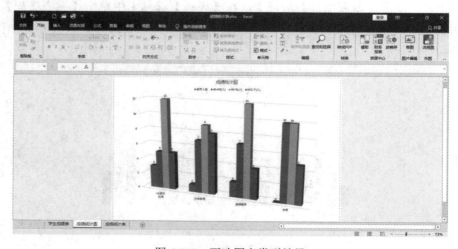

图 4-115   更改图表类型效果

在图表中单击"缺考人数"所表示的蓝色柱体，按键盘上的 Delete 键即可从图表中删除缺考人数，如图 4-116 所示。

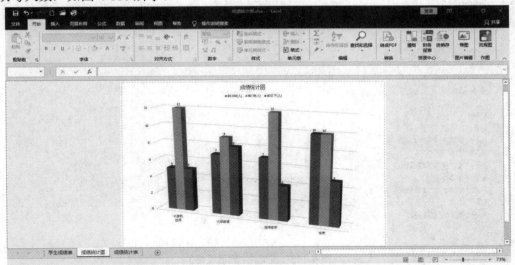

图 4-116　删除缺考人数

选中图表，单击【图表工具】选项卡，在【设计】子选项卡中单击【数据】选项组的

【切换行/列】按钮 ，即可完成行与列之间的切换，如图 4-117 所示。

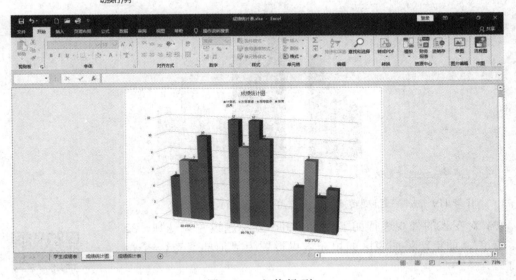

图 4-117　切换行/列

选中图表，单击【图表工具】选项卡下【格式】选项卡左边的【图表元素】下拉菜单，选择"绘图区"，如图 4-118(a)所示；再单击【设置所选内容格式】按钮，如图 4-118(b)所示，此时在图表的右侧会打开"设置绘图区格式"窗口，在窗口中单击"效果"按钮，在下方展开的选项中单击"三维旋转"选项，再选中"直角坐标轴"复选框即可，如图 4-118(c)所示，效果如图 4-119 所示。

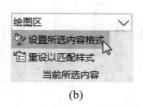

(a)   (b)   (c)

图 4-118　更改图表元素格式

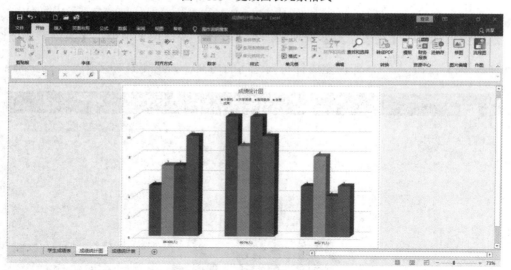

图 4-119　去除三维旋转效果后用直角坐标轴显示的效果

（3）对图表的外观进行如下设置：将图表标题设置为幼圆、32 磅、蓝色、加粗，将图表区的填充效果设置为"顶部聚光灯-个性色 1"。

选中图表标题，单击【开始】选项卡，在【字体】选项组中设置标题文字字体为"幼圆"，字号为"32"磅，字体颜色为"蓝色"，加粗显示文字。

Excel 中图表的格式设置

选中图表，单击【图表工具】选项卡下【格式】子选项卡左边的【图表元素】下拉菜单，选择"图表区"；再单击【设置所选内容格式】按钮，打开"设置图表区格式"窗口。窗口中默认显示的是【填充与线条】选项卡下的内容，单击"填充"选项，再单击选中下方的"渐变填充",在展开的【预设渐变】中任选一种渐变即可,此处选择的是"顶部聚光灯-个性色 1",如图 4-120 所示,最终效果如图 4-121 所示。

图 4-120　"设置图表区格式"对话框

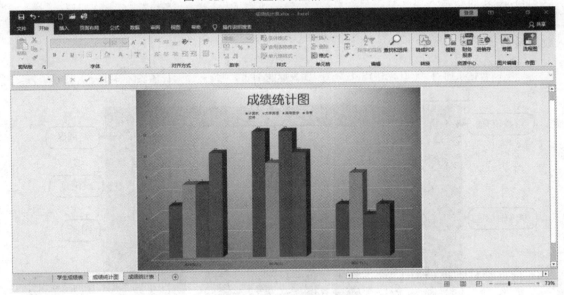

图 4-121　图表最终效果

4.3.4　知识必备

1. IF 函数

IF 函数功能:根据测试条件是否成立(结果为 TRUE 或 FALSE)输出相应的结果。

IF 函数格式：IF(测试条件，满足条件时的输出结果，不满足条件时的输出结果)。
IF 函数参数见表 4-6。

表 4-6　IF 函数参数

参　　数	含　　义
Logical_test	判断条件
Value_if_true	判断条件值为 TRUE 时的返回值。如果忽略，则返回 TRUE
Value_if_false	判断条件值为 FALSE 时的返回值。如果忽略，则返回 FALSE

2．条件格式

为了便于查看表格中符合条件的数据，可以为表格数据设置条件格式，设置完成后，只要是符合条件的数据都将以特定的外观显示出来，既便于查找，也使表格更加美观。在 Excel 2016 中，可以使用 Excel 提供的条件格式设置数值，也可以根据需要自定义条件规则和格式。

三色刻度使用三种颜色的深浅程度来帮助用户比较某个区域的单元格。颜色的深浅表示值的高、中与低。例如，在"绿-黄-红色阶"中，可以指定较高值单元格的颜色为绿色，中间值单元格的颜色为黄色，而较低值单元格的颜色为红色。

3．图表

1) 图表的组成

图表由许多部分组成，每一部分就是一个图表项，如图表区、绘图区、标题、坐标轴、数据系列等，如图 4-122 所示。

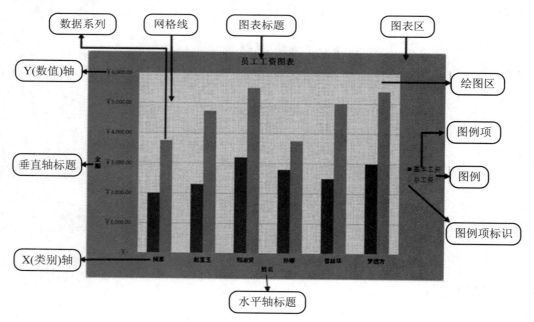

图 4-122　图表的组成

2) 图表类型

图表是 Excel 重要的数据分析工具，Excel 2016 支持各种类型的图表，如柱形图、折线图、饼图、条形图、面积图、散点图等，如图 4-123 所示。

用户可以根据不同的情况选用不同类型的图表。下面介绍 5 个常用图表的类型及其适用情况。

柱形图：常用于进行几个项目之间数据的对比，是应用较广的图表类型。

条形图：条形图与柱形图的用法相似，但数据位于 y 轴，值位于 x 轴，位置与柱形图相反。

折线图：多用于显示一段时间内的趋势，如数据在一段

图 4-123 图表类型

时间内呈增长趋势，在另一段时间内呈下降趋势，它强调的是数据的时间线和变动率。

饼图：用于对比几个数据在其形成的总和中所占的比例或百分比值，整个饼代表总和。

面积图：用于显示一段时间内变动的幅值，当有几个部分正在变动，且对那部分的总和感兴趣时，面积图特别有用。面积图能使用户单独看见各部分的变动，同时也能看到总体的变化，即显示部分与整体的关系。

3) 图表使用注意事项

制作图表除了要具备必要的图表元素，还需让人一目了然，在制作图表前应该注意以下几点：

(1) 在制作图表前如需先制作表格，应根据前期收集的数据制作出相应的电子表格，并对表格进行一定的美化。

(2) 根据表格中某些数据项或所有数据项创建相应形式的图表。选择电子表格中的数据时，可根据图表的需要视情况而定。

(3) 检查创建的图表中的数据有无遗漏，及时对数据进行添加或删除。然后对图表形状样式和布局等内容进行相应的设置，完成图表的创建与修改。

(4) 不同的图表类型能够进行的操作可能不同，如二维图表和三维图表就具有不同的格式设置。

(5) 图表中的数据较多时，应该尽量将所有数据都显示出来，所以一些非重点的部分，如数据表格、坐标轴标题等可以省略。

(6) 办公文件讲究简单明了，对于图表的格式和布局等，不要做的过于复杂或花哨，否则会影响图表的阅读。

任务 4 统计与分析学生成绩表

4.4.1 任务描述

期末考试后，××班成绩已经初步进行了统计，各科成绩与相应分值在表格中录入完成，根据学院的要求，需做相应排序、筛选和汇总等工作，便于教务部门审核。

4.4.2　任务分析

本任务的重点是实现不同类型的筛选、排序及分类汇总，并能够对工作表进行窗口冻结操作和其他保护性操作。完成本任务的步骤如下：

(1) 工作表的基本操作：复制、重命名。

(2) 排序、自动筛选和高级筛选。

(3) 工作表的分类汇总。

(4) 工作表的其他保护性操作：窗口冻结、工作表保护、密码设置。

4.4.3　任务实现

1. 复制 4 张工作表并重命名为"排序"、"自定义筛选"、"高级筛选"、"分类汇总"

(1) 打开"学生成绩表.xlsx"工作簿，将鼠标移至"学生成绩表"工作表标签上，单击鼠标右键，在弹出的右键菜单中选择 移动或复制(M)... ，打开"移动或复制工作表"对话框；在【将选定工作表移至工作簿】下拉列表中选择"学生成绩表.xlsx"，在【下列选定工作表之前】下拉列表中选择"移至最后"，选中"建立副本"复选框，单击【确定】按钮即可完成工作表的复制。此时，"学生成绩表.xlsx"工作簿中会多出一张"学生成绩表(2)"工作表，如图 4-124 所示。

工作表的基本操作：
复制、重命名

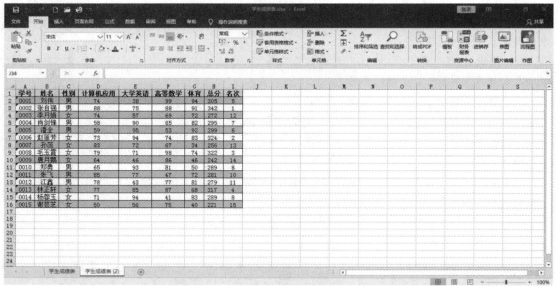

图 4-124　复制"学生成绩表"工作表

将鼠标移至工作表标签名"学生成绩表(2)"上，单击鼠标右键，在弹出的右键菜单中选择"重命名"，此时"学生成绩表(2)"处于选中状态 学生成绩表 (2) ，直接输入新的工作表名"排序"，按 Enter 键即可，如图 4-125 所示。

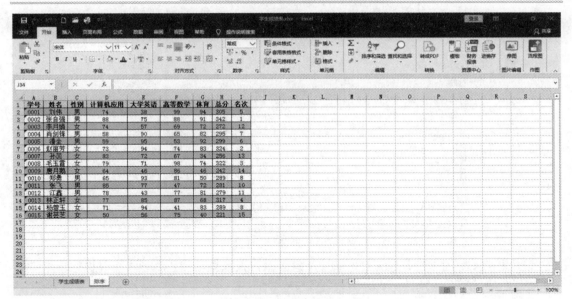

图 4-125　将"学生成绩表 2"工作表重命名为"排序"

(2) 按照上述方法，将"学生成绩表"工作表再复制 3 份，分别重命名为"自定义筛选"、"高级筛选"、"分类汇总"，如图 4-126 所示。

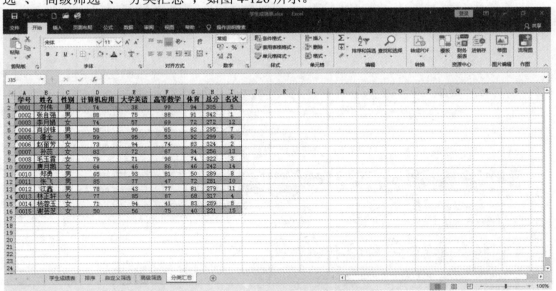

图 4-126　复制并重命名 3 张工作表

2．排序

在"排序"工作表中，以"总分"为主要关键字按递减方式排序，若总分相同，则按"计算机应用"递减排序。

(1) 打开"排序"工作表，使"排序"工作表为当前工作表，选择"排序"工作表中的数据区域 A1：I16。注意：需选择列标题。

(2) 单击【数据】选项卡，在【排序和筛选】选项组中单击【排序】

排序

按钮 ，打开"排序"对话框，在【主要关键字】中选择"总分"、"单元格值"、"降序"，如图 4-127 所示。

图 4-127　设置主要关键字

(3) 单击【添加条件】按钮，出现【次要关键字】设置选项，选择"计算机应用"、"单元格值"、"降序"，如图 4-128 所示。

图 4-128　设置次要关键字

(4) 设置完成单击【确定】按钮，排序结果如图 4-129 所示。

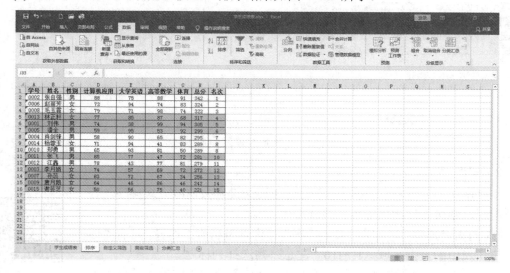

图 4-129　按双关键字排序的结果

3. 自定义筛选

在"自定义筛选"工作表中，利用"筛选"功能筛选出"性别"是女性并且"大学英语"成绩高于 80 分、名次在前 5 名的记录。

(1) 打开"自定义筛选"工作表，使"自定义筛选"工作表为当前工作表；选中任意一个单元格，然后单击【数据】选项卡，在【排序和筛选】

自定义筛选

选项组中单击【筛选】按钮。此时，工作表列标题行中每个单元格右侧显示筛选箭头，单击要进行筛选操作列标题右侧的筛选箭头，这里选择"性别"列右边的筛选箭头，在展开的列表中取消不需要显示的记录左侧的复选框，如图 4-130(a)所示；单击【确定】按钮后，筛选按钮变成，如图 4-130(b)所示。

	A	B	C	D	E	F	G	H	I
1	学号	姓名	性别	计算机应用	大学英语	高等数学	体育	总分	名次
4	0003	李月娟	女	74	57	69	72	272	12
7	0006	赵丽芳	女	73	94	74	83	324	2
8	0007	孙蕊	女	83	72	67	34	256	13
9	0008	毛玉霞	女	79	71	98	74	322	3
10	0009	唐月鹅	女	64	46	86	46	242	14
14	0013	林正轩	女	77	85	87	68	317	4
15	0014	杨蓉玉	女	71	94	41	83	289	8
16	0015	谢芸芝	女	50	56	75	40	221	15

　　　　　　　(a)　　　　　　　　　　　　　　　　　(b)

图 4-130　筛选"性别"是女性的记录

🌐**注意**：若需取消筛选再次显示全部数据，单击"性别"右边的，在展开的列表中选择 🔻 从 "性别" 中清除筛选(C) ，即可显示所有数据。

(2) 单击"大学英语"列右边的【筛选】按钮，在展开的列表中选择【数字筛选】子列表中的"大于"，也可选择"自定义筛选"，如图 4-131 所示。

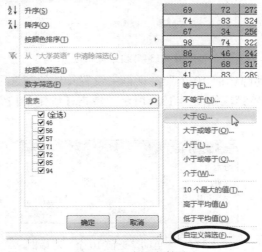

图 4-131　自定义筛选

(3) 在打开的"自定义自动筛选方式"对话框中设置具体的筛选项。这里，在"大于"选项后面的文本框中输入"80"，如图 4-132 所示；单击【确定】按钮，显示结果如图 4-133 所示。

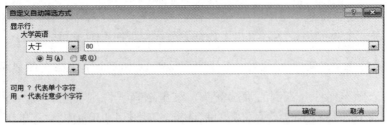

图 4-132　"自定义自动筛选方式"对话框

	A	B	C	D	E	F	G	H	I
1	学号	姓名	性别	计算机应用	大学英语	高等数学	体育	总分	名次
7	0006	赵丽芳	女	73	94	74	83	324	2
14	0013	林正轩	女	77	85	87	68	317	4
15	0014	杨蓉玉	女	71	94	41	83	289	8

图 4-133　筛选"性别"是"女"并且"大学英语"成绩高于 80 分的记录

(4) 单击"名次"列右边的【筛选】按钮，在展开的列表中选择【数字筛选】子列表中的"前 10 项"，如图 4-134 所示。

图 4-134　自定义筛选

(5) 在打开的"自动筛选前 10 个"对话框中设置具体的筛选项。这里，在【显示】下拉列表中选择"最小"、"5"，如图 4-135 所示；单击【确定】按钮，显示结果如图 4-136 所示。

图 4-135　"自动筛选前 10 个"对话框

	A	B	C	D	E	F	G	H	I
1	学号	姓名	性别	计算机应用	大学英语	高等数学	体育	总分	名次
7	0006	赵丽芳	女	73	94	74	83	324	2
14	0013	林正轩	女	77	85	87	68	317	4

图 4-136　自定义筛选结果

4. 高级筛选

在"高级筛选"工作表中，利用"高级筛选"功能筛选出至少 1 门课程不及格的学生的记录，结果显示在"高级筛选"工作表的以 K1 单元格为起点的单元格区域中。

高级筛选

(1) 打开"高级筛选"工作表，使"高级筛选"工作表为当前工作表，在"高级筛选"工作表的任一空白单元格中输入筛选条件，即 4 门课程中至少 1 门课程不及格，如图 4-137所示。

🐢**注意**：条件区域必须有列标题，且列标题与选择区域的标题必须保持一致。条件区域与筛选区域之间至少留一空白行。

	A	B	C	D	E	F	G	H	I
1	学号	姓名	性别	计算机应用	大学英语	高等数学	体育	总分	名次
2	0001	刘伟	男	74	38	99	94	305	5
3	0002	张自强	男	88	75	88	91	342	1
4	0003	李月娟	女	74	57	69	72	272	12
5	0004	肖剑锋	男	58	90	65	82	295	7
6	0005	潘全	男	59	95	53	92	299	6
7	0006	赵丽芳	女	73	94	74	83	324	2
8	0007	孙蕊	女	83	72	67	34	256	13
9	0008	毛玉霞	女	79	71	98	74	322	3
10	0009	唐月鹅	女	64	46	86	46	242	14
11	0010	郑勇	男	65	93	81	50	289	8
12	0011	张飞	男	85	77	47	72	281	10
13	0012	江鑫	男	78	43	77	81	279	11
14	0013	林正轩	女	77	85	87	68	317	4
15	0014	杨蓉玉	女	71	94	41	83	289	8
16	0015	谢芸芝	女	50	56	75	40	221	15
17									
18									
19				计算机应用	大学英语	高等数学	体育		
20				<60					
21					<60				
22						<60			
23							<60		

图 4-137　设置高级筛选条件

(2) 单击要进行筛选的工作表的任意非空单元格，再单击【数据】选项卡，在【排序和筛选】选项组中单击【高级】按钮 ▼高级　。

(3) 在打开的"高级筛选"对话框中，选择"将筛选结果复制到其他位置"，确认【列表区域】的单元格区域是否正确，如果不正确，则通过【拾取】按钮重新选择，这里的【列表区域】是 A1：I16；单击【条件区域】的【拾取】按钮选择条件区域，即 D19：G23，然后在【复制到】文本框中用【拾取】按钮选择筛选结果存放区域的起始单元格，即 K1 单元格，并且勾选"选择不重复记录"复选框，如图 4-138 所示。

图 4-138　"高级筛选"对话框

(4) 单击【确定】按钮，显示结果如图 4-139 所示。

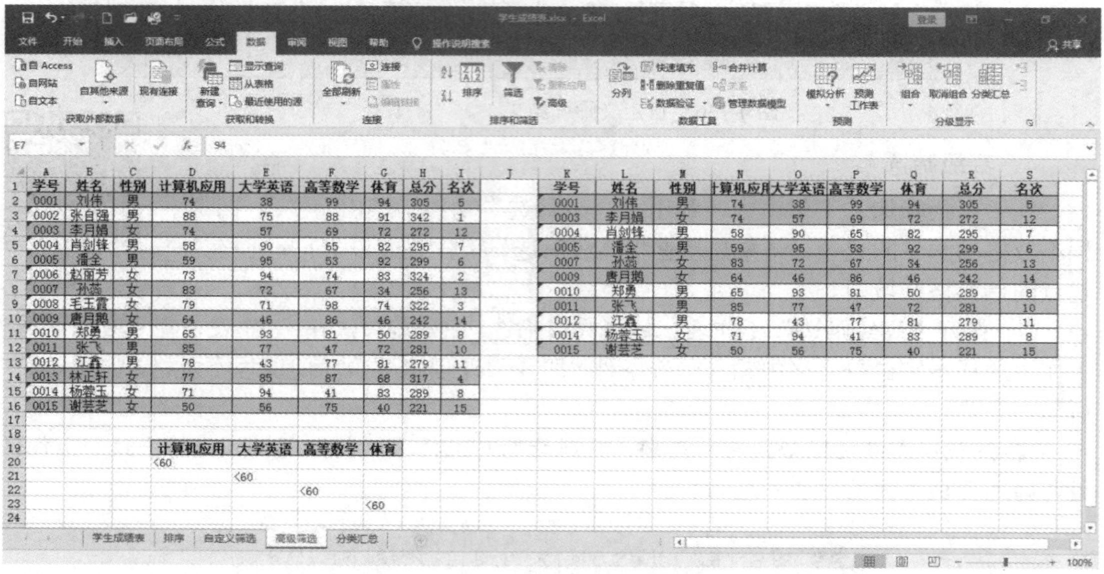

图 4-139 "高级筛选"结果

5．分类汇总

在"分类汇总"工作表中，按照性别汇总各科成绩平均值，从而可以了解到男女生 4 门课程的学习情况。

(1) 打开"分类汇总"工作表，使"分类汇总"工作表为当前工作表；在"分类汇总"工作表中选择"性别"列中的任意单元格，然后单击【数据】选项卡【排序和筛选】选项组中的任一【排序】按钮(升序 A↓、降序 Z↓均可)，按"性别"进行排序，如图 4-140 所示。

学号	姓名	性别	计算机应用	大学英语	高等数学	体育	总分	名次
0001	刘伟	男	74	38	99	94	305	5
0002	张自强	男	88	75	88	91	342	1
0004	肖剑锋	男	58	90	65	82	295	7
0005	潘全	男	59	95	53	92	299	6
0010	郑勇	男	65	93	81	50	289	8
0011	张飞	男	85	77	47	72	281	10
0012	江鑫	男	78	43	77	81	279	11
0003	李月娟	女	74	57	69	72	272	12
0006	赵丽芳	女	73	94	74	83	324	2
0007	孙蕊	女	83	72	67	34	256	13
0008	毛玉霞	女	79	71	98	74	322	3
0009	唐月鹏	女	64	46	86	46	242	14
0013	林正轩	女	77	85	87	68	317	4
0014	杨蓉玉	女	71	94	41	83	289	8
0015	谢芸芝	女	50	56	75	40	221	15

图 4-140 按"性别"排序

(2) 单击【数据】选项卡，在【分级显示】选项组中单击【分类汇总】按钮，打开"分类汇总"对话框；在【分类字段】下拉列表中选择"性别"，在【汇总方式】下拉列表中选择"平均值",在【选定汇总项】列表框中选择需要进行汇总的列标题"计算机应用"、"大学英语"、"高等数学"、"体育",如图 4-141 所示。

图 4-141　"分类汇总"对话框

(3) 单击【确定】按钮,显示结果如图 4-142 所示。

图 4-142　分类汇总结果

注意:分类字段的选择,必须是可分类的数据列。"分类汇总"之前必须对所选定的分类字段进行排序。汇总项的选择必须能够用所选的汇总方式进行汇总计算。比如文本是不能进行平均值计算的。

4.4.4　知识必备

1. 排序

1) 简单排序

简单排序是指对数据表中的单列数据按照 Excel 默认的升序或降序的方式排列。

窗口冻结　　　　　　工作表保护、密码设置

2) 多关键字排序

多关键字排序就是对工作表中的数据按两个或两个以上的关键字进行排序。对多个关键字排序时，在主要关键字完全相同的情况下，会根据指定的次要关键字进行排序；在次要关键字完全相同的情况下，会根据指定的下一个次要关键字进行排序，依次类推。

2. 自定义筛选

在对工作表数据进行处理的过程中，有时需要从工作表中找出满足一定条件的数据，这时可用 Excel 的数据筛选功能显示满足条件的数据。Excel 提供了自动筛选、按条件筛选和高级筛选 3 种方式。注意：无论用哪种方式，数据表中必须有列标签。

1) 自动筛选

自动筛选一般用于简单的条件筛选，筛选时将不需要的记录暂时隐藏起来，只显示符合条件的记录。

2) 按条件筛选

在 Excel 中，还可按用户自定筛选条件筛选出符合需要的数据。

3) 高级筛选

自动筛选可以实现同一字段之间的"与"运算和"或"运算。通过多次进行自动筛选也可以实现不同字段之间的"与"运算，但是它无法实现多个字段之间的"或"运算，这时就需要使用高级筛选。

如果要进行高级筛选，必须首先设置筛选条件区域。设置条件区域是实现高级筛选的关键。为了可以更好地理解高级筛选，首先列出一个表格，如表 4-7 所示，该表用来对高级筛选条件区域的逻辑关系进行定义。

表 4-7　条件逻辑关系

表格形式	含　义
A　B A1 A2	筛选字段 A 中符合 A1 条件或 A2 条件的所有记录
A　B A1　B1	筛选字段 A 中符合 A1 条件并且字段 B 中符合 B1 条件的所有记录
A　B A1 　　B2	筛选字段 A 中符合 A1 条件或字段 B 中符合 B2 条件的所有记录
A　B A1　B1 A2　B2	筛选字段 A 中符合 A1 条件且字段 B 中符合 B1 条件以及字段 A 中符合 A2 条件且字段 B 中符合 B2 条件的所有记录

3．分类汇总

分类汇总是数据分析的一种手段，就是将同类数据放在一起，再进行数量求和、计数、求平均值之类的汇总运算。比如要统计不同工资等级的人数，就可以使用分类汇总计算。分类汇总有 3 个基本要素：

(1) 分类字段：选定要进行分类汇总的列，对数据表按这个列进行排序。

(2) 汇总方式：利用“平均”、“最大值”、“计数”等汇总函数，实现对分类字段的计算。

(3) 汇总项：选择多个字段进行汇总。

注意：分类汇总之前必须先按照分类字段进行排序。

1) 分级显示数据

添加了分类汇总后，在行号的左边会出现一些有层次的按钮 1 2 3，单击这些按钮可以在 Excel 中实现分级显示，例如，可以只显示分类汇总结果，隐藏明细数据。在“分类汇总”工作表中，单击分级显示按钮 1，只显示总计行和列标题，如图 4-143 所示。

1 2 3		A	B	C	D	E	F	G	H	I
	1	学号	姓名	性别	计算机应用	大学英语	高等数学	体育	总分	名次
+	19			总计平均值	72	72.4	73.8	70.8		
	20									

图 4-143　显示级别 1

依次往下所显示的数据明细程度逐渐升高，单击按钮 2 后，显示各分类项的汇总行，如图 4-144 所示。

1 2 3		A	B	C	D	E	F	G	H	I
	1	学号	姓名	性别	计算机应用	大学英语	高等数学	体育	总分	名次
+	9			男 平均值	72	73	72.857143	80.29		
+	18			女 平均值	71	71.875	74.625	62.5		
-	19			总计平均值	72	72.4	73.8	70.8		

图 4-144　显示级别 2

分类汇总后，除了按钮 1 2 3 外，在工作区左侧还有一些 + 和 - 按钮，+ 按钮用于展开显示单个分类汇总的明细数据行，- 按钮用于隐藏明细数据行。单击工作区左侧的第一个 + 按钮后，显示单个分类汇总项的明细数据行，此时 + 按钮变成 - 按钮。

2) 取消分类汇总

要取消分类汇总，可打开“分类汇总”对话框，单击【全部删除】按钮。删除分类汇总的同时，Excel 会删除与分类汇总一起插入到列表中的分级显示。

素材　　　　样张

项目 5

PowerPoint 2016 演示文稿制作软件

////////////////////////

　　PowerPoint 2016 是美国微软公司开发的专门用于制作和演示多媒体电子幻灯片的工具软件，又名演示文稿，简称 PPT，能够制作出集文字、图形、图像、声音、动画以及视频等多媒体元素于一体的演示文稿，被广泛应用于课堂教学、学术报告、产品展示、教育讲座等各种信息传播活动中。PowerPoint 继承了 Windows 操作系统友好的图形界面、"所见即所得"的幻灯片编辑方式，让用户能够轻松、快捷地制作出各式各样的幻灯片。

PPT 概述与主要功能

任务 1　制作新员工入职培训演示文稿

5.1.1　任务描述

　　海底捞公司要进行新员工入职培训，主要介绍公司概况、经营理念及员工发展途径等情况，具体样例如图 5-1 所示。

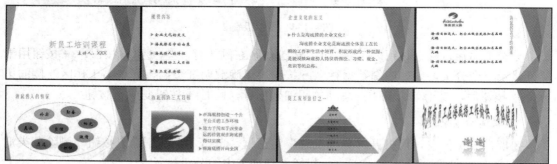

图 5-1　新员工入职培训演示文稿样例

5.1.2　任务分析

　　实现本工作任务首先要清楚新员工培训的内容及相关内容的表达方式(文字、图片、声音、视频)。通过对资料的整合，从而学会制作产品推广、公司简介、培训、贺卡等演示文稿的制作。

　　要完成本项工作任务，需要进行如下操作：

(1) 选择主题新建演示文稿 PPT，命名并保存；

(2) 新建幻灯片；

(3) 第二、三张幻灯片选择正确的版式，在对应的占位符中插入文字；

(4) 第四张幻灯片插入"来自文件的图片"和"文本框"，设置图片大小；

(5) 第五张幻灯片插入形状-椭圆，设置形状样式、填充；

(6) 第六张幻灯片选择正确的版式，输入文字，插入图片；

(7) 第七张幻灯片插入 SmartArt 图形，设置图形样式、更改颜色；

(8) 第八张幻灯片插入艺术字，设置艺术字样式、效果；

(9) 设置幻灯片切换效果，选择"轨道"切换效果应用于所有幻灯片(也可设置每张切换效果不同)。

5.1.3　任务实现

1. 通过"主题"新建演示文稿 PPT，并以学号+名字命名保存到桌面

(1) 单击【开始】|【PowerPoint 2016】，启动 PowerPoint 2016，如图 5-2 所示。

新建 PPT 并保存

图 5-2　PPT 启动

(2) 选择"平面"主题，在弹出的配色方案选择中选择第 1 种配色，然后单出【创建】，建立演示文稿，如图 5-3 所示。

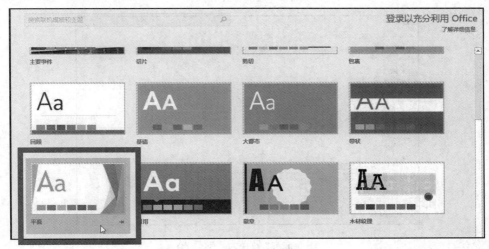

(a) 选择平面主题

(b) 选择第 1 个配色方案

图 5-3　创建样本模板

(3) 单击"文件"选项卡，在弹出的下拉菜单中选择"保存"命令，打开"另存为"对话框，选择"这台电脑"中的"桌面"，如图 5-4 所示。在"另存为"窗口的"文件名"文本框中输入文档名称"学号+姓名"，如"1701+张明"，最后单击【保存】按钮，如图 5-5 所示。

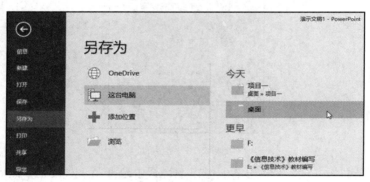

图 5-4　选择保存存位置

图 5-5　"另存为"对话框

2．新建幻灯片，并进行内容填充

1）第一张幻灯片(标题幻灯片)

(1) 在"标题"占位符中输入文字"新员工培训课程"，设置字体为仿宋、60 号，如图 5-6 所示。

(2) 在"副标题"占位符中输入文字"主讲人："，设置字体为华文新魏、36 号。

新建幻灯片 1

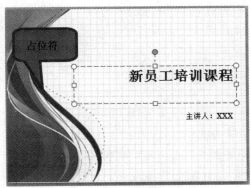

图 5-6　标题与副标题的设置

2）第二张幻灯片(课程内容幻灯片)

在幻灯片版式中包含默认版式，这些版式中主要包含一些特定的占位符，可根据提示在占位符插入各种对象。

单击【开始】|【新建幻灯片】，新建一张幻灯片，如图 5-7 所示。选择版式为"标题和内容"；在"标题"占位符输入文字"课程内容"；在"内容"占位符分别输入如图 5-8 所示的文字，设置字体为华文新魏、32 号，行间距为 1.5 倍。

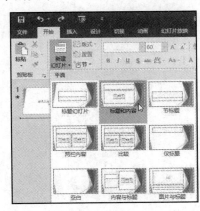

图 5-7　新建幻灯片

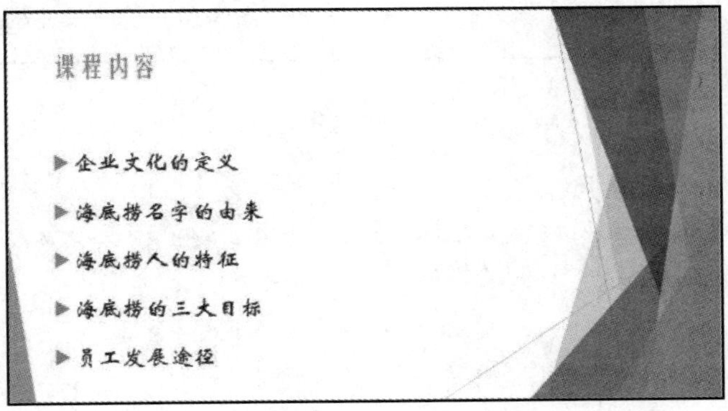

图 5-8　标题和内容版式设置

3）第三张幻灯片(企业文化定义)

新建一张幻灯片，选择版式为"标题和内容"；在"标题"占位符输入文字"企业文化的定义"；在"内容"占位符输入样张中的文字，设置字体为字体、36 号，行间距为 1.5 倍，如图 5-9 所示。

新建幻灯片 2

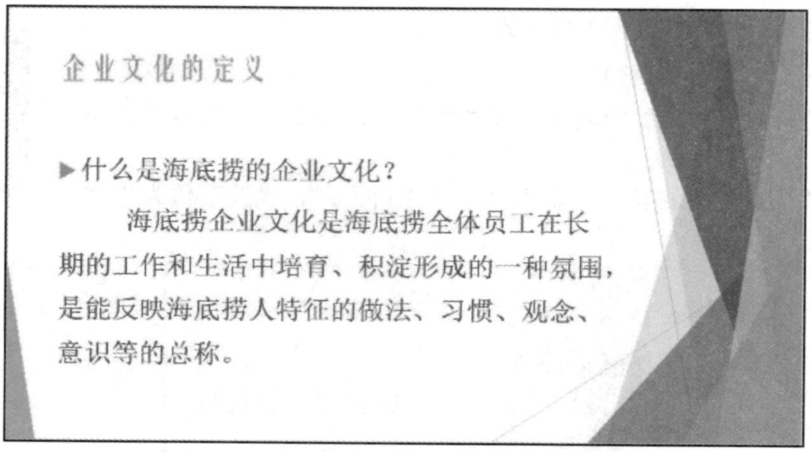

图 5-9　标题和文本版式

4）第四张幻灯片(名字的由来)

新建一张幻灯片，选择版式为"垂直排列标题与文本"，删除"文本"占位符；单击【插入】|【文本框】选项，如图 5-10 所示。插入三个"横排文本框"，分别输入图 5-11 所示的文字，设置字体为华文新魏、28 号；设置文本框为左对齐、纵向分布；单击【插入】|【图片】，在左上角插入图片"海底捞.JPG"，适当调整图片的大小。

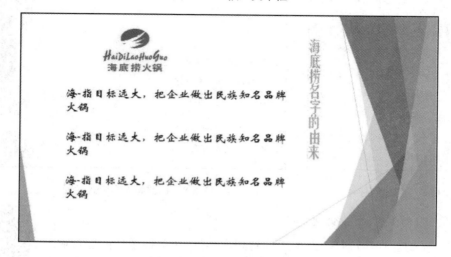

图 5-10　　插入文本框

图 5-11　　竖排标题与文本版式

5) 第五张幻灯片(海底捞人的特征)

新建一张幻灯片，选择版式为"仅标题"；单击【插入】|【形状】|【椭圆】；在版面中拖动画出适当的椭圆，选择所画形状，单击【格式】|【形状样式】，设置形状样式为预设(透明，彩色轮廓-深绿，强调颜色 2)(可自选)；参照图 5-12，在椭圆中插入多个形状-椭圆，设置形状填充颜色、形状效果(自定义)，在形状中编辑文字，如图 5-13 所示。

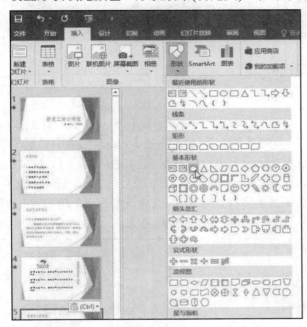

图 5-12　自选图形设置

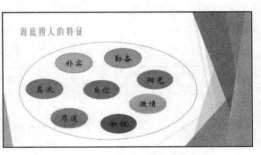

图 5-13　自选图形的应用

6) 第六张幻灯片(海底捞的目标)

新建一张幻灯片，选择版式为"两栏内容"；参照图 5-14，在左侧占位符中插入图片"logo.JPG"，适当调整图片的大小；在右侧占位符中输入文字。

新建幻灯片 3

图 5-14　图片的设置

7) 第七张幻灯片(员工发展途径)

新建一张幻灯片，选择版式为"标题和内容"；在"标题"占位符中输入"员工发展途径"，在内容占位符中单击【插入】|【SmartArt 图形-棱锥图】；在【SmartArt 工具】选项卡中单击【设计】|【SmartArt 样式】设置 SmartArt 图形样式、颜色等(自定义)；参照图 5-15

输入相应文字信息。

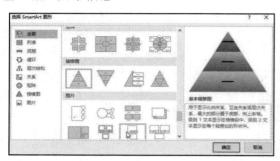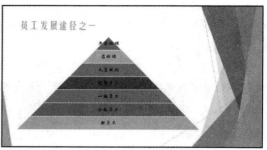

图 5-15　SmartArt 设置

8) 第八张幻灯片(结束)

新建一张幻灯片，选择版式为"空白"；点击【插入】|【艺术字】，插入艺术字"祝所有员工在海底捞工作愉快，身体健康！"；设置艺术字样式：渐变填充-红色，着色 1，反射；文本效果：转换—桥形；艺术字高度 8cm、宽度 24cm；水平位置为左上角 2cm，垂直位置为左上角 3.5cm。插入艺术字"谢谢"；设置艺术字样式：填充-深绿，着色 2，轮廓-着色 2；设置艺术字文本效果：棱台—艺术装饰，映像—全映像，8pt 偏移量，如图 5-16 所示。

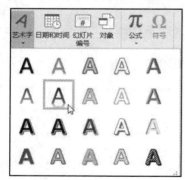

图 5-16　艺术字的输入

4. 设置幻灯片切换效果

单击"切换"选项卡，设置幻灯片的切换效果为"动态内容—轨道"；单击"效果选项"按钮，选择"自顶部"，"全部应用"；换片方式为"单击鼠标时"。

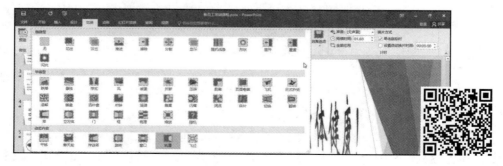

图 5-17　幻灯片切换   设置幻灯片切换效果

5.1.4   知识必备

默认情况下，启动 PowerPoint 2016 时会自动进入创建界面，由用户选择创建演示文稿的方式，可创建空白演示文稿，也可选择一个主题进行创建(如果计算机处于接入互联网的状态，可下载样本模板进行创建)。

1．新建幻灯片及删除幻灯片

(1) 新建幻灯片。可以通过下面三种方法，在当前演示文稿中添加新的幻灯片。

方法一：单击【开始】|【幻灯片】组|【新建幻灯片】，如图 5-18 所示。

方法二：选中幻灯片并右击，在弹出的快捷菜单中选择"新建幻灯片"，如图 5-19 所示。

方法三：直接按键盘上的 Enter 键。

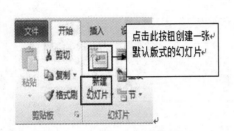

图 5-18   通过【开始】按钮新建幻灯片　　　　图 5-19   通过右键快捷菜单新建幻灯片

(2) 删除幻灯片，选中幻灯片，右击，删除幻灯片或者选中幻灯片，按键盘上的 BackSpace 键或 Delete 键，如图 5-20 所示。

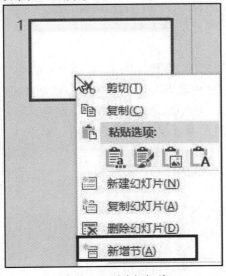

图 5-20   删除幻灯片

2. 幻灯片版式

在标题幻灯片下面新建的幻灯片，默认情况下给出的是"标题和文本"版式，根据需要重新设置其版式，如图 5-21 所示。

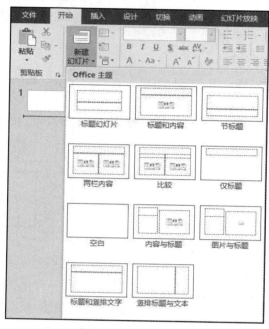

图 5-21　幻灯片版式

单击【开始】|【新建幻灯片】，选择"幻灯片版式"选项，展开"幻灯片版式"任务窗格，根据需要应用版式即可。

3. 输入与编辑文本内容

在幻灯片中输入文本的方式有三种：利用占位符输入文本、利用文本框输入文本和自选图形文本。下面介绍前两种方法。

1) 利用占位符输入文本

占位符是一种带有虚线或阴影线边缘的框，在这些框内可以放置标题及正文或者图表、表格和图片等对象。在幻灯片中输入文本的方式之一就是在占位符中输入文本。

启动 PowerPoint 2016 应用程序，创建的空白演示文稿或根据主题创建的演示文稿均会自带一张幻灯片，如图 5-22 所示。在这张幻灯片中可以看到包含两个边框为虚线的矩形，它们就是占位符。

当单击占位符内部区域时，初始显示的文字会消失，同时在占位符内部会显示一个闪烁的光标，即插入点。此时可以在占位符中输入文字。

图 5-22　利用占位符输入文本

输入完毕后单击占位符外的任意位置可退出文本编辑状态。

2) 利用文本框输入文本

如图 5-23 所示，单击【插入】|【文本框】(横排文本框/垂直文本框)，在幻灯片中拖拉出一个文本框。将相应的字符输入到文本框中，设置好字体、字号和字符颜色等，调整好文本框的大小，设置在幻灯片的合适位置上。

图 5-23   利用文本框输入文本

🐢**注意**：也可以用【开始】功能区【绘图】功能组中的文本框按钮来插入文本框，并输入字符。

4．图片设置

为了增强文稿的可视性，可向演示文稿中添加图片，这是一项基本的操作。

1) 插入图片

方法一：执行【插入】|【图片】命令，如图 5-24 所示。定位到需要插入图片所在的文件夹，选中相应的图片文件，然后单击【插入】按钮，将图片插入到幻灯片中。用拖拉的方法调整好图片的大小，并将其定位在幻灯片的合适位置上即可。

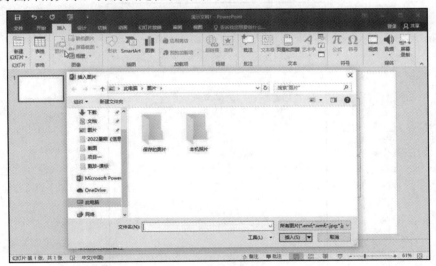

图 5-24   插入图片

🐢**注意**：已定位图片位置时，按住 Ctrl 键，再按动方向键，可以实现图片的微量移动，达到精确定位图片的目的。

方法二：利用复制/粘贴命令插入图片。选中图片并右击，选择"复制"命令，再在合适的位置右击，选择"粘贴"命令，即可插入图片。

2) 调整图片的大小、位置、旋转及裁剪

(1) 调整图片大小：有以下两种方法。

方法一：选中图片后，用鼠标指向控制点，当光标变为双向箭头形状时，按住鼠标左键拖动图片控制点即可对大小进行粗略设置。

方法二：选中图片，选择【图片工具/格式】选项卡|【大小】组，设置【高度/宽度】(精确设置其数值)，如图 5-25 所示。

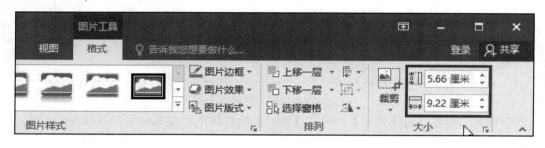

图 5-25　图片格式设置

(2) 调整图片位置：选中图片，当光标变为双向十字箭头形状时，按住鼠标左键直接拖动即可移动图片位置。

(3) 旋转图片：通过拖动控制点即可对图片进行旋转。

(4) 图片的裁剪：可以拖动控制点进行裁剪，也可将图片裁剪成不同形状，还可以按图片的纵横比来进行裁剪，如图 5-26 所示。

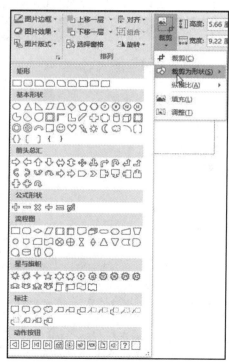

图 5-26　图片的裁剪

3) 图片样式设置

选定图片，单击"图片工具"选项，根据图片不同的要求，进行图片样式、图片边框、图片效果、图片版式等设置，如图 5-27 所示。

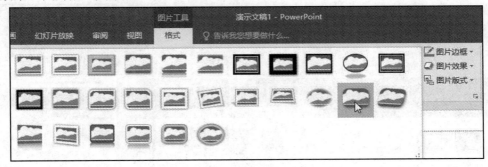

图 5-27　图片样式

5．艺术字设置

Office 多个组件中都有艺术字功能，在演示文稿中插入艺术字可以大大提高演示文稿的放映效果。

(1) 插入艺术字：单击【插入】|【文本】|【艺术字】命令。

(2) 设置艺术字格式：选中艺术字，选择【绘图工具/格式】选项卡|【艺术字样式】组|【艺术字样式】，依次设置文本填充/文本轮廓/文本效果，如图 5-28 所示。

图 5-28　艺术字样式

(3) 调整好艺术字大小，并将其定位在合适位置上即可。

6．形状设置

根据演示文稿的需要，经常要在其中绘制一些图形，利用其中的【插入】|【形状】即可实现。

(1) 插入形状：单击【插入】|【插图】|【形状】，如图 5-29 所示

图 5-29　图片形状

(2) 调整自选图形大小：有以下两种方法。

方法一：选中自选图形，当光标变为双向箭头形状时，按住鼠标左键拖动控制点即可粗略调整其大小。

方法二：选中自选图形，选择【绘图工具/格式】选项卡|【大小】组，设置形状高度/形状宽度(精确设置数值大小)。

(3) 设置形状样式：选中自选图形，选择【绘图工具/格式】选项卡|【形状样式】组|【形状样式】，依次设置形状填充/形状轮廓/形状效果，如图 5-30 所示。

(4) 添加文字：选中自选图形并右击，选择"编辑文字"命令，如图 5-31 所示。

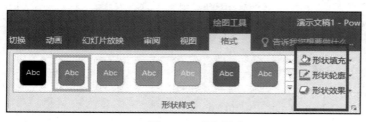

图 5-30　形状样式

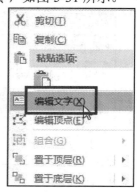

图 5-31　图片文字的添加

7．设置幻灯片背景

单击功能区中的"设计"选项卡，在"背景"组中单击"设置背景格式"按钮，在打开的窗格中进行设置。

选择了一种背景后，会将该背景作用于当前的幻灯片。如果希望所有的幻灯片均应用该背景，选择【全部应用】按钮即可。

在【设置背景格式】窗格中可以看到，默认情况下是以纯色进行背景填充的，如图 5-32 所示。通过单击【颜色】按钮并选择列表中的颜色可以改变背景色。

通过单击【渐变填充】或【图片或纹理填充】单选按钮，可以改变背景填充方式。

在进行设置的同时可以看到 PowerPoint 编辑窗口中的变化。如果发现对背景进行了错误的设置，可以单击【重置背景】按钮，将背景恢复为默认状态。

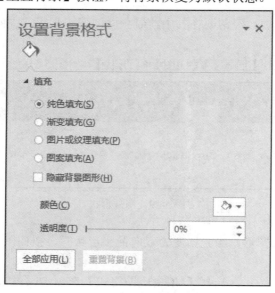

图 5-32　设置背景格式

8. 幻灯片切换模式

PowerPoint 2016 将幻灯片切换动画和对象动画这两类动画分离出来，各自放在不同的选项卡中。对于幻灯片切换动画而言，用户既可以为不同幻灯片设置互不相同的切换动画，也可以为演示文稿中的所有幻灯片设置统一的切换动画。

1) 设置幻灯片切换动画

PowerPoint 2016 提供了 47 种内置的幻灯片切换动画，可以为幻灯片之间的过渡设置丰富的切换效果。可以单击功能区"切换"选项卡"预览"组中的【预览】按钮，播放动画效果以观察其是否符合要求。

在选择后可以在"切换"选项卡"切换到此幻灯片"组中单击【效果选项】按钮来改变动画效果的细节。

幻灯片切换效果是指在演示文稿放映过程中由一个幻灯片切换到另一个幻灯片的方式。

单击"切换"选项卡，设置幻灯片的切换效果；单击【效果选项】按钮，根据需要选择不同的效果选项，再单击【全部应用】按钮；换片方式可选择"单击鼠标时"或"设置自动换片时间"，如图 5-33 所示。

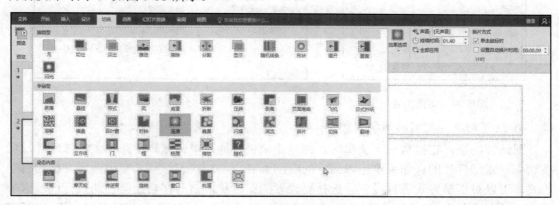

图 5-33　幻灯片切换

2) 设置幻灯片之间的切换声音效果

通常在播放幻灯片时，如果能够配合一定的声音，将会达到更好的播放效果。就像看电影或玩游戏，如果只有画面而没有声音，就会显得非常乏味。PowerPoint 2016 预置了很多可用于在切换幻灯片时播放的声音，只需单击功能区中的"切换"选项卡，在"计时"组中单击"声音"下拉按钮，然后在出现的列表中进行选择，如图 5-34 所示。

如果想用其他声音文件，则可以选择图 5-34 中的"其他声音…"命令，打开"添加音频"对话框，从该对话框中可以选择电脑中已经保存的 WAV 格式的声音文件。

另外，对于已经插入的声音还可以通过选择"播放下一段声音之前一直循环"命令来使声音持续播放，直到下一个声音播放前才停止。

3) 设置幻灯片之间的切换速度

在"计时"组中还可以通过"持续时间"来控制幻灯片之间切换时动画的播放速度，

可以根据实际情况修改这个时间，如图 5-35 所示。

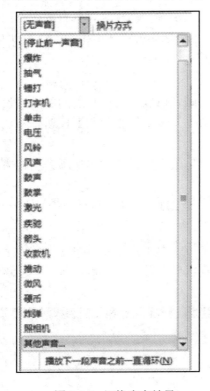

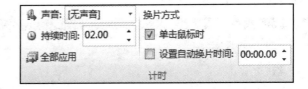

图 5-34　切换声音效果　　　　　　　图 5-35　设置切换速度

4) 设置幻灯片之间的切换方式

默认情况下，在播放演示文稿时，都是由演讲者通过单击鼠标手工从上一张幻灯片切换到下一张幻灯片的。如果希望以固定的时间间隔自动切换幻灯片，实现演示文稿的自动放映，可以对切换方式进行设置。选择要设置的幻灯片，然后在功能区"切换"选项卡中的"计时"组中改变幻灯片的切换方式，具体分为"单击鼠标时"和"设置自动换片时间"两种情况。

5) 删除幻灯片之间的切换效果

如果希望去掉幻灯片中已设置好的切换动画和音效，只需在"切换"选项卡"切换到此幻灯片"组中选择"无"选项，去除切换时的动画效果；在"计时"组"声音"下拉列表中选择"无声音"选项，可去除切换时的声音效果。

6) 同时为所有幻灯片设置切换效果

如果希望让所有幻灯片在切换时都使用同一个切换动画，可以先为演示文稿中的一张幻灯片设置好切换动画，然后选择功能区中的"切换"选项卡，在"计时"组中选择【全部应用】按钮。同理，如果希望删除演示文稿中所有幻灯片的切换效果，可以在删除一张幻灯片的切换效果后选择功能区中的"切换"选项卡，在"计时"组中选择【全部应用】按钮来完成设置。

任务 2　制作父亲节贺卡

5.2.1　任务描述

父亲节马上就要到了，我们可以用演示文稿制作一份电子贺卡表达对父亲的感谢，具体样例如图 5-36 所示。

图 5-36　电子贺卡样例

5.2.2　任务分析

实现本工作任务首先要整理表达感谢的内容及相关内容的表达方式(文字、图片、声音、视频)。通过对资料的合理布置，从而学会电子贺卡等演示文稿的制作。

要完成本项工作任务，需要进行如下操作：

(1) 通过"空白演示文稿"新建演示文稿 PPT，命名并保存；

(2) 新建幻灯片及删除幻灯片；

(3) 第一张幻灯片以指定的图片作为背景；

(4) 第二、三、四、五张幻灯片选择正确的版式，添加艺术字和形状，设置艺术字的"文本效果"，设置"形状"填充；

(5) 第二、三、四、五张幻灯片设置主题为"徽章"；

(6) 修改第四张幻灯片的主题设置为"新闻纸"；

(7) 设置各幻灯片中艺术字、形状的"进入"、"强调"、"退出"、"动作路径"动画，并适当调整效果选项，调整动画先后顺序及删除动画；

(8) 设置幻灯片的切换效果、效果选项、换片方式，设置切换效果的应用为"全部应用"，修改第三张幻灯片的切换效果为"窗口"。

5.2.3 任务实现

1. 通过"空白演示文稿"新建文稿 PPT，并以学号+名字命名保存到桌面

单击【开始】|【PowerPoint 2016】，启动 PowerPoint 2016，新建空白演示文稿。

在打开的工作界面中，单击【文件】|【保存】，选择【这台电脑】|【浏览】，在弹出的"另存为"对话框中选择"保存位置"为"桌面"，在"文件名"文本框中输入文档名称"学号+姓名"，最后单击【保存】按钮，如图 5-37 所示。

新建 PPT 并保存

图 5-37　演示文稿的保存

2. 新建幻灯片，并进行内容填充

1) 第一张幻灯片(标题幻灯片)

单击【设计】|【自定义】组|【设置背景格式】，在"设置背景格式"窗格中，选择"图片或纹理填充"选项，单击【文件…】，弹出"插入图片"对话框，选择"背景.jpg"图片，点击【插入】按钮，如图 5-38 所示。

新建幻灯片 1

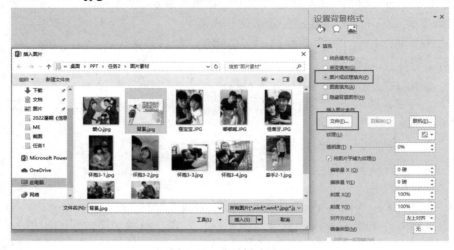

图 5-38　背景样式设置

2) 第二张幻灯片

新建一张幻灯片，选择版式为"空白"；单击【插入】|【文本】组|【艺术字】，添加艺术字标题(艺术字样式任选)，将其文本效果设置为转换-正三角(可以任选一种文本效果"转换"设置)。

单击【插入】|【插图】组|【形状】，分别插入两个"椭圆"和一个"七角星"形状，选择其形状，单击【绘图工具】|【格式】|【形状样式】|【形状填充】下拉按钮，选择"图片"命令，如图 5-39 所示。两个椭圆形状中分别填充为"牵手 2-1.jpg"、"牵手 2-2.jpg"，七角星形状中图片填充为"牵手 2-3.jpg"。

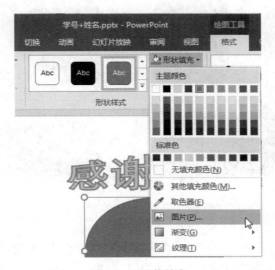

图 5-39　形状填充

单击【设计】|【主题】组|【其他】按钮，在预设主题方案中选择"徽章"，应用于当前幻灯片。继续单元【设计】|【变体】组|【其他】按钮，选择"颜色-蓝色"，如图 5-40 所示。

图 5-40　形状填充应用

3) 第三张幻灯片

新建一张幻灯片，选择版式为"空白"；单击【插入】|【文本】组|【艺术字】，添加艺术字，标题内容为"感谢温暖怀抱给我力量"(艺术字样式任选)；单击【绘图工具】|【格式】|【艺术字样式】组|【文本效果】，将其文本效果设置为转换-停止(可以任选一种文本

效果"转换"设置)。

    单击【插入】|【插图】组|【形状】，分别插入 4 个"圆角矩形"，适当调整其大小；选择其形状，单击【绘图工具】|【格式】|【形状样式】|【形状填充】下拉按钮，选择"图片"命令，分别将其形状填充为"怀抱 3-1.jpg"、"怀抱 3-2.jpg"、"怀抱 3-3.jpg"、"怀抱 3-4.jpg"，并参照图 5-41 将对象对齐。

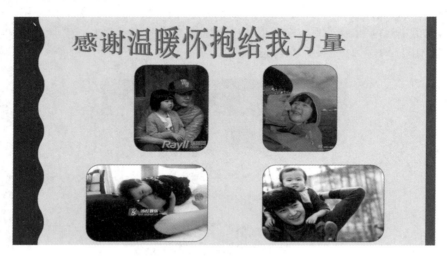

图 5-41   形状的对齐

4) 第四张幻灯片

    新建一张幻灯片，选择版式为"空白"；添加艺术字标题"感谢最佳玩伴给我欢乐时光"(艺术字样式任选)，将其文字效果设置为转换-左牛角形(可以任选一种文本效果"转换"设置)；单击【插入】|【图像】组|【图片】，分别插入"蚕宝宝.jpg"、"怪兽牙.jpg"、"嘟嘟嘴.jpg"三张图片，并参照图 5-42 设置图片样式。

图 5-42   图片样式设置

5) 第五张幻灯片

新建一张幻灯片，选择版式为"空白"；添加艺术字标题(艺术字样式任选)，将其文本效果设置为转换-右牛角形(可以任选一种文本效果"转换"设置)；插入一个形状"云形"，适当调整其大小，将其形状填充为"爱心.jpg"。效果参照图 5-43。

图 5-43　基本形状填充

3．更改幻灯片的配色方案

选择第四张幻灯片，单击【设计】|【变体】组|【其他】按钮，选择"背景样式"—"样式 7"应用于当前选定幻灯片。

更改幻灯片主题

4．设置幻灯片的动画效果

设置各幻灯片中艺术字、形状、图片等各类对象的"进入"动画。

分别选择幻灯片中的各对象，单击【动画】|【动画】组|【其他】按钮，在列表框中设置进入动画，并适当调整效果选项。若某个对象需要设置多个动画效果，在选中对象的状态下，单击【高级动画】组|【添加动画】下拉箭头，选择"进入"、"强调"、"退出"、"其他动作路径"等动画效果，并可在动画窗格中调整动画先后顺序，如图 5-44 所示。

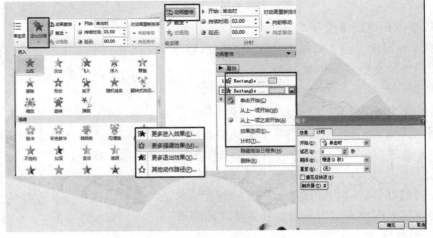

幻灯片的动画效果

图 5-44　动画效果设置

注意: 设置幻灯片动画效果时，先选定对象(如图片、文字、符号等)，再设定调整(包括动作效果、顺序等)，最后再检查预览(方法可通过动画/预览或动画窗格/播放)。

5．设置幻灯片的切换效果

设置幻灯片的切换效果为"旋转"，效果选项：自右侧，将切换效果设置为"全部应用"；设置第三张幻灯片的切换效果为"窗口"，换片方式为"单击鼠标时"。

幻灯片切换效果

5.2.4 知识必备

1．新建幻灯片及删除幻灯片

1) 创建空的演示文稿

单击【文件】按钮，在弹出的下拉菜单中选择"新建"菜单项，在启动界面中单击"空白演示文稿"选项，如图 5-45 所示，此时系统会自动创建一个空白的演示文稿，用户即可在演示文稿中进行各种编辑。

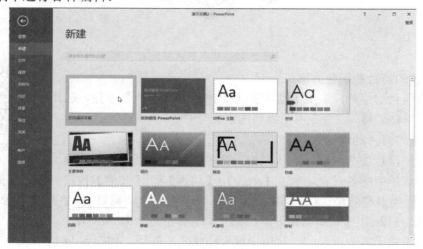

图 5-45 创建新演示文稿

2) 根据在线模板创建演示文稿

PowerPoint 2016 提供了强大的模板功能，为用户增加了比以往更加丰富的在线模板，用户可以很方便地使用在线模板创建新的演示文稿。

3) 创建主题演示文稿

PowerPoint 2016 中不仅提供了一些模板，还提供了一些主题，用户可以依据主题，创建基于主题的演示文稿。使用主题创建演示文稿的具体步骤如下：单击【文件】按钮，从弹出的下拉菜单中选择"新建"菜单项，在启动界面中选择"主题"选项。

4) 删除幻灯片

对于不需要的幻灯片可以将其删除。删除幻灯片的方法很简单，选中需要删除的幻灯片，在弹出的快捷菜单中选择"删除幻灯片"菜单项即可。

5) 移动和复制幻灯片

(1) 移动幻灯片：选中要移动的幻灯片，然后按下鼠标左键直接拖曳幻灯片即可。另外，还可以单击窗口最下角的【幻灯片浏览】按钮，切换到幻灯片浏览视图中，选中要移动的幻灯片，然后按住鼠标左键不放将其拖曳至合适的位置后释放鼠标即可实现幻灯片的移动操作。

(2) 复制幻灯片：选中要复制的幻灯片并单击鼠标右键，在弹出的快捷菜单中选择"复制幻灯片"菜单项，即可在该幻灯片之后插入一张具有相同内容和版式的幻灯片。

2．幻灯片版式

单击"开始"选项，在幻灯片选项中单击【版式】按钮，根据布局选择幻灯片版式。

3．艺术字设置

单击【插入】|【文本】|【艺术字】选项插入艺术字内容；选中插入的艺术字，单击【绘图工具】|【格式】选项，对艺术字的形状样式(形状填充/形状轮廓/形状效果)、艺术字样式(文本填充/文本轮廓/文字效果)、排列、大小进行设置。

4．形状设置

单击【插入】|【插图】|【形状】选项，根据内容选择形状，在幻灯片所需要的位置拖曳即可插入形状并输入相关文字。选中插入的形状，单击【绘图工具】|【格式】选项，对艺术字的形状样式(形状填充/形状轮廓/形状效果)、艺术字样式(文本填充/文本轮廓/文字效果)、排列、大小进行设置。

5．幻灯片动画设置

单击"动画"，在动画选项选择不同的动画效果，单击"效果选项"可对动画的方向进行设置。

6．设置高级动画效果

选择幻灯片中的内容，单击【动画】|【高级动画】|【添加动画】，根据内容需要，可选择"进入、强调、退出、动作路径、自定义路径"设置动画；单击【动画】|【高级动画】|【动画窗格】对设置的动画播放顺序及效果进行设置。

7．幻灯片切换模式

幻灯片切换效果是指在演示文稿放映过程中由一个幻灯片切换到另一个幻灯片的方式。

选中需要设置切换方式的幻灯片，单击【切换】|【切换到此幻灯片】，选择一种切换方式(如"华丽型"-"棋盘")，单击"效果选项"选择一种切换的效果(如顺时针)，并根据需要设置好"速度"、"声音"、"换片方式"等选项，完成设置。

注意：如果需要将此切换方式应用于整个演示文稿，只要在上述任务窗格中单击【应用于所有幻灯片】按钮就可以了。

任务 3　制作班会活动演示文稿

5.3.1　任务描述

学院马上要开展趣味班会活动了，主题是请大家介绍自己最喜欢的一项运动，班会活动样例如图 5-46 所示。

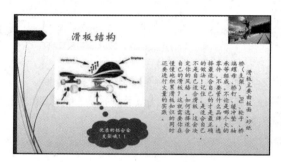
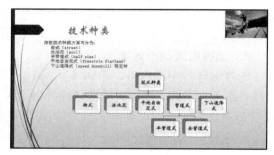
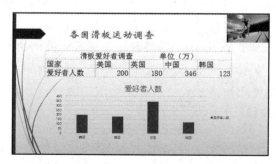

图 5-46　班会活动样例

5.3.2　任务分析

实现本工作任务首先要明确班会活动演示文稿中大概需要哪些素材，通过对素材的整合和调整，从而学会制作产品推广、公司简介、宣讲稿等日常汇报文稿制作。

要完成本项工作任务，需要进行如下操作：

(1) 新建空白演示文稿，再添加 6 张新幻灯片，命名并保存；

(2) 设置主题，设置幻灯片母版(在左上角或右上角插入一张图片)；

(3) 将第一张幻灯片插入艺术字；

(4) 第二张幻灯片设置目录的项目符号以及超链接(目录中的内容与后面每一张幻灯片的标题对应)，插入图片(可自选)及一个动作按钮(自选)；

(5) 第三张幻灯片插入图片(可自选)及音频文件；

(6) 第四张幻灯片插入视频文件；

(7) 第五张幻灯片插入形状-标注；

(8) 第六张幻灯片插入组织结构图；

(9) 第七张幻灯片插入数据表及图表；

(10) 设置幻灯片切换效果，选择"时钟"切换效果应用于所有幻灯片(也可设置每张切换效果不同)；

(11) 添加备注信息。

5.3.3　任务实现

1. 创建演示文稿

创建一个空白演示文稿，添加 6 张幻灯片并按要求保存。

2. 母版设置

新建 PPT 并保存

幻灯片母版的作用是用于统一要创建的幻灯片的样式。如果要修改全部幻灯片的外观，只需在幻灯片母版上做一次修改，PowerPoint 2016 将自动更新所有的幻灯片。

每个相应的幻灯片视图都有与其相对应的母版，PowerPoint 2016 的母版分为幻灯片母版(标题母版)、讲义母版和备注母版。幻灯片母版用于控制在幻灯片上键入的标题和文本的格式与类型；讲义母版用于控制幻灯片以讲义形式打印的格式；备注母版可以用来控制备注页的版式以及设置备注幻灯片的格式。

通过母版的设置，实现为每一张幻灯片添加某一固定内容(如公司 logo 等)。

1) 设置主题

主题指将一组设置好的字体、颜色以及外观效果的幻灯片组合到一起，形成多种不同的界面设计方案。可以在多个不同的主题之间进行切换，从而灵活地改变演示文稿的整体外观。

单击【设计】选项卡，在【主题】组中选择"丝状"主题，在【变体】组选择第 3 个变体。

注意：左键单击某一主题或变体则默认为全部应用，如只应用于某一幻灯片需选择右键菜单中的"应用于选定幻灯片"。

2) 设置幻灯片母版

单击"视图"(如图 5-47 所示)，在母版左上角或右上角插入一张图片，图片可自选。

母版设置

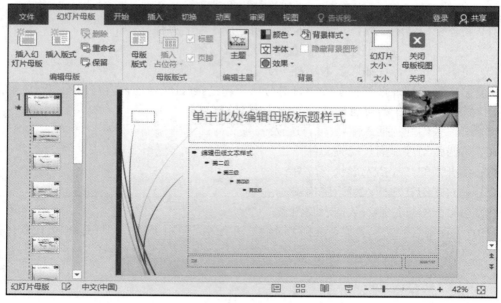

图 5-47　幻灯片母版

3. 美化文稿内容

1) 第一张幻灯片

设置"标题幻灯片"版式并输入文字"滑板运动",设置字体为楷体、66 号,文本居中对齐;输入副标题"skateboard",设置字体为 Arial、36 号,文本右对齐;插入艺术字"极限运动来挑战吧"(填充-深蓝,着色 3,锋利棱台),文字效果:转换,跟随路径,下弯弧。幻灯片样例如图 5-48 所示。

美化 PPT 内容 1

图 5-48　幻灯片样例一

2) 第二张幻灯片

右键点击第二张幻灯片,选择菜单中的"版式",在弹出的版式中选择"两栏内容";输入目录文字;单击【开始】|【段落】选项添加项目符号;单击【插入】|【图片】组|【插入图片】,在弹出的对话框中选择需要使用的图片;单击【图片工具】|【图片样式】,设置图片样式为"映像圆角矩形";单击【插入】|【形状】|【动作按钮】,插入动作按钮;单击鼠标时的动作为"超链接到最后一张幻灯片",如图 5-49 所示。

图 5-49　设置超级链接

3) 第三张幻灯片

右键点击第三张幻灯片，选择菜单中的"版式"，在弹出的版本中选择"两栏内容"，参考图 5-50 输入文字信息，设置标题文字为华文新魏、44 号；分别插入两张图片(可自选)，参照样张调整合适的位置；单击【插入】|【媒体】|【音频】，选择文件中的音频，插入素材中的音频文件 1。

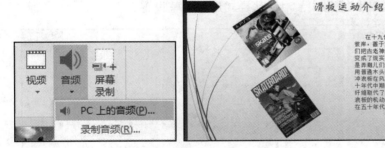

美化 PPT 内容 2

图 5-50　插入声音

注意：如计算机无音频输出设备，则无法插入音频文件。

4) 第四张幻灯片

第四张幻灯片设置"内容与标题"版式，参考图 5-51 输入文字信息，设置标题文字，字体为华文新魏、44 号；单击【插入】|【媒体】|【视频】，选择文件中的视频，插入视频文件。

图 5-51　插入视频

5) 第五张幻灯片

第五张幻灯片设置"标题与竖排文字"版式，参考图 5-52 输入文字信息，设置标题文字，字体为华文新魏、44 号；单击【插入】|【图片】插入图片(可自选)；单击【插入】|【形状】|【基本形状】|【云形】，并输入文字信息。

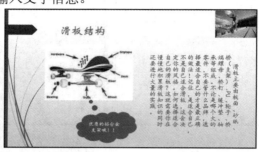

图 5-52   插入图形

6) 第六张幻灯片

第六张幻灯片设置"两栏内容"版式，参照样张调整占位符的位置，参照图 5-53，输入文字信息，设置标题文字，字体为华文新魏、44 号；单击【插入】|【SmartArt】，选择符合要求的层次结构，插入层次结构图，并输入文字信息；通过单击【SmartArt 工具】|【设计】对 SmartArt 样式进行调整，通过单击【SmartArt 工具】|【格式】对形状样式进行调整设置。

美化 PPT 内容 3

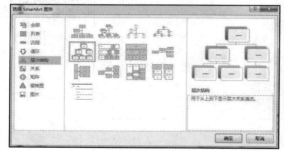
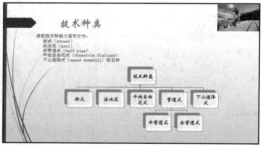

图 5-53   设置 SmartArt 流程图

7) 第七张幻灯片

第七张幻灯片设置"标题与内容"版式，参考图 5-54 输入文字信息，设置标题文字，字体为华文新魏、44 号。

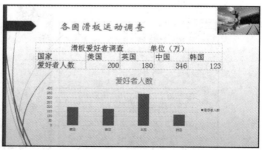

图 5-54   插入对象

　　插入数据表：单击【插入】|【对象】|【由文件创建】，插入事先创建的 Excel 表格内容。

　　插入图表：单击【插入】|【图表】，选择"簇状柱形图"，并输入相应文字信息。

4．插入超链接

　　先选定要设置的超链接内容，单击【插入】|【超链接】，如图 5-55 所示，依次设置目录中的内容与后面每一张幻灯片的标题对应。

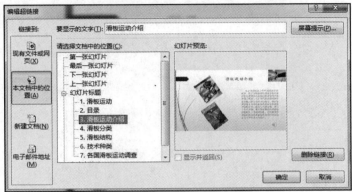

插入超链接

图 5-55　设置超链接

6．设置幻灯片切换效果

　　单击【切换】|【华丽型】|【时钟】，在效果选项中选择"顺时针"，如图 5-56 所示，单击"全部应用"。

设置幻灯片切换效果

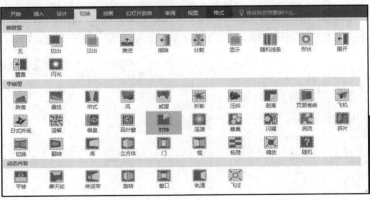

图 5-56　设置切换效果

7．添加备注

　　选择第七张幻灯片，在备注窗格中，添加备注信息"xxx 同学作品，请勿抄袭哦！！！"。

5.3.4　知识必备

1．图片设置

(1) 插入图片；

(2) 图片的选择、移动及改变图片大小；

添加备注

(3) 图片样式设置。

2．艺术字设置

(1) 插入艺术字；

(2) 艺术字的选择、移动及艺术字大小设置；

(3) 文字设置；

(4) 艺术字样式设置。

3．自选图形设置

(1) 插入自选图形；

(2) 设置形状样式；

(3) 添加文字。

4．插入音频视频

(1) 插入音频文件；

(2) 插入视频文件。

5．Excel 表格和图表

(1) 插入 Excel 表格；

(2) 利用表格数据绘制图表。

6．插入 SmartArt 图形

(1) 选择 SmartArt 图形；

(2) 设置 SmartArt 图形

7．插入超链接

1) 设置对象的动作

可以设置当鼠标单击某个对象或者鼠标悬停在某个对象时的链接形式。其操作方法如下：

(1) 选中要设置动作的对象，然后单击"插入"选项卡，在"链接"组中单击【动作】按钮。

(2) 在弹出的"动作设置"对话框中单击"单击鼠标"选项卡，并选中【超链接到】单选按钮，单击其下拉按钮，即可选择要链接的对象，如图 5-57 所示。

如果想设置鼠标悬停时执行链接操作，只需在"动作设置"对话框中单击"鼠标悬停"选项卡即可进行进一步设置。

2) 对象的超链接

除了可以使用动作的功能来实现幻灯片的切换和跳转外，还可以通过为对象设置超链接的方式来完成幻灯片的跳转功能。

选中要设置动作的对象，然后单击"插入"选项卡，在"链接"组中单击【超链接】按钮即可弹出"插入超链接"对话框，如图 5-58 所示。在该对话框中选择链接到的目标，最后

图 5-57　设置对象动作

单击【确定】按钮即可。

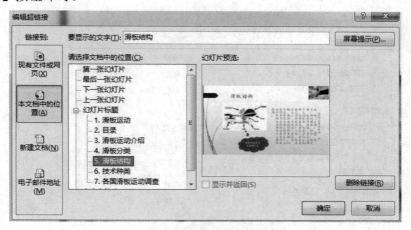

图 5-58 设置对象超链接

也可以通过选中要设置超链接的对象，单击鼠标右键，选择"超链接"命令来实现超链接的设置。

完成超链接后的文本下面出现了下划线，并且颜色也改变了。放映时，鼠标若指向超链接，指针就变成小手形状，若单击，则跳转到预先设置好的位置。

8. 设置放映方式

1）自定义放映

PowerPoint 2016 允许用户自行设置幻灯片放映顺序，可以通过选择"幻灯片放映"选项卡中的"开始放映幻灯片"组来实现。

在"开始放映幻灯片"组中单击【自定义幻灯片放映】按钮，在弹出的菜单中选择"自定义放映"命令，即打开"自定义放映"对话框。

在"自定义放映"对话框中单击【新建】按钮，弹出"定义自定义放映"对话框，在该对话框中设置"幻灯片放映名称"，在左侧的幻灯片列表中，按顺序选择要放映的幻灯片，逐一添加到右侧，如图 5-59 所示。最后单击【确定】按钮，完成操作。

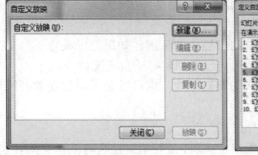
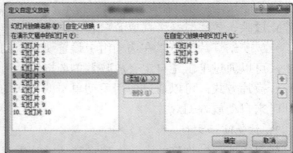

图 5-59 设置自定义放映

2）设置放映方式

在放映前，选择功能区中的"幻灯片放映"选项卡，在"设置"组中单击【设置幻灯片放映】按钮，打开如图 5-60 所示的"设置放映方式"对话框，可以在该对话框中对放映方式进行一些整体性的设置。

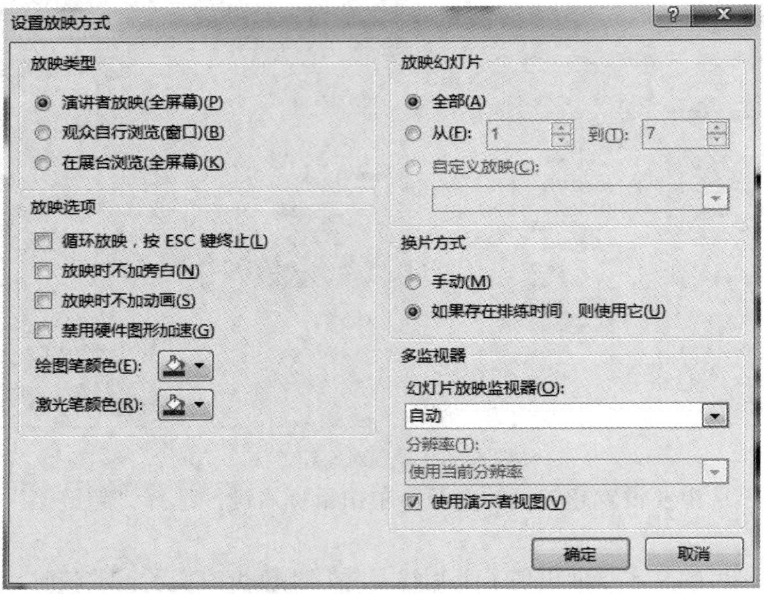

图 5-60　设置放映方式

● **放映类型**：可以在此选项组中指定演示文稿的放映方式。

【**演讲者放映(全屏幕)**】：以全屏幕形式显示，放映进程完全由演讲者控制，可用绘图笔勾画，适用于会议或教学等。

【**观众自行浏览(窗口)**】：以窗口形式演示，在该方式中不能单击鼠标切换幻灯片，但可以拖动垂直滚动条或按 PageDown/PageUp 键进行控制，适用于人数少的场合。

【**在展台浏览(全屏幕)**】：以全屏幕形式在展台上做演示用，演示文稿自动循环放映，观众只能观看不能控制，适用于无人看管的场合。采用该方式的演示文稿应按事先预定的或通过选择"幻灯片放映"选项卡"设置"组中的"排练计时"命令设置的时间和次序放映，不允许现场控制放映的进程。

● **放映选项**：可以在此选项组中指定放映时的选项，包括循环放映时是否允许使用 Esc 键停止放映、放映时是否播放旁白和动画等。

● **放映幻灯片**：可以在选项组中设置要放映的幻灯片的范围。如果已经设置了自定义放映，可以通过单击【自定义放映】单选按钮，选择已经创建好的自定义放映。

● **换片方式**：可以通过使用手动单击的方式切换幻灯片，也可以使用预先设置好的排练计时来自动放映幻灯片。

3) 打包演示文稿

如果需要将制作好的演示文稿在其他电脑中正常播放，最好的方法是将演示文稿打包，这样可以将与演示文稿相关的内容都集中在一起，便于移动和播放。其具体操作如下：

(1) 打开要打包的演示文稿，单击"文件"选项卡，从弹出的面板中选择【导出】|【保存并发送】命令，然后单击【打包成 CD】按钮。

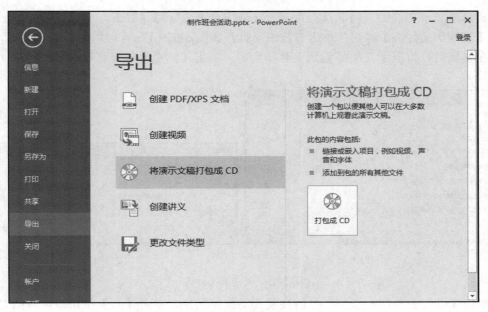

图 5-61   设置打包演示文稿

(2) 打开如图 5-61 所示的"打包成 CD"对话框。如果希望直接将演示文稿打包到 CD 光盘中，可以修改"将 CD 命名为"文本框中的名称，然后单击【复制到 CD】按钮，即可将演示文稿打包到 CD 光盘中。如果以文件的形式进行打包可单击【复制到文件夹】按钮。

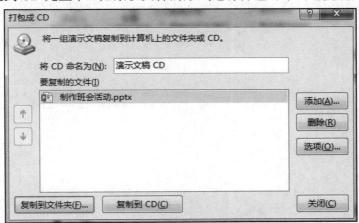

图 5-62   打包成 CD

在"打包成 CD"对话框中可以执行以下不同的操作：

【添加】按钮：将额外的演示文稿添加到当前的打包环境中，这样可以将多个相关的演示文稿打包在一起。

【删除】按钮：将已经添加到打包队列中的无用文件删除。

【选项】按钮：单击该按钮，将在打开的对话框中设置与打包相关的一些选项，如图 5-63(a)所示。如果演示文稿中插入了外部的音频或视频文件，那么必须勾选"链接的文件"复选框，否则在打包后将无法正常播放演示文稿中的音频或视频文件。另外，还可以设置打开和修改演示文稿的密码以及检查演示文稿中是否包含隐私数据。

【复制到文件夹】按钮：单击该按钮，打开如图 5-63(b)所示的"复制到文件夹"对话框，在这里可以将演示文稿打包到电脑硬盘中，单击【浏览】按钮可以选择打包后的具体位置。

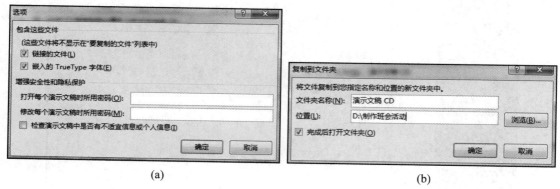

(a)   (b)

图 5-63　复制到文件夹

单击【确定】按钮，弹出一个链接复制的提示信息，单击【是】按钮即可开始对演示文稿打包。最后单击【关闭】按钮，关闭"打包成 CD"对话框。

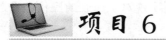

项目 6

Access 2010 数据库简单应用

/////////////////////////

Access 为用户提供了表、查询、窗体、报表、页、宏、模块七种用来建立数据库系统的对象，提供了多种向导、生成器、模板，把数据存储、数据查询、界面设计、报表生成等操作规范化，为建立功能完善的数据库管理系统提供了方便，也使得普通用户不必编写代码，就可以完成大部分数据管理的任务。

任务　创建教学管理数据库

6.1.1　任务描述

某大学开展"第二课堂"的教学，需要教学秘书做一份第二课堂的教学管理数据库，要求包含四个表："学生表"、"教师表"、"课程表"及"选课成绩表"；两个查询："教师表查询"和"学生成绩查询"；两个窗体："教师表窗体"和"学生选课成绩窗体"。数据库如图 6-1 所示。

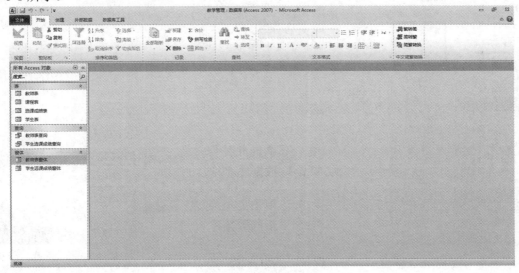

图 6-1　教学管理数据库

6.1.2 任务分析

本工作任务的重点是实现各种不同类型数据的输入，并能够实现对工作表的操作和查看，完成本任务的步骤如下：

(1) 创建"教学管理.accdb"数据库并保存；

(2) 录入"学生信息表"数据；

(3) 录入"学生选课表"数据；

(4) 录入"教师表"数据；

(5) 录入"成绩表"数据；

(6) 表字段的操作；

(7) 表记录的操作；

(8) 创建查询；

(9) 创建窗体。

6.1.3 任务实现

1. 创建"教学管理.accdb"数据库并保存

启动 Access 2010，打开如图 6-2 所示的 Access 窗口界面，此时在"可用模板"下方默认选中的是"空数据库"。在窗口右边"空数据库"下，默认的文件名为"Database1.accdb"，将默认的文件名修改为"教学管理.accdb"；单击"浏览到某个位置来存放数据库"按钮 📂，打开如图 6-3 所示的"文件新建数据库"对话框，选择"保存位置"为"桌面"，再单击【确定】按钮即可返回到图 6-2 所示的 Access 窗口界面中。再单击"空数据库"下的【创建】按钮，即可完成"教学管理.accdb"数据库的创建，如图 6-4 所示。

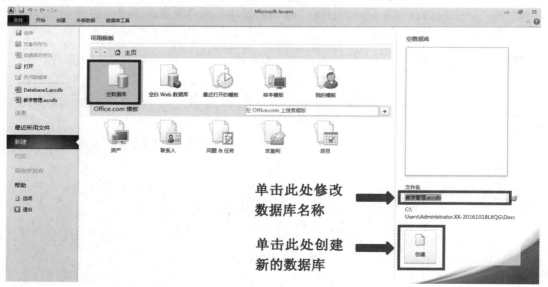

图 6-2　Access 窗口界面

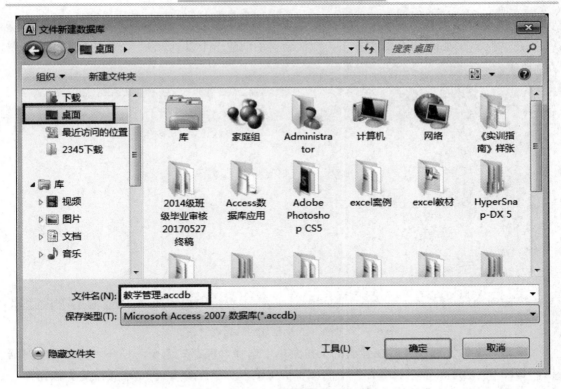

图 6-3　"文件新建数据库"对话框

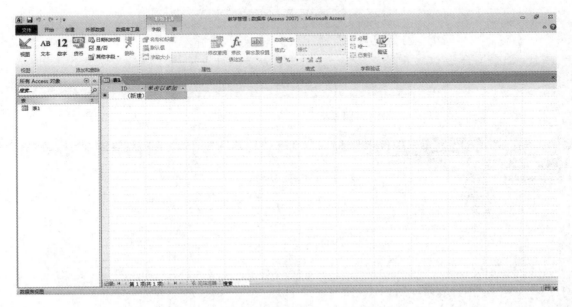

图 6-4　新建的"教学管理.accdb"数据库

2．新建表

在"教学管理.accdb"数据库下新建 4 张表，依次保存为"学生表"、"教师表"、"课程表"和"选课成绩表"。

1) 新建"学生表"

在"教学管理.accdb"数据库下，默认会自动创建一个以"表 1"命名的数据表，如图 6-5 所示。

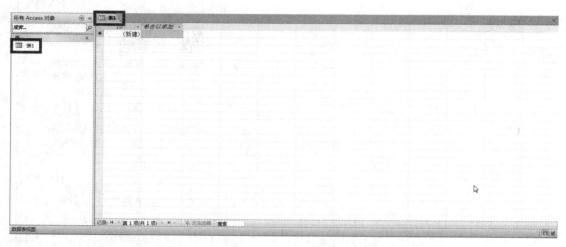

图 6-5　数据库下自动创建的数据表"表 1"

单击"文件"选项卡，在弹出的下拉菜单中选择"保存"命令，打开"另存为"对话框，如图 6-6 所示。在"表名称"下的文本框中输入"学生表"，再单击【确定】按钮即可将"表 1"保存为"学生表"，如图 6-7 所示。

图 6-6　"另存为"对话框

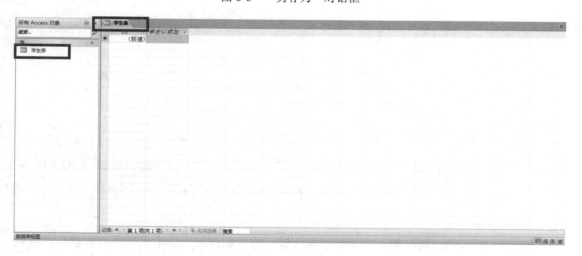

图 6-7　"学生表"数据表

2) 新建"教师表"

在"教学管理.accdb"数据库下,单击"创建"选项卡,在"表格"选项组中单击【表】按钮 ![表图标],此时在数据库中会出现一个新的空表,默认命名为"表 1",如图 6-8 所示。

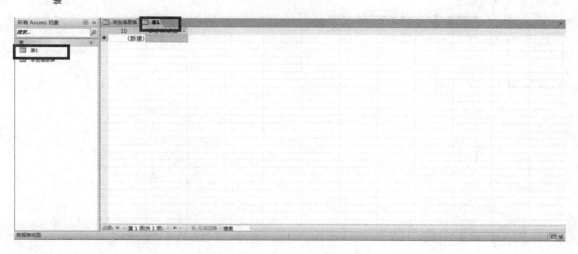

图 6-8 新建数据表

单击"文件"选项卡,在弹出的下拉菜单中选择"保存"命令,打开"另存为"对话框,如图 6-9 所示。在"表名称"下的文本框中输入"教师表",再单击【确定】按钮即可将"表 1"保存为"教师表",如图 6-10 所示。

图 6-9 "另存为"对话框

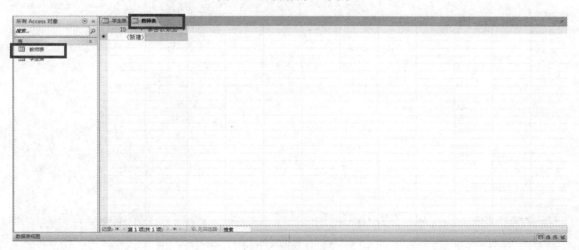

图 6-10 "教师表"数据表

3) 新建"课程表"和"选课成绩表"

按照上述方法，在"教学管理.accdb"数据库下，再新建 2 张数据表，分别保存为"课程表"和"选课成绩表"。此时在"教学管理.accdb"数据库下，已经创建了 4 张数据表，如图 6-11 所示。

图 6-11　　"学生表"、"教师表"、"课程表"和"选课成绩表"

3. "学生表"中数据的录入

1) 在"设计视图"下录入表结构

打开"学生表"，默认的数据表视图方式是"数据表视图"。单击"表格工具"选项卡，在"字段"选项卡下单击【视图】按钮下的下拉菜单 ，在展开的下拉菜单中选择"设计视图"，此时"学生表"的视图方式从默认的"数据表视图"切换到"设计视图"，如图 6-12 所示。

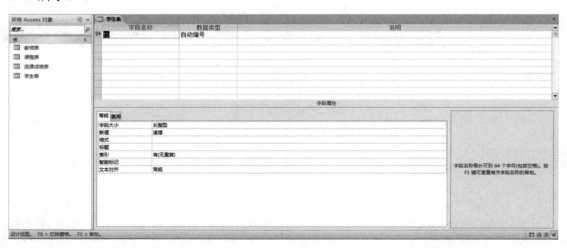

图 6-12　"设计视图"下的"学生表"

在"设计视图"下，将光标定位至"字段名称"列下的第一个单元格内，将"ID"字段修改为"学号"；再将光标定位至"数据类型"列下的第一个单元格内，在此单元格右边的下拉菜单中选择"文本"数据类型，如图 6-13 所示。

按照上述方法，依次录入"学生信息表"的其他字段名称和数据类型，如图 6-14 所示。系统默认将"学号"字段名称设置为主键，如果没有将"学号"字段名称自动设置为主键，则单击"表格工具"选项卡，在"设计"选项卡下"工具"选项组中单击【主键】按钮即可完成主键的设置。再单击"文件"选项卡，在弹出的下拉菜单中选择"保存"命令或直接按快捷键 Ctrl+S 保存"学生表"。

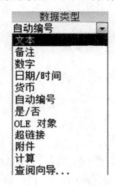

图 6-13　"数据类型"下拉列表　　　　　　图 6-14　"学生表"结构

2) 在"数据表视图"下录入表中的记录

在打开的"设计视图"下的"学生表"中，单击"表格工具"选项卡，在"视图"选项组中单击【视图】按钮下的下拉菜单，在展开的下拉菜单中选择"数据表视图"，此时"学生表"的视图方式从默认的"设计视图"切换到"数据表视图"，如图 6-15 所示。

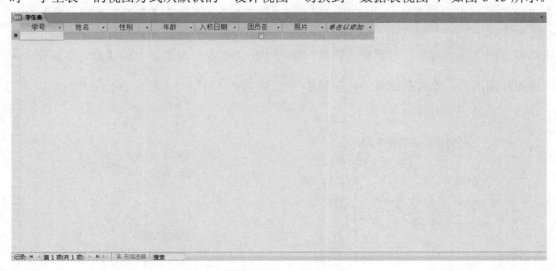

图 6-15　"数据表视图"下的"学生表"

在"数据表视图"下的"学生表"中，输入如图 6-16 所示的数据。

学生表							
学号	姓名	性别	年龄	入校日期	团员否	照片	单击以添加
20140101	王英	女	22	2014/9/2	☑	Package	
20140102	苏南	女	21	2014/9/1	☐		
20140103	徐大京	女	22	2014/9/3	☑		
20140104	侯耀辉	男	21	2014/9/3	☑		
20140105	杜涛	男	20	2014/9/5	☑		
20150201	田晓春	女	20	2015/9/1	☑		
20150202	张伟	男	19	2015/9/3	☐		
20150203	孙华	男	20	2015/9/3	☑		
20150204	周俊	男	19	2015/9/2	☑		
20150205	吴维	男	19	2015/9/1	☑		
20160301	张佳	女	18	2016/9/3	☑		
20160302	陈诚	男	18	2016/9/2	☐		
20160303	王嘉	女	19	2016/9/3	☑		
20160304	叶飞	男	19	2016/9/4	☑		
20160305	任伟	男	20	2016/9/3	☑		
20160306	江贺	男	20	2016/9/4	☐		
20160307	严肃	男	18	2016/9/3	☑		
20160308	吴东	男	19	2016/9/3	☑		
20160309	朱霞	女	19	2016/9/1	☐		
20160310	李丽	女	20	2016/9/2	☑		
*					☐		

图 6-16   "数据表视图"下"学生表"中的数据

"学号"、"姓名"、"性别"、"年龄"列的数据直接输入即可，输入方法和 Excel 中数据输入的方法一样。

"入校日期"列的数据可以直接输入，也可以单击单元格右边的按钮，打开如图 6-17 所示的"日历"列表，选择所需的日期即可。

"团员否"列显示的是复选框，如果某个同学是团员，只需单击所对应的复选框即可，此时显示为 ☑。

如果需要添加照片，则在"照片"列中对应的单元格中单击鼠标右键，在弹出的右键菜单栏(见图 6-18)中选择"插入对象..."命令，打开如图 6-19 所示的"Microsoft Access"对话框。在"插入对象"对话框中单击【由文件创建】，再单击【浏览】按钮，打开如图 6-20 所示的"浏览"对话框，在"浏览"对话框中找到照片保存的位置，单击"确定"按钮即可返回"插入对象"对话框。再继续单击"插入对象"对话框中的【确定】按钮即可完成照片的插入，此时在照片一栏中显示 照片 Package。

图 6-17   "日历"列表

图 6-18   "插入对象..."命令

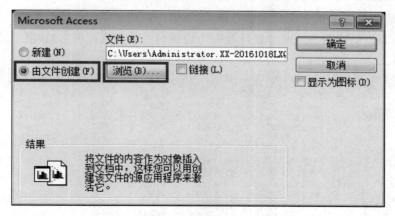

图 6-19　"Microsoft Access" 对话框

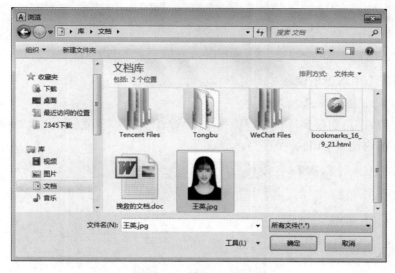

图 6-20　"浏览" 对话框

4. "教师表" 中数据的录入

1) 在 "设计视图" 下录入表结构

打开 "教师表"，切换到 "设计视图"。在 "设计视图" 下输入如图 6-21 所示的 "教师表" 结构，再按快捷键 Ctrl+S 保存 "教师表"。

教师表 字段名称	数据类型
教师工号	文本
姓名	文本
工作时间	日期/时间
政治面貌	文本
学历	文本
职称	文本
系别	文本
电话号码	文本

图 6-21　"教师表" 结构

2) 在"数据表视图"下录入表中的记录

将"教师表"的视图方式从"设计视图"切换到"数据表视图"，按照上述数据输入方法输入如图 6-22 所示的数据。

教师表								
教师工号 ▾	姓名 ▾	工作时间 ▾	政治面貌 ▾	学历 ▾	职称 ▾	系别 ▾	电话号码 ▾	单击以添加 ▾
95010	张乐	1969/11/10	党员	大学本科	教授	经济	65992323	
95011	赵希明	1983/1/25	群众	研究生	讲师	经济	65993432	
95012	李小平	1963/5/29	党员	研究生	教授	经济	65993425	
95013	李立宁	1989/10/29	党员	研究生	讲师	经济	65992130	
96010	张爽	1958/7/8	群众	大学本科	副教授	计算机	65997823	
96011	张进明	1992/1/26	团员	大学本科	助教	计算机	65992434	
96012	邵林	1983/1/23	群众	大学本科	讲师	计算机	65998742	
96013	李燕	1969/6/25	群众	研究生	副教授	计算机	65995352	
97010	苑平	1957/9/18	党员	大学本科	教授	广告	65994629	
97011	陈江川	1998/9/9	党员	研究生	助教	广告	65778347	
97012	靳晋复	1963/5/19	群众	大学本科	副教授	广告	65998689	
98010	吕文	1990/8/3	团员	研究生	助教	数学	65992475	
98011	杨飞	1978/7/3	党员	大学本科	副教授	数学	65993472	
98012	熊群	1969/9/3	党员	大学本科	教授	数学	65991230	
98013	赵云	1963/8/3	群众	大学本科	讲师	数学	65342568	

图 6-22 "数据表视图"下"教师表"中的数据

5. "课程表"中数据的录入

1) 在"设计视图"下录入表结构

打开"课程表"，切换到"设计视图"。在"设计视图"下输入如图 6-23 所示的"课程表"结构，再按快捷键 Ctrl+S 保存"课程表"。

课程表	
字段名称	数据类型
🔑 课程编号	文本
课程名称	文本
课程类别	文本
学分	数字

图 6-23 "课程表"结构

2) 在"数据表视图"下录入表中的记录

将"课程表"的视图方式从"设计视图"切换到"数据表视图"，按照上述数据输入方法输入如图 6-24 所示的数据。

课程表				
课程编号 ▾	课程名称 ▾	课程类别 ▾	学分 ▾	单击以添加 ▾
101	计算机应用软	选修课	2	
102	大学英语	必修课	4	
103	高等数学	必修课	4	
104	大学语文	必修课	3	
105	法律基础	必修课	3	
106	广告学	必修课	4	
107	网页制作	选修课	2	
108	计算机基础	必修课	4	
109	旅游英语	选修课	2	
110	图形图像处理	必修课	3	

图 6-24 "数据表视图"下"课程表"中的数据

6. "选课成绩表"中数据的录入

1) 在"设计视图"下录入表结构

打开"选课成绩表"，切换到"设计视图"。在"设计视图"下输入如图 6-25 所示的"选课成绩表"结构，再按快捷键 Ctrl+S 保存"选课成绩表"。

选课成绩表	
字段名称	**数据类型**
🔑 选课ID	自动编号
学号	文本
课程编号	文本
成绩	数字

图 6-25　"选课成绩表"结构

2) 在"数据表视图"下录入表中的记录

将"选课成绩表"的视图方式从"设计视图"切换到"数据表视图"，按照上述数据输入方法输入如图 6-26 所示的数据。

选课成绩表				
选课ID ▾	学号 ▾	课程编号 ▾	成绩 ▾	单击以添加 ▾
1	20140101	101	89	
2	20140101	103	77	
3	20140102	101	98	
4	20140102	102	40	
5	20140103	103	89	
6	20140103	102	67	
7	20140104	106	73	
8	20140105	108	86	
9	20150201	109	48	
10	20150201	108	86	
11	20150202	108	60	
12	20150202	110	79	
13	20150203	104	89	
14	20160301	104	88	
15	20160301	105	71	
16	20160302	105	65	
17	20160302	107	50	
18	20160303	107	79	
19	20160303	108	90	
20	20160304	109	81	
21	20160305	110	92	
22	20160306	101	45	
23	20160306	105	80	
24	20160307	103	76	
25	20160307	107	52	
26	20160308	108	90	
27	20160308	110	83	
28	20160309	110	78	

图 6-26　"数据表视图"下"选课成绩表"中的数据

7. 表字段的操作

表中的数据结构经常需要维护，例如增加一个字段、修改一个字段或删除一个字段。

(1) 为了让学生更好地了解教师的情况，学校决定对教师的性别进行信息的采集和录入，此时需要在教师表中增加一个"性别"字段，要求字段类型为文本。

打开"教师表"，切换到"设计视图"下，将光标定位在"工作时间"单元格，单击"表格工具"选项卡下的"设计"选项卡，在"工具"选项组中单击【插入行】按钮 ᔐ⁼插入行 ，即可在教师表中"工作时间"和"姓名"两行之间插入一个新行，输入"性别"字段，设置字段类型为"文本"，如图 6-27 所示。

字段名称	数据类型
教师工号	文本
姓名	文本
性别	文本
工作时间	日期/时间
政治面貌	文本
学历	文本
职称	文本
系别	文本
电话号码	文本

图 6-27　在"教师表"中增加一个新的字段"性别"

(2) 为了节约存储空间，需要将新的字段"性别"字段大小修改为"1"。

在"设计视图"下的"教师表"中，将光标定位至"性别"一栏的"数据类型"所显示的"文本"单元格中，此时在下方的"字段属性"中将"字段大小"修改为"1"，如图 6-28 所示，再按快捷键 Ctrl+S 保存"教师表"。

图 6-28　修改"教师表"中的"性别"字段大小为 1

切换视图方式到"数据表视图"，此时在"教师表"表中新出现"性别"一列，在"性别"列下输入如图 6-29 所示的数据。注意：由于"性别"这一列中设置了"字段大小"为1，所以只能输入一个字符，输入多的将无法显示。

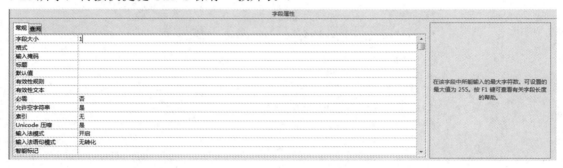

教师工号	姓名	性别	工作时间	政治面貌	学历	职称	系别	电话号码	单击以添加
95010	张乐	男	1969/11/10	党员	大学本科	教授	经济	65992323	
95011	赵希明	男	1983/1/25	群众	研究生	讲师	经济	65993432	
95012	李小平	女	1963/5/29	党员	研究生	教授	经济	65993425	
95013	李立宁	女	1989/10/29	党员	研究生	讲师	经济	65992130	
96010	张爽	女	1958/7/8	群众	大学本科	副教授	计算机	65997823	
96011	张进明	男	1992/1/26	团员	大学本科	助教	计算机	65992434	
96012	邵林	男	1983/1/23	群众	大学本科	讲师	计算机	65998742	
96013	李燕	女	1969/6/25	群众	研究生	副教授	计算机	65995352	
97010	苑平	男	1957/9/18	党员	大学本科	教授	广告	65994629	
97011	陈江川	男	1998/9/9	党员	研究生	助教	广告	65778347	
97012	靳晋复	男	1963/5/19	群众	大学本科	副教授	广告	65998689	
98010	吕文	男	1990/8/3	团员	研究生	助教	数学	65992475	
98011	杨飞	女	1978/7/3	党员	大学本科	教授	数学	65993472	
98012	熊群	女	1969/9/3	党员	大学本科	教授	数学	65991230	
98013	赵云	女	1963/8/3	群众	大学本科	讲师	数学	65342568	

图 6-29　"数据表视图"下添加"性别"字段的"教师表"

3) 删除"教师表"中的"学历"字段

在"设计视图"下的"教师表"中，将光标定位至"学历"一栏，单击"表格工具"选项卡下的"设计"选项卡，在"工具"选项组中单击【删除行】按钮 ⇒ 删除行 ，弹出如图 6-30 所示的对话框。在该对话框中单击"是"，即可删除"学历"字段，再按快捷键 Ctrl+S 保存"教师表"。切换到"数据表视图"下，结果如图 6-31 所示。

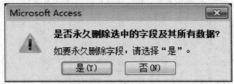

图 6-30　"删除行"对话框

教师表								
教师工号	姓名	性别	工作时间	政治面貌	职称	系列	电话号码	单击以添加
95010	张乐	男	1969/11/10	党员	教授	经济	65992323	
95011	赵希明	男	1983/1/25	群众	讲师	经济	65993432	
95012	李小平	女	1963/5/29	党员	教授	经济	65993425	
95013	李立宁	女	1989/10/29	党员	讲师	经济	65992130	
96010	张爽	女	1958/7/8	群众	副教授	计算机	65997823	
96011	张进明	男	1992/1/26	团员	助教	计算机	65992434	
96012	邵林	男	1983/1/23	群众	讲师	计算机	65998742	
96013	李燕	女	1969/6/25	党员	副教授	计算机	65995352	
97010	苑平	男	1957/9/18	党员	教授	广告	65994629	
97011	陈江川	男	1998/9/9	党员	助教	广告	65778347	
97012	靳晋复	男	1963/5/19	党员	副教授	广告	65998689	
98010	吕文	男	1990/8/3	团员	助教	数学	65992475	
98011	杨飞	女	1978/7/3	党员	副教授	数学	65993472	
98012	熊群	女	1969/9/3	党员	教授	数学	65991230	
98013	赵云	女	1963/8/3	群众	讲师	数学	65342568	

图 6-31　删除"教师表"中的"学历"字段

8. 表记录的操作

(1) 新转来了一个"丁香"同学，需要将她的信息"20160311"、"丁香"、"女"、"20"、"2017/3/1"、"是团员"、无照片录入到学生表中。

打开"学生表"，在"数据表视图"下的最后一行输入此记录，结果如图 6-32 所示。

学生表							
学号	姓名	性别	年龄	入校日期	团员否	照片	单击以添加
20140101	王英	女	22	2014/9/2	☑	Package	
20140102	苏南	女	21	2014/9/1	☐		
20140103	徐大京	女	22	2014/9/2	☑		
20140104	侯耀辉	男	21	2014/9/3	☑		
20140105	杜涛	男	20	2014/9/5	☑		
20150201	田晓春	女	20	2015/9/1	☑		
20150202	张伟	男	19	2015/9/3	☐		
20150203	孙华	男	20	2015/9/2	☑		
20150204	周俊	男	19	2015/9/2	☑		
20150205	吴维	男	19	2015/9/1	☑		
20160301	张佳	女	18	2016/9/3	☑		
20160302	陈诚	男	18	2016/9/2	☐		
20160303	王嘉	女	19	2016/9/3	☑		
20160304	叶飞	男	19	2016/9/4	☑		
20160305	任伟	男	20	2016/9/3	☑		
20160306	江贺	男	20	2016/9/4	☐		
20160307	严肃	男	18	2016/9/3	☑		
20160308	吴东	男	19	2016/9/4	☑		
20160309	朱霞	女	19	2016/9/1	☐		
20160310	李丽	女	20	2016/9/2	☑		
20160311	丁香	女	20	2017/3/1	☑		
*					☐		

图 6-32　增加一条记录

(2) 江贺同学年龄输入有误，正确年龄应该是"18"岁，所以需要修改江贺同学的个人信息。

打开"学生表"，在"数据表视图"下将光标定位至江贺同学的"年龄"所在的单元格中，删除错误的年龄后直接输入正确的年龄"18"即可，结果如图 6-33 所示。

学号	姓名	性别	年龄	入校日期	团员否	照片	单击以添加
20140101	王英	女	22	2014/9/2	☑	Package	
20140102	苏南	女	21	2014/9/1	☐		
20140103	徐大京	女	22	2014/9/2	☑		
20140104	侯耀辉	男	21	2014/9/3	☑		
20140105	杜涛	男	20	2014/9/5	☑		
20150201	田晓春	女	20	2015/9/1	☑		
20150202	张伟	男	19	2015/9/3	☐		
20150203	孙华	男	20	2015/9/2	☑		
20150204	周俊	男	19	2015/9/2	☑		
20150205	吴维	男	19	2015/9/1	☑		
20160301	张佳	女	18	2016/9/3	☑		
20160302	陈诚	男	18	2016/9/3	☐		
20160303	王嘉	女	19	2016/9/3	☑		
20160304	叶飞	男	19	2016/9/4	☑		
20160305	任伟	男	20	2016/9/3	☑		
20160306	江贺	男	18	2016/9/4	☐		
20160307	严肃	男	18	2016/9/3	☑		
20160308	吴东	男	19	2016/9/3	☑		
20160309	朱霞	女	19	2016/9/1	☐		
20160310	李丽	女	20	2016/9/2	☑		
20160311	丁香	女	20	2017/3/1	☑		
*					☐		

图 6-33　更新"江贺"同学的"年龄"信息

(3) 吴维同学由于教学环境不适应决定换学校，在"学生表"中需要删除他的信息。

打开"学生表"，在"数据表视图"下选中学生吴维同学所在的这一行记录，单击"开始"选项卡，在"记录"选项组中单击【删除】按钮的下拉菜单，在展开的下拉菜单中选中"删除记录"，此时会弹出如图 6-34 所示的对话框，在对话框中单击【是】即可删除此行记录，结果如图 6-35 所示。

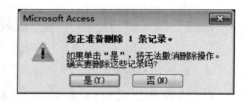

图 6-34　"删除记录"对话框

学号	姓名	性别	年龄	入校日期	团员否	照片	单击以添加
20140101	王英	女	22	2014/9/2	☑	Package	
20140102	苏南	女	21	2014/9/1	☐		
20140103	徐大京	女	22	2014/9/2	☑		
20140104	侯耀辉	男	21	2014/9/3	☑		
20140105	杜涛	男	20	2014/9/5	☑		
20150201	田晓春	女	20	2015/9/1	☑		
20150202	张伟	男	19	2015/9/3	☐		
20150203	孙华	男	20	2015/9/2	☑		
20150204	周俊	男	19	2015/9/2	☑		
20160301	张佳	女	18	2016/9/3	☑		
20160302	陈诚	男	18	2016/9/3	☐		
20160303	王嘉	女	19	2016/9/3	☑		
20160304	叶飞	男	19	2016/9/4	☑		
20160305	任伟	男	20	2016/9/3	☑		
20160306	江贺	男	18	2016/9/4	☐		
20160307	严肃	男	18	2016/9/3	☑		
20160308	吴东	男	19	2016/9/3	☑		
20160309	朱霞	女	19	2016/9/1	☐		
20160310	李丽	女	20	2016/9/2	☑		
20160311	丁香	女	20	2017/3/1	☑		
*					☐		

图 6-35　删除"吴维"同学信息

9．创建查询

1）从一个表中提取字段创建查询

现需要创建一个"教师表查询"，在此查询中显示出 "教师工号"、"姓名"、"职称"和"系别"四列数据。具体操作如下：

（1）单击"创建"选项卡，在"查询"选项组中单击【查询向导】按钮 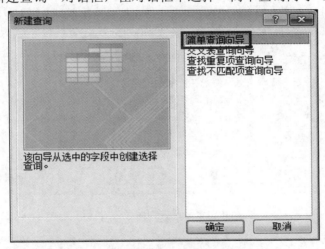，打开如图 6-36 所示的"新建查询"对话框，在对话框中选择"简单查询向导"。

图 6-36　"新建查询"对话框

（2）单击【确定】按钮，打开如图 6-37 所示的"简单查询向导"对话框，在对话框中"表/查询"下的下拉列表中选择"表：教师表"，在"可用字段"列表中依次选中"教师工号"、"姓名"、"职称"和"系别"四个列字段名，单击按钮 > 将这四个字段依次添加到"选定字段"列表中。

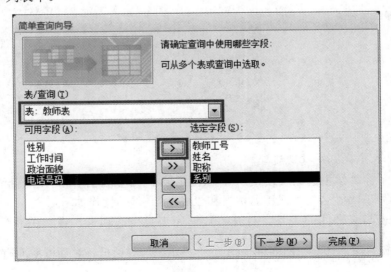

图 6-37　"简单查询向导"对话框

(3) 单击【下一步】按钮，打开如图 6-38 所示的对话框。在该对话框中"请为查询指定标题:"下的文本框中输入查询的名称为"教师表查询"，单击【完成】按钮即可完成查询，查询的结果如图 6-39 所示。

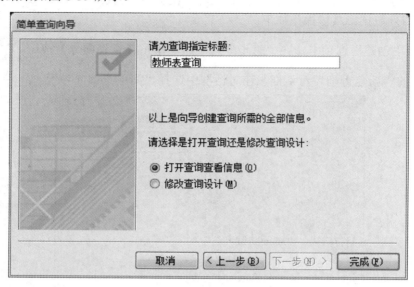

图 6-38   "简单查询向导"对话框

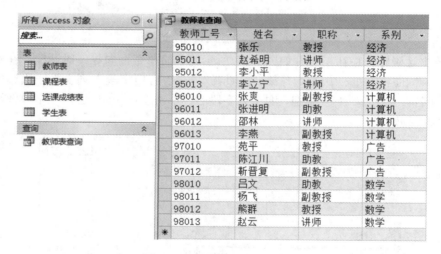

图 6-39   "教师表查询"结果

2) 从多个表中提取字段创建查询

现在创建一个"学生选课成绩查询"，以便了解学生选课的情况，在此查询中需要显示出学生的"学号"、"姓名"、"课程名称"和"成绩"。具体操作如下:

(1) 建立表与表之间的关系。打开"数据库工具"选项卡，在"关系"选项组中单击【关系】按钮 &#xFFFD;，打开如图 6-40 所示的"显示表"对话框，对话框后面有一个"关系"面板。

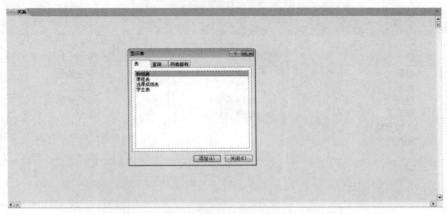

图 6-40　关系面板以及"显示表"对话框

（2）在对话框中依次选中"学生表"、"选课成绩表"和"课程表"，依次单击【添加】按钮，单击"显示表"对话框中的【关闭】按钮后，此时"关系"面板如图 6-41 所示。

图 6-41　"关系"面板中添加的"学生表"、"选课成绩表"和"课程表"

（3）在"关系"面板中，将鼠标移至"学生表"中的"学号"上，按住鼠标左键拖至"选课成绩表"中的"学号"上后释放鼠标左键，即可弹出如图 6-42 所示的"编辑关系"对话框，单击【创建】按钮即可创建"学生表"与"选课成绩表"之间的关系。同样的方法，将鼠标移至"课程"中的"课程编号"上，按住鼠标左键拖至"选课成绩表"中的"课程编号"上后释放鼠标左键，也可以弹出"编辑关系"对话框，单击【创建】按钮即可创建"课程表"与"选课成绩表"之间的关系。此时"关系"面板如图 6-43 所示。再按快捷键 Ctrl+S 保存此关系，在"关系工具"选项卡下"关系"选项组中单击【关闭】按钮 即可关闭此关系。

图 6-42　"编辑关系"对话框

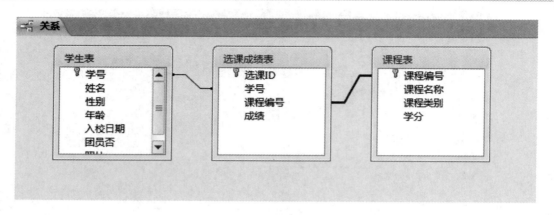

图 6-43　建立三个表之间的关系

注意：在"编辑关系"对话框中有"实施参照完整性"复选框。如果不选中该复选框，则对相关联的两个表进行修改时不会对另一个表产生影响。如果选择了"实施参照完整性"复选框，为了保证相关联的两个表数据的一致性，有两条"参照完整性"规则供选择。

- "级联更新相关字段"：如果选中该复选框，当主关键字(一对多关系中的一端)值被更改时，将自动更新相关子表中对应字段的值。
- "级联删除相关记录"：如果选中该复选框，可以在删除主表中的记录时，自动删除相关子表中的有关记录。

(4) 单击"创建"选项卡，在"查询"选项组中单击"查询设计"按钮 ，打开如图 6-44 所示的"显示表"对话框。

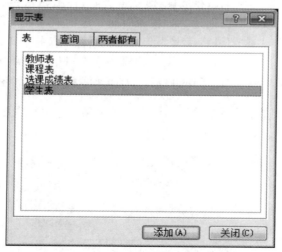

图 6-44　"显示表"对话框

(5) 在对话框中依次选中"学生表"、"选课成绩表"和"课程表"，依次单击【添加】按钮，单击"显示表"对话框中的【关闭】按钮后，此时在会新建一个名为"查询 1"的查询，如图 6-45 所示。

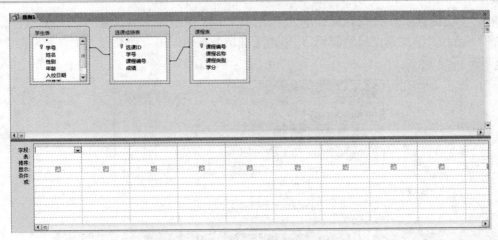

图 6-45　使用"查询设计"新建查询

　　(6) 如图 6-46 所示，在"字段"右侧的下拉列表中依次选择"学生表.学号"、"学生表.姓名"、"课程表.课程名称"、"选课成绩表.成绩"，设置后如图 6-47 所示。

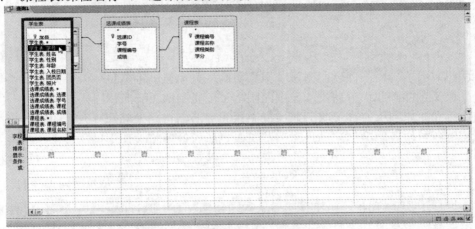

图 6-46　"字段"下拉列表

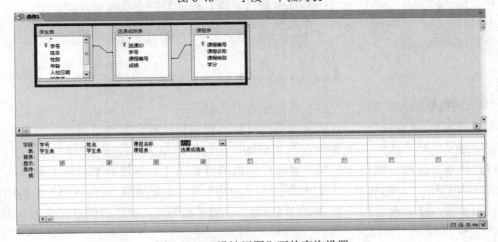

图 6-47　"设计视图"下的查询设置

(7) 按快捷键 Ctrl+S 保存此查询，弹出如图 6-48 所示的"另存为"对话框，在"查询名称"中输入"学生选课成绩查询"，单击【确定】按钮即可。切换到"数据表视图"下的结果如图 6-49 所示。

图 6-48　　"另存为"对话框

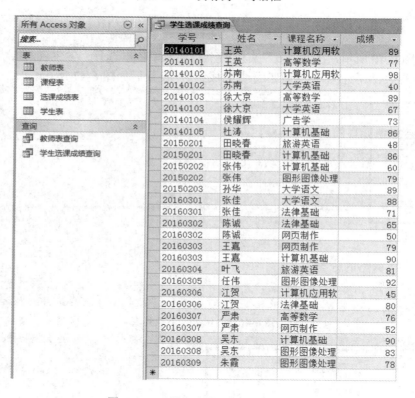

图 6-49　　"学生选课成绩查询"结果

10. 创建窗体

1) 创建纵栏表窗体

给"教师表"创建一个名为"教师表窗体"的纵栏表窗体，具体操作如下：

(1) 单击"创建"选项卡，在"窗体"选项组中单击【窗体向导】按钮 窗体向导，打开如图 6-50 所示的"窗体向导"对话框。在"窗体向导"对话框中"表/查询"下的下拉列表中选择"表：教师表"，单击按钮 >> 可以将"可用字段"列表中所有的字段名添加至"选定字段"中。

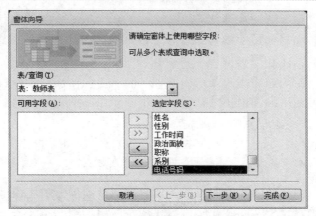

图 6-50   "窗体向导"对话框(1)

(2) 单击【下一步】按钮打开如图 6-51 所示的对话框,选中"纵栏表"后继续单击【下一步】按钮,打开如图 6-52 所示的对话框。在"请为窗体指定标题"下的文本框中输入"教师表窗体",单击【完成】按钮即可创建一个名为"教师表窗体"的纵栏表窗体,如图 6-53 所示。

图 6-51   "窗体向导"对话框(2)

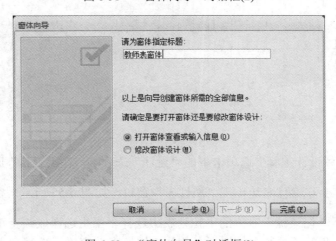

图 6-52   "窗体向导"对话框(3)

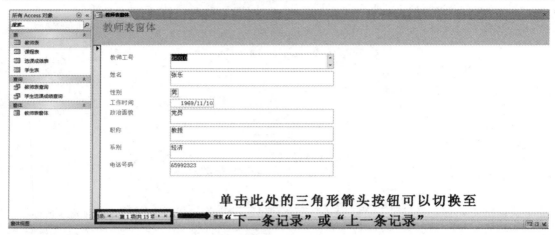

图 6-53　教师表窗体

2) 创建带有按钮功能的窗体

纵栏表窗体的功能很有限，想在窗体中更加方便地对"学生选课成绩查询"进行操作，例如添加一个关闭窗口按钮、一个跳转至下一条记录和返回上一条记录的按钮，具体操作如下：

(1) 单击"创建"选项卡，在"窗体"选项组中单击"窗体设计"按钮　，会自动创建一个名为"窗体 1"的窗体，如图 6-54 所示。

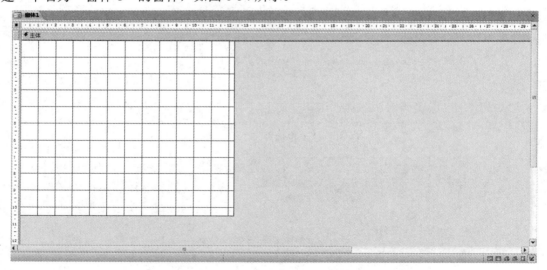

图 6-54　窗体 1

(2) 单击"窗体设计工具"选项卡下的"设计"选项卡，在"工具"选项组中单击【属性表】按钮　，会在窗体右边出现"属性表"窗口，如图 6-55 所示。在"属性表"窗口"数据"选项卡下"记录源"右侧的下拉列表中选择"学生选课成绩查询"作为此窗体的数据源。单击右上角的【关闭】按钮即可关闭"属性表"窗口。

图 6-55 "属性表"窗口

(3) 单击"窗体设计工具"选项卡下的"设计"选项卡,在"工具"选项组中单击"添加现有字段"按钮 ，会在窗体右边出现"字段列表"窗口,如图 6-56 所示。在"字段列表"窗口中依次双击"学号"、"姓名"、"课程名称"、"成绩",可将此 4 个字段添加到窗体中,适当调整与对齐文本框的位置以及文本框中的字体大小,如图 6-57 所示。

图 6-56 "字段列表"窗口   图 6-57 添加了 4 个字段的窗口

(4) 单击"窗体设计工具"选项卡下的"设计"选项卡,在"控件"选项组中单击"标签"控件按钮 **Aa** 后将鼠标移至窗口中,此时鼠标指针变成 **⁺A**,按住鼠标左键在窗口中拖动即可绘制一个"标签"控件,将光标定位至"标签"控件中并输入"学生选课成绩表",并适当调整字体格式,如图 6-58 所示。

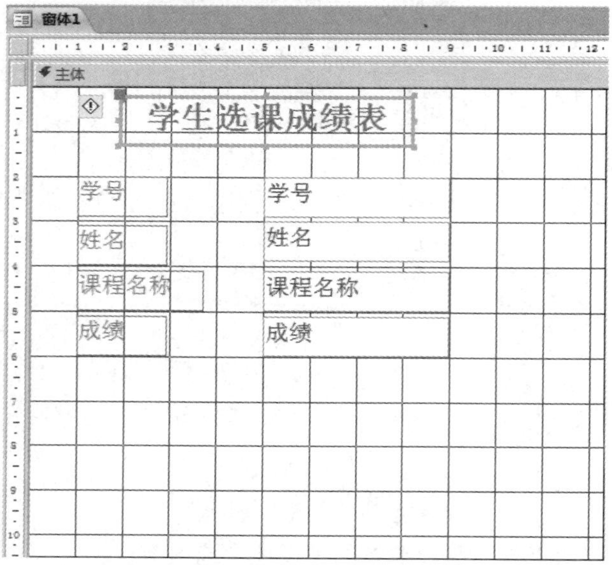

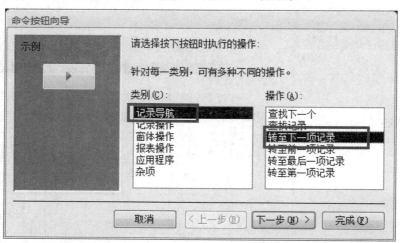

图 6-58 "标签"控件

(5) 单击"窗体设计工具"选项卡下的"设计"选项卡,在"控件"选项组中单击"按钮"控件按钮 ▨▨▨▨,此时鼠标指针变成 ▢,在窗口中单击鼠标左键即可绘制一个"按钮"控件,同时弹出如图 6-59 所示的"命令按钮向导"对话框。在该对话框的"类别"列表中选择"记录导航",在"操作"列表中选择"转至下一项记录"。

图 6-59 "命令按钮向导"对话框(1)

(6) 单击【下一步】按钮跳转至如图 6-60 所示的对话框,在对话框中选中"文本"单选框,并在"文本"右边的文本框中输入"下一条记录"。

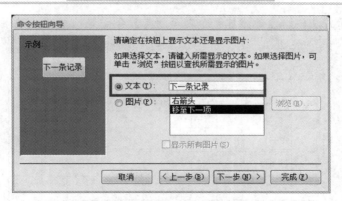

图 6-60 "命令按钮向导"对话框(2)

(7) 单击【下一步】按钮跳转至如图 6-61 所示的对话框，这里主要是设置按钮的引用名称，此处不做更改，就用默认的"Command8"。单击【完成】按钮返回到窗体界面中，效果如图 6-62 所示。

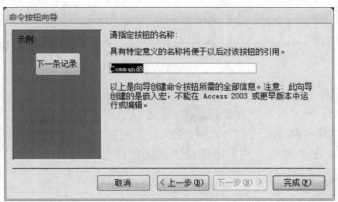

图 6-61 "命令按钮向导"对话框(3)

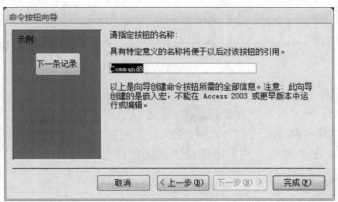

图 6-62 添加"下一条记录"按钮

(8) 按照上述方法再给窗体添加一个转至"上一条记录"按钮，效果如图 6-63 所示。

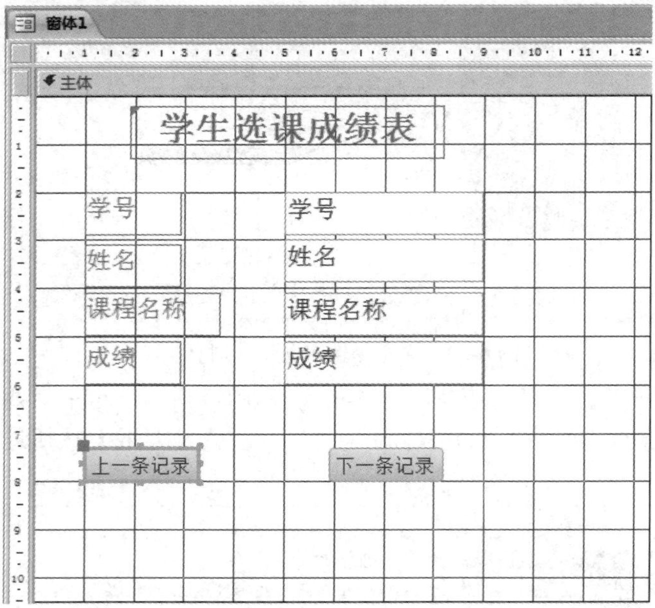

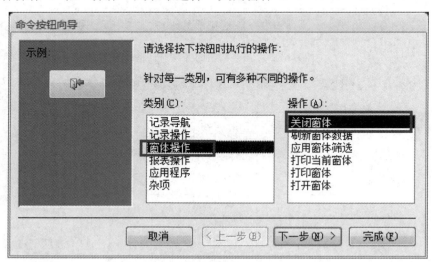

图 6-63　添加"上一条记录"按钮

(9) 单击"窗体设计工具"选项卡下的"设计"选项卡，在"控件"选项组中单击"按钮"控件按钮 ▨▨▨，此时鼠标指针变成 ▣，在窗口中单击鼠标左键即可绘制一个"按钮"控件，同时弹出如图 6-64 所示的"命令按钮向导"对话框。在该对话框的"类别"列表中选择"窗体操作"，在"操作"列表中选择"关闭窗体"。

图 6-64　"命令按钮向导"对话框(4)

(10) 单击【下一步】按钮跳转至如图 6-65 所示的对话框，在对话框中选中"图片"单选框，并在"文本"右边的列表中选择"停止"。单击【完成】按钮返回到窗体界面中，效果如图 6-66 所示。

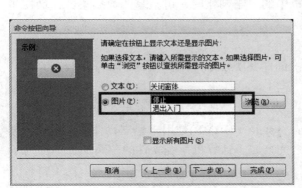

图 6-65　"命令按钮向导"对话框(5)　　　　图 6-66　添加"关闭"按钮

(11) 单击"窗体设计工具"选项卡，在"设计"选项卡下"视图"工作组中单击"视图"按钮下的下拉菜单 ，在展开的下拉菜单中选择"窗体视图"，此时"窗体 1"的视图方式从默认的"设计视图"切换到"窗体视图"，如图 6-67 所示。

图 6-67　"窗体视图"下的"窗体 1"

(12) 按快捷键 Ctrl+S 保存此查询，弹出如图 6-68 所示的"另存为"对话框，在"窗体名称"中输入"学生选课成绩窗体"，单击【确定】按钮即可完成保存。

图 6-68　"另存为"对话框

6.1.4　知识必备

1. 数据库基本知识

1) 数据

数据是能被计算机识别、存储和加工的信息载体。

2) 数据库

数据库(DataBase，DB)是存储在计算机中的、结构化的、可共享的数据集合，面向多种应用，可共享。

3) 数据库应用系统

数据库应用系统是用数据库系统开发的面向某类实际应用的软件，如学生管理系统、图书管理系统。

4) 数据库管理系统

数据库管理系统(DataBase Management System，DBMS)是用来建立、使用、维护数据库的数据管理软件，位于用户与操作系统之间，属于计算机系统软件的范畴。

5) 数据库系统

数据库系统(DataBase System，DBS)是引入数据库技术后的计算机系统，包括硬件系统、数据库集合、数据库管理系统及相关软件、数据库管理员和用户。

6) 数据库、数据库管理系统和数据库系统三者的关系

数据库系统包括数据库和数据库管理系统。

2. 数据库基本知识

数据模型有三种：层次模型、网状模型和关系模型。

Access 数据库管理系统所使用的数据模型是关系数据模型。

1) 层次模型

层次模型是树型结构，自顶向下，层次分明，如图 6-69 所示。层次模型要满足以下两个条件：

(1) 有且只有一个根节点，根节点没有双亲。

(2) 其他节点有且只有一个双亲。

2) 网状模型

网状模型是无向图结构，是一种交叉关系，是关系模型的扩展，如图 6-70 所示。网状模型要满足以下两个条件：

(1) 允许一个以上的节点没有双亲。

(2) 一个节点有多于一个的双亲。

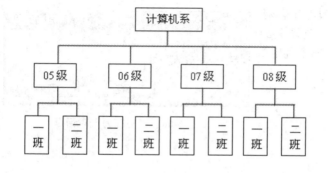

图 6-69　层次模型

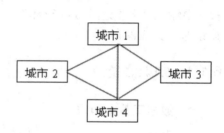

图 6-70　网状模型

3) 关系模型

关系模型是用二维表结构，在关系模型中，操作对象和操作结果都是二维表，如图 6-71 所示。关系模型是目前最重要的数据模型，被几乎所有数据库管理系统支持。

学号	姓名	性别	总分
001	张三	男	300
002	李四	女	320
003	王五	女	280
004	赵六	男	310
006	钱七	女	330
007	孙八	男	300
008	严九	男	300

图 6-71　关系模型

关系模型要满足以下几个性质：

(1) 元组个数有限性：元组的个数是有限的。

(2) 元组唯一性：每个元组都是唯一的。

(3) 元组次序无关性：元组的次序可以任意交换。

(4) 元组分量的原子性：元组的分量是不可分割的基本数据项。

(5) 属性名唯一性：属性的名称各不相同。

(6) 属性次序无关性：属性的次序可以任意交换。

(7) 属性分量值域同一性：属性的分量与属性值域相同。

3．表的基本概念

在关系型数据库中，表是用来存储和管理数据的对象，是整个数据库系统的基础，也是数据库其他对象的操作基础。表是特定主题的数据集合，它将具有相同性质或相关联的数据存储在一起，以行和列的形式来记录数据。在 Access 中，表是一个满足关系模型的二维表，即由行和列组成的表格。

表存储在数据库中并以唯一的名称标识。表的名称可以使用汉字或英文字母等。一个数据库中可以有多个数据表；每一个表只属于某一个数据库。

数据表由表结构和表记录(表中的数据)两部分组成。设计表结构的主要工具是表设计器(设计视图)；输入或修改记录的主要工具是数据表视图。

- 表：数据库中最基本的对象，一切数据只存储于表中。
- 字段：指表中的列，一个表最多 255 个字段。
- 记录：指表中的行。
- 字段名：最大长度不超过 64 个字符，字段名中不能有点(.)、叹号(!)、中括号([])，可以有空格但不能在前面。
- 主键：又叫主关键字，主键值能唯一地标识表中记录。一个表只能有一个主键，主键可以由一个字段或多个字段组成。主键的值不可重复，也不可为空(NULL)。建立主键是两个表建立关联的基础。虽然主键不是必需的，但最好为每个表都设置一个主键。
- 外键：又称为外关键字，另一个表的主键在当前表中称为外键。

4．数据表的基本操作

1) 数据表的创建

表是用来组织和保存数据的，它是数据库中最基本的对象。表由结构和数据两部分组成。建立表结构就是确定表中包括哪些字段，每个字段的名称、类型和属性都是什么。

Access 提供了多种创建数据表的方法，用户可以根据实际需要选择适当的方法。

(1) 使用设计视图创建表。

(2) 使用数据表视图创建表。

(3) 通过数据导入创建表。

(4) 通过命令或生成表查询创建表。

对表的操作主要通过以下三种视图进行：

(1) 设计视图：用于创建或修改表的结构。

(2) 数据表视图：用于输入、修改、删除表中的数据。

(3) 数据透视表视图：以交叉表的形式显示表中的数据。

2) 数据表的打开

在 Access 数据库中，可以在"数据表视图"或"设计视图"中打开表。要在"数据表视图"中打开表，只需双击要打开的数据表即可；要在"设计视图"中打开表，则单击选中需要打开的数据表，再单击鼠标右键，在弹出的快捷菜单栏中选择"设计视图"即可。

3) 数据表的关闭

关闭数据表的方法有以下两种：

(1) 单击窗口右上角的"关闭"按钮。

(2) 将鼠标移至已经打开的工作表的名称上，单击鼠标右键，在弹出的快捷菜单栏中选择"关闭"命令。

5. 修改表

1) 修改表的结构

表结构的修改包括：修改字段名、字段类型、字段大小，添加和删除字段以及修改字段的位置。表结构的修改必须在表的设计视图中进行(修改字段名除外)。

2) 修改表中的数据

在表的数据表视图下，可以对表中的数据进行修改、复制、移动、查找与替换、插入或删除记录等操作。

3) 调整表的外观

表的外观包括文本格式、显示或隐藏字段、调整行高和列宽。

6. Access 2010 的数据类型：

(1) 文本：最大长度 255 个字符，默认 255 个字符，用于存储文本和数字。

(2) 数字：在"字段大小"属性中有 7 个选项，即字节、整型、长整型(默认)、小数、单精度、双精度、同步复制 ID。

(3) 货币：系统自动显示人民币符号和千位分节逗号。

(4) 备注：长度一般大于 255 个字符，不超过 65 535 个字符。

(5) 日期/时间：用于存储日期或时间。

(6) 自动编号：系统自动指定(递增或随机)唯一的顺序号，删除后不能再生成。

(7) 是/否：用于保存只有两种状态的数据。

(8) OLE 对象：主要用于存放图形、声音、图像等对象，可以采用嵌入和连接两种方式。

(9) 超链接：主要用于存放网址。

7. 设置字段属性

(1) 字段大小：文本型在此输入最大字符数，最大 255，默认 255；数字型在此选择整型、长整型、单精度、双精度等 7 个类型。可以设置字段大小的只有文本、数字、自动编号三种字段类型。

(2) 格式：字段的显示格式，与内部存储无关。

数字型和货币型的常用格式有：常规、货币、标准、科学记数。

日期/时间型的格式有：常规日期，长、中、短日期，长、中、短时间。

(3) 输入掩码：控制字段的输入格式，避免一定的输入错误。

输入掩码只可对文本型(可以有数字)和日期型字段起作用，且可用向导设置常见的输入掩码。

(4) 标题：在数据表视图中显示的字段名，或在窗体和报表上显示的标签，未设置标题属性则默认以字段名作标题。

(5) 默认值：自动输入到该字段中作为新记录的值，往往用于某个字段的内容不变或很少变化或大量相同。

(6) 有效性规则：用于限制该字段输入值的表达式。

(7) 有效性文本：当有效性规则不满足时出现的文本。

(8) 索引：是对字段的一种逻辑排序，可加快查询速度，但会降低更新速度。一个表中可能为多个字段设置索引，但主索引只能设置一个。设置索引时有三种选择：

① 无：默认，表示该字段不被索引。

② 有(有重复)：允许字段值重复，如姓名、日期的索引。

③ 有(无重复)：不允许字段值重复，如对编号、身份证号码可设置这种索引。

(9) 必填字段：有"是"和"否"两种选择值，当选择"是"时，在表中就必须输入数据，不输入光标不能移开。

(10) 小数位数：当字段类型设置成数字型和货币型后可设置其小数位数。

(11) 使用"表达式生成器"：在设置字段属性时，有时需要输入表达式，比如设置"有效性规则、默认值"等。"表达式生成器"的打开方法有以下两种：

① 单击表达式输入框后的 … 按钮。

② 单击表格工具"设计"选项卡"工具"功能区中的【生成器】按钮。

8．记录的排序和筛选

1) 记录排序

排序记录就是按照某个(或多个)字段的值重新排列数据记录的次序。默认情况下，系统是按主键排序记录。如果没有主键，则按记录的输入顺序排序。可以根据需要更改记录的排序。排序时可以按升序排序，也可以按降序排序。

2) 记录筛选

当在数据表视图中不显示数据表中的全部记录，而只显示符合某一准则的记录时，需要进行记录的筛选处理。

Access 提供了三种筛选记录的方法：选择筛选、按窗体筛选和高级筛选/排序。

9．表间关系

所谓表间关系，是指在两个表的公共字段之间建立的联系，建立了联系的这两个表被称为相关联的两个表，这个公共字段称为关联字段。通过定义表之间的关系，可以将数据库的各个表的数据联系起来。只有定义了关系，创建查询、窗体及报表等对象才可以同时显示多个表中的数据。

关系可以协调各个表中的字段，它是通过匹配各个表中的主键字段的数据来完成的，关系的创建关键在于分析表之间的内在联系。

建立表之间的关系，必须满足以下条件：

(1) 相关联的字段名称不一定相同，但字段类型必须相同。

(2) 相关联的字段若为数字型，则二者还必须具有相同的"字段大小"属性设置。

(3) 特殊情况，自动编号型字段可以和数字型字段匹配，且要求二者必须具有相同的"字段大小"属性设置。

Access 中表之间的关系可以根据两个表中记录的匹配情况分为三类，在创建关系之前一般应确保各表具有主关键字或唯一索引，应遵循以下原则：

(1) "一对多"关系，要求只有一个表的相关字段是主关键字或唯一索引。

(2) "一对一"关系，要求两个表的相关字段都是主关键字或唯一索引。

(3) "多对多"关系，通过使用第三个表来创建，第三个表至少包括两个部分(这两部分既可以是字段，也可以是字段组)，一部分来自 A 表的主关键字或唯一索引字段(或字段组)，另一部分来自 B 表的主关键字或唯一索引字段(或字段组)，如果需要还可以增加其他字段。

10. 查询

查询是 Access 数据库的一个重要对象，用来查看、处理和分析数据。查询的数据源可以是一个或多个数据表或已存在的查询。查询产生的操作结果形式上看类似于数据表，实际上是一个动态的数据集合，每次打开查询，都会显示数据源的最新变化情况。查询与数据源表是相通的，在查询中对数据所做的修改可以在数据源表中得到体现。

1) 查询的类型

在 Access 2010 中，可以创建以下五种类型的查询：

(1) 选择查询。选择查询是根据指定的条件，从一个或多个表中获取数据并显示结果。选择查询可以对记录进行分组，并且对分组的记录进行求和、计数、求平均值以及其他类型的计算。选择查询产生的结果是一个动态的记录集，不会改变源数据表中的数据。

(2) 交叉表查询。交叉表查询是对基表或查询中的数据进行计算和重构，以方便分析数据。能够汇总数字型字段的值，将汇总计算的结果显示在行与列交叉的单元格中。

(3) 参数查询。参数查询是一种特殊的选择查询，即根据用户输入的参数作为查询的条件。输入不同的参数，将得到不同的结果。执行参数查询时，将会显示一个对话框，以提示输入参数信息。参数查询可作为窗体和报表的基础。

(4) 操作查询。查询除了按指定的条件从数据源中检索记录外，还可以对检索的记录进行编辑操作。操作查询又可以分为以下四种：

① 删除查询：从一个或多个表中删除一组符合条件的记录。

② 更新查询：对一个或多个表中的一组符合条件的记录进行批量修改某字段的值。

③ 追加查询：将一个或多个表中的一组符合条件的记录添加到另一个表的末尾。

④ 生成表查询：将查询的结果转存为新表。

(5) SQL 查询。SQL(Structured Query Language)是一种结构化查询语言，是数据库

操作的工业化标准语言，使用 SQL 语言可以对任何数据库管理系统进行操作。

所谓 SQL 查询就是通过 SQL 语言来创建的查询。在查询设计视图中创建任何一个查询时，系统都将在后台构建等效的 SQL 语句。大多数查询功能也都可以直接使用 SQL 语句来实现。有一些无法在查询设计视图中创建的 SQL 查询称为"SQL 特定查询"。

2) 查询的视图方式

常用的查询视图有五种：设计视图、数据表视图、SQL 视图、数据透视表视图和数据透视图视图。查询的设计视图窗口分上、下两部分，上半部分是"字段列表"区，放置查询的数据源，下半部分是"设计网格"区，放置在查询中显示的字段和在查询中做条件的字段，如图 6-72 所示。

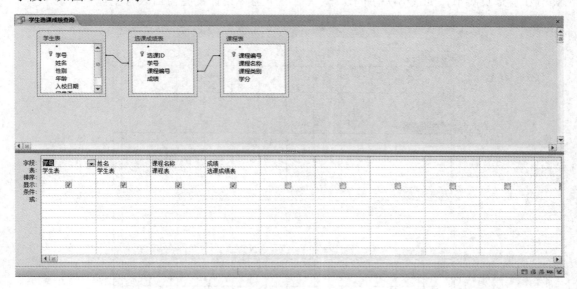

图 6-72 查询的"设计视图"窗口

(1) 设计视图：即为查询设计器，通过该视图可创建除 SQL 之外的各种类型的查询。

(2) 数据表视图：是查询的数据浏览器，用于查看查询运行的结果。

(3) SQL 视图：是查看和编辑 SQL 语句的窗口，用于查看和编辑用查询设计器创建的查询所产生的 SQL 语句。

(4) 数据透视表视图和数据图视图：在此两种视图中，可以根据需要生成数据透视表或数据透视图，从而得到直观的数据分析结果。

3) 创建查询的方法

创建查询(界面方法)有以下两种方法：

(1) 使用查询设计视图创建查询。

(2) 使用查询向导创建查询。

11．窗体

窗体对象是 Access 提供的最主要的操作界面对象，数据源是表或查询。窗体的主要作用是构造方便美观的输入/输出界面，接收用户输入的命令，查看、编辑和追加数据。窗体可以使数据的显示和操作按设计者的意愿实现，增加了数据操作的安全性和便捷性。数据库应用系统的使用者对数据的任何操作只能在窗体中进行。

1) 窗体的类型

窗体类型实际上是窗体布局，共有六种，分别是：单页窗体(纵栏式窗体)、多页窗体、连续窗体(表格式窗体)、弹出式窗体、主/子窗体和图表窗体。

2) 窗体的视图方式

最常用的窗体视图有三种：设计视图、窗体视图和数据表视图。

3) 窗体的结构

一个完整的窗体对象包含五个节，分别是窗体页眉节、页面页眉节、主体节、页面页脚节和窗体页脚节，如图 6-73 所示。默认情况下窗体设计视图窗口只有主体节。

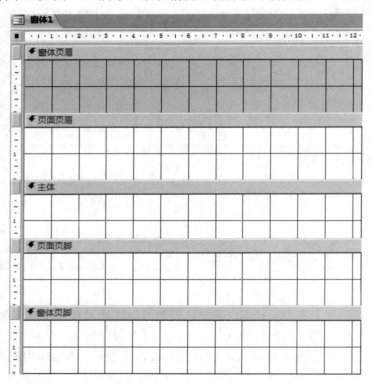

图 6-73　窗体结构

4) 窗体的工具箱与属性对话框

窗体是一个容器对象，可以包含其他对象，包含的对象称为控件。在窗体设计视图中，Access 提供了一个工具箱，用来生成窗体的常用控件，进行可视化的窗体设计。Access 还提供了一个属性对话框，用来设置窗体本身和窗体内各控件的一系列属性。

 项目 7

计算机网络基础

/////////////////////////////

任务 1　组建办公局域网

7.1.1　计算机网络的定义及分类

1. 计算机网络的定义

计算机网络是计算机技术与通信技术高度发展、紧密结合的产物。在计算机网络发展过程的不同阶段，人们对计算机网络提出了不同的定义。当前较为准确的定义为"以能够相互共享资源的方式互联起来的自治计算机系统的集合"，即分布在不同地理位置上的具有独立功能的多台计算机及其外部设备，通过通信线路连接起来，实现数据传输和资源共享的计算机系统。

2. 计算机网络的分类

计算机网络的分类标准有很多种，主要的分类标准有根据网络所使用的传输技术分类、根据网络的拓扑结构分类、根据网络协议分类等。各种分类标准只能从某一方面反映网络的特征。根据网络覆盖的地理范围和规模分类是最普遍的分类方法，它能较好地反映出网络的本质特征。由于网络覆盖的地理范围不同，它们所采用的传输技术也就不同，因此形成了不同的网络技术特点与网络服务功能。依据这种分类标准，可以将计算机网络分为三种：局域网、城域网和广域网。

1) 局域网

局域网(Local Area Network，LAN)是一种在有限区域内使用的网络，在这个区域内的各种计算机、终端与外部设备互联成网，其传送距离一般在几公里之内，最大距离不超过10 公里，因此适用于一个部门或一个单位组建的网络。典型的局域网有办公室网络、企业与学校的主干局域网、机关和工厂等有限范围内的计算机网络。局域网具有数据传输速率高(10 Mb/s～10 Gb/s)、误码率低、成本低、组网容易、易管理、易维护、使用灵活方便等优点。

2) 城域网

城域网(Metropolitan Area Network，MAN)是介于广域网与局域网之间的一种高速网络，它的设计目标是满足几十公里范围的大量企业、学校、公司的多个局域网的互联需求，以实现大量用户之间的信息传输。

3) 广域网

广域网(Wide Area Network，WAN)又称为远程网，所覆盖的地理范围要比局域网大得多，从几十公里到几千公里，传输速率比较低，一般为 96 kb/s～45 Mb/s。广域网覆盖一个国家、地区，甚至横跨几个洲，形成国际型的远程计算机网络。广域网可以使用电话交换网、微波、卫星通信网或它们的组合信道进行通信，将分布在不同地区的计算机系统互联起来，达到资源共享的目的。

7.1.2　数据通信

数据通信是通信技术和计算机技术相结合而产生的一种新的通信方式。数据通信是指在两个计算机或终端之间以二进制的形式进行信息交换和数据传输。关于数据通信的相关概念，下面介绍几个常用术语。

1．信道

信道是信息传输的媒介或渠道，作用是把携带有信息的信号从输入端传递到输出端。根据传输媒介的不同，信道可分为有线信道和无线信道两类。常见的有线信道包括双绞线、同轴电缆、光缆等。无线信道有地波传播、短波、超短波、人造卫星中继等。

2．数字信号和模拟信号

通信是为了传输数据，信号是数据的表现形式。数据通信技术要研究的是如何将表示各类信息的二进制比特序列通过传输媒介在不同计算机之间传输。信号可以分为数字信号和模拟信号两类。数字信号是一种离散的脉冲序列，计算机产生的电信号用两种不同的电平表示 0 和 1。模拟信号是一种连续变化的信号，如电话线上传输的按照声音强弱幅度连续变化所产生的电信号就是一种典型的模拟信号，可以用连续的电波表示。

3．调制与解调

普通电话线是针对语音通话而设计的模拟信道，适用于传输模拟信号。但是计算机产生的是离散脉冲表示的数字信号，因此要利用电话交换网实现计算机的数字脉冲信号的传输，就必须首先将数字脉冲信号转换成模拟信号。将发送端数字脉冲信号转换成模拟信号的过程称为调制(Modulation)；将接收端模拟信号还原成数字脉冲信号的过程称为解调(Demodulation)。将调制和解调两种功能结合在一起的设备称为调制解调器(Modem)，如图7-1、图 7-2 所示。

图 7-1　内置调制解调器

图 7-2　外置调制解调器

4．带宽

在模拟信道中，以带宽表示信道传输信息的能力。带宽以信号的最高频率和最低频率之差表示，即频率的范围。频率是模拟信号波每秒的周期数，用 Hz、KHz、MHz 或 GHz 作为单位。在某一特定带宽的信道中，同一时间内，数据不仅能以某一种频率传送，还可以用其他不同的频率传送。因此，信道的带宽越宽，其可用的频率就越多，其传输的数据量就越大。

7.1.3　网络拓扑结构

网络拓扑结构是指用传输媒体互连各种设备的物理布局，就是用什么方式把网络中的计算机等设备连接起来。拓扑图给出网络服务器、工作站的网络配置和相互间的连接，其结构主要有星型拓扑、环型拓扑、总线型拓扑、树型拓扑、网状拓扑等。

1．星型拓扑

星型拓扑结构(如图 7-3 所示)是用一个节点作为中心节点，其他节点直接与中心节点相连构成的网络。中心节点可以是文件服务器，也可以是连接设备。常见的中心节点为集线器(如图 7-4 所示)。集线器的英文称为 Hub。Hub 是"中心"的意思，集线器的主要功能是对接收到的信号进行再生整形放大，以扩大网络的传输距离，同时把所有节点集中在以它为中心的节点上。集线器是局域网中使用的连接设备，它具有多个端口，可连接多台计算机。在局域网中常以集线器为中心，将所有分散的工作站与服务器连接在一起，形成星型结构的局域网系统。集线器除了能够互连多个终端以外，其优点是当其中一个节点的线路发生故障时不会影响到其他节点。

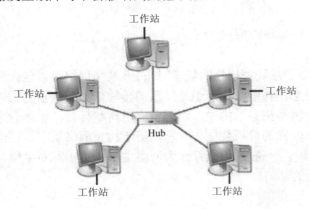

图 7-3　星型拓扑结构

图 7-4　多孔集线器

2．环型拓扑

环型拓扑结构(如图 7-5 所示)使用公共电缆组成一个封闭的环，各节点直接连到环上，信息沿着环按一定方向从一个节点传送到另一个节点。环接口一般由发送器、接收器、控制器、线控制器和线接收器组成。在环型拓扑结构中，有一个控制发送数据权力的"令牌"，它在后边按一定的方向单向环绕传送，每经过一个节点都要被接收、判断一次，是发给该节点的则接收，否则的话就将数据送回到环中继续往下传。

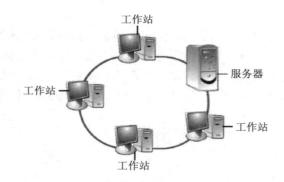

图 7-5　环型拓扑结构

3．总线型拓扑

总线型拓扑结构(如图 7-6 所示)采用单根传输线作为共用的传输介质，将网络中所有的计算机通过相应的硬件接口和电缆直接连接到这根共享的总线上。

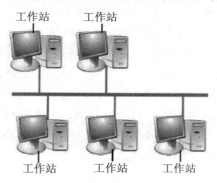

图 7-6　总线型拓扑结构

4．树型拓扑

树型拓扑(如图 7-7 所示)是一种类似于总线型拓扑的局域网拓扑。树型网络可以包含分支，每个分支又可包含多个结点。在树型拓扑中，从一个站发出的传输信息要传播到物理介质的全长，并被所有其他站点接收。树型拓扑结构中，网络节点呈树状排列，整体看来就像一棵倒立的树，因而得名。它具有较强的可折叠性，非常适用于构建网络主干，还能够有效地保护布线投资。这种拓扑结构中，一般采用光纤作为网络主干，用于军事单位、政府单位上下界限相当严格和层次分明的部门。

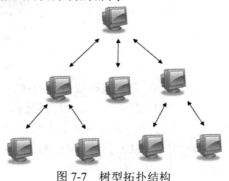

图 7-7　树型拓扑结构

5．网状拓扑

网状拓扑结构(如图 7-8 所示)中，各节点通过传输线互相连接起来，并且每一个结点至少与其他两个结点相连。网状拓扑结构具有较高的可靠性，但其结构复杂，实现起来费用较高，不易管理和维护，不常用于局域网。

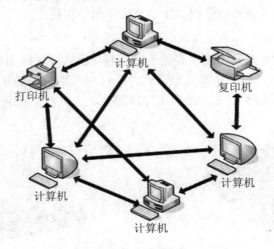

图 7-8   网状拓扑结构

7.1.4   网络硬件和软件

与计算机系统类似，计算机网络系统也由网络软件和硬件设备两部分组成。常见的网络硬件设备有以下几种。

1．传输介质(Transmission Media)

局域网中常见的传输介质有同轴电缆(见图 7-9)、双绞线(见图 7-10)和光缆(见图 7-11)。随着无线网的深入研究和广泛应用，无线技术也越来越多地用来进行局域网的组建。

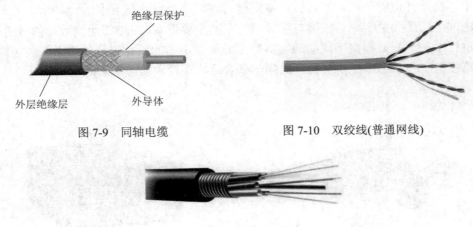

图 7-9   同轴电缆   图 7-10   双绞线(普通网线)

图 7-11   光缆

2．网络接口卡(NIC)

网络接口卡(简称网卡)如图 7-12 所示，它是构成网络必需的基本设备，用于将计算机和通信电缆连接起来，以便经电缆在计算机之间进行高速数据传输。因此，每台连接到局域网的计算机(工作站或服务器)都需要安装一块网卡。通常网卡都插在计算机的扩展槽内。网卡的种类很多，它们各有自己适用的传输介质和网络协议。

3．交换机(Switch)

交换概念的提出是对共享工作模式的改进，而交换式局域网的核心设备是局域网交换机。共享式局域网在每个时间片上只允许有一个结点占用公用的通信信道。交换机(如图 7-13 所示)支持端口连接的结点之间的多个并发连接，从而增大网络带宽，改善局域网的性能和服务质量。

图 7-12　网卡

图 7-13　交换机

4．无线 AP(Access Point)

无线 AP 也称为无线访问点或无线桥接器(如图 7-14 所示)，用作传统的有线局域网络与无线局域网络之间的桥梁。通过无线 AP，任何一台装有无线网卡的主机都可以连接有线局域网络。无线 AP 的含义较广，不仅提供无线接入点，也同样是无线路由器等类设备的统称，兼具路由、网管等功能。

5．路由器(Router)

处于不同地理位置的局域网通过广域网进行互联是当前网络互联的一种常见方式。路由器(如图 7-15 所示)是实现局域网与广域网互联的主要设备。路由器检测数据的目的地址，对路径进行动态分配，根据不同的地址将数据分流到不同的路径中。如果存在多条路径，则根据路径的工作状态和忙闲情况，选择一条合适的路径，动态平衡通信负载。

图 7-14　无线桥接器

图 7-15　思科路由器

目前的网络软件都是高度结构化的，为了降低网络设计的复杂性，绝大多数网络都要划分层次，每一层都在其下一层的基础上向上一层提供特定的服务。能够保证通信双方对数据的传输理解一致，这就要通过单独的网络软件——协议来实现。通信协议就是通信双方都必须遵守的通信规则，是一种约定。计算机网络中的协议是非常复杂的，因此网络协议通常都按照结构化的层次方式来进行组织。最常见的网络协议划分为四层，从上至下依次为应用层、传输层、互联层及网络层。

7.1.5　无线局域网

随着计算机硬件的快速发展，笔记本电脑、掌上电脑等各种移动便携设备迅速普及，人们希望在家中或办公室里也可以一边走动一边上网，而不是被网线牵在固定的书桌上，于是许多研究机构很早就开始研究计算机的无线连接，目的是使它们之间可以像有线网络一样进行通信。

在无线网络的发展史上，从早期的红外线技术到蓝牙，都可以无线传输数据，多用于系统互联，却不能组建局域网。如今，新一代的无线网络不仅仅是简单地将两台计算机相连，更是建立无需布线和使用非常自由的无线局域网 WLAN(Wireless LAN)。在 WLAN 中有许多计算机，每台计算机都有一个无线调制解调器和一个天线，通过该天线，它可以与其他系统进行通信。通常在室内的墙壁或天花板上也有一个天线，所有机器都与它通信，然后彼此之间就可以相互通信了，如图 7-16 所示。

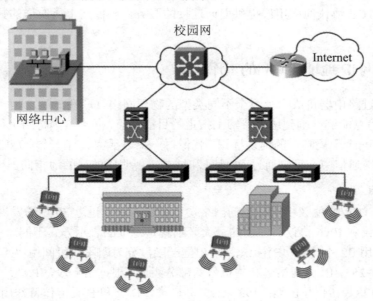

图 7-16　无线局域网

在无线局域网的发展中，Wi-Fi(Wireless Fidelity)由于其较高的传输速度、较大的覆盖范围等优点发挥了重要的作用。Wi-Fi 不是具体的协议或标准，它是无线局域网联盟(WLANA)为了保障使用 Wi-Fi 标志的商品之间可以相互兼容而推出的无线网络通信技术品牌。在如今许多电子产品(如笔记本电脑、手机、PDA 等)上面都可以看到 Wi-Fi 的标志。

任务 2　Internet 应用——信息搜索与邮件收发

7.2.1　因特网定义及 TCP/IP 协议

因特网是 Internet 的音译，因特网建立在全球网络互联的基础上，是一个全球范围的信息资源网。因特网大大缩短了人们的生活距离，因此世界变得越来越小。因特网提供资源共享、数据通信和信息查询等服务，已经逐步成为人们了解世界、学习研究、购物休闲、进行商业活动、结识朋友的重要途径。显然，掌握因特网的使用已经是现代人必不可少的技能。

据不完全统计，全世界已有 180 多个国家和地区加入到 Internet 中。由此可以看出，因特网是通过路由器将世界不同地区、规模大小不一、类型不一的网络互相连接起来的网络，是一个全球性的计算机互联网络，因此也称为国际互联网，是一个信息资源极其丰富的世界上最大的计算机网络。

TCP/IP 协议在因特网中能够迅速发展，不仅因为它最早在 ARPANET 中使用，由美国军方指定，更重要的是它恰恰适应了世界范围内数据通信的需要。TCP/IP 是用于因特网计算机通信的一组协议，其中包括了不同层次上的多个协议。IP 协议是 TCP/IP 协议体系中的网络层协议，它的主要作用是将不同类型的物理网络互联在一起。TCP 即传输控制协议，位于传输层。TCP 协议向应用层提供面向连接的服务，确保网上所发送的数据能够被完整地接收。

7.2.2　因特网 IP 地址和域名的工作原理

因特网通过路由器将成千上万个不同类型的物理网络互联在一起，是一个超大规模的网络。为了使信息能够准确到达因特网上指定的目的结点，必须给因特网上每个结点(主机、路由器等)指定一个全局唯一的地址标识，就像每一部电话都具有一个全球唯一的电话号码一样。在因特网通信中，可以通过 IP 地址和域名实现明确的目的地指向。

1. IP 地址

IP 地址是 TCP/IP 协议中所使用的网络层地址标识，经过近 30 年的发展，主要有两个版本：IPv4 协议和 IPv6 协议。它们的最大区别就是地址的表示方式不同。

IPv4 地址用 32 个比特(4B)标识，每 8 位一段，分为四段，段间用 "." 隔开。每段十进制范围是 0～255，IP 由网络号和主机号两部分组成。根据第一段，IP 地址分为 5 类：0～127 为 A 类；128～191 为 B 类；192～223 为 C 类，D 类和 E 类留作特殊用途。

IPv6 协议包括新的协议格式、有效的分级寻址和路由结构、内置的安全机制、支持地址自动配置等特征，其中最重要的就是长达 128 位的地址长度。在今后因特网的发展中，几乎可以不用再担心地址短缺的问题了。

2. 域名

域名的实质就是用一组字符组成的名字代替了 IP 地址。它采用了层次结构，各层次的子域名用"．"隔开。其结构是：主机名 . …. 第二级域名 . 第一级域名。国际上，第一级域名分为组织结构和地理模式两类，美国采用组织结构，美国以外的国家采用主机所在地的名称。常用一级域名的标准代码见表 7-1。

表 7-1　常用一级域名的标准代码

域名代码	意 义
com	商业组织
edu	教育机构
gov	政府机关
mil	军事部门
ent	主要网络支持中心
org	其他组织
int	国际组织
cn，jp，uk，…	国家代码(地理域名)

3．DNS 原理

域名和 IP 地址都表示主机的地址，实际上是一件事物的不同表示。从域名到 IP 或者从 IP 到域名的转换是由域名解析服务器(Domain Name Server，DNS)完成的。

当然，因特网中的整个域名系统是以一个大型的分布式数据库方式工作的，并不只有一个或几个 DNS 服务器。大多数具有因特网连接的组织都有一个域名服务器。每个服务器包含连向其他域名服务器的信息，这些服务器形成一个大的协同工作的域名数据库。

7.2.3　因特网中的客户机/服务器体系结构

计算机网络中的每台计算机都是"自治"的，既要为本地用户提供服务，也要为网络中其他主机的用户提供服务。因此每台联网计算机的本地资源都可以作为共享资源，提供给其他主机用户使用。而网络上大多数服务是通过一个服务程序进程来提供的，这些进程要根据每个获准的网络用户请求执行相应的处理，提供相应的服务，以满足网络资源共享的需要，实质上是进程在网络环境中进行通信。

在因特网的 TCP/IP 环境中，联网计算机之间进程相互通信主要采用客户机/服务器(Client/Server)模式，简称 C/S 结构。客户机向服务器发出服务请求，服务器响应客户机的请求，提供客户机所需要的网络服务。提出请求、发起本次通信的计算机进程叫作客户机进程，而响应和处理请求、提供服务的计算机进程叫作服务器进程。因特网中常见的 C/S 结构的应用有 Telnet 远程登录、FTP 文件传输服务、HTTP 超文本传输服务、电子邮件服务、DNS 域名解析服务等。

7.2.4　接入因特网

因特网的接入方式通常有专线连接、局域网连接、无线连接和电话拨号连接四种。其中 ADSL 方式拨号连接是最常见、最简单的。

1．ADSL

采用 ADSL 方式拨号连接的有带网卡的计算机、直拨电话线、话音分离器、ADSL 调制解调器和拨号软件。

2．ISP(因特网服务提供商)

ISP 分配 IP 地址和网关及 DNS，提供联网软件，提供各种因特网服务和接入服务。

3．无线连接(Wireless Access Point，无线接入点)

无线接入点需要与 ADSL 或有线局域网连接。有了 AP，装有无线网卡的计算机或支持 Wi-Fi 功能的手机等设备就可以与网络相连，通过 AP，这些计算机或无线设备就可以接入因特网。

7.2.5 网页浏览的相关概念

1．万维网 WWW

万维网(WWW)是一种建立在因特网上的全球性、交互动态、超文本超媒体的信息查询系统，使用 URL 来定位 Web 网页。

万维网(WWW)网站中包含很多页面(又称 Web 页)。网页是用超文本标记语言编写的，并在 HTTP 协议的支持下运行。一个网站的第一个 Web 页称为主页或首页，它主要体现这个网站的特点和服务项目。每一个 Web 页都由一个唯一的地址(URL)来表示。

2．超文本和超链接

超文本(Hypertext)中不仅包含有文本信息，还可以包含图形、声音、图像和视频等多媒体信息，因此称为"超"文本，更重要的是超文本中还可以包含指向其他网页的链接，这种链接叫作超链接(Hyper Link)。

3．统一资源定位器

WWW 用统一资源定位符(Uniform Resource Locator，URL)来描述 Web 网页的地址和访问它时所用的协议。因特网上几乎所有功能都可以通过在 WWW 浏览器里输入 URL 地址来实现，通过 URL 标识因特网中网页的位置。

URL 的格式为：协议://IP 地址或域名/路径/文件名，如 http://www.hao123.com/video。

4．浏览器

网页浏览器是显示网站服务器或文件系统内的文件，并让用户与这些文件交互的一种应用软件。它用来显示万维网或局域网内的文字、图像及其他信息。这些文字或图像可以是连接其他网址的超链接，用户可迅速、轻易地浏览各种信息。大部分网页为 HTML 格式，有些网页需要特定浏览器才能正确显示。个人电脑上常见的网页浏览器按照 2010 年 1 月的市场占有率依次是微软的 Internet Explorer、Mozilla 的 Firefox、Google 的 Chrome、苹果公司的 Safari 和 Opera 软件公司的 Opera。浏览器是最常用的客户端程序。

5．FTP 文件传输协议

FTP(File Transfer Protocol)是文件传输协议，它规定了在 Internet 网络上怎样传输文件，通常要由专门的 FTP 程序来具体实现。FTP 是使用 Internet 资源最常用的工具之一，用户可通过记名或不记名(即匿名)连接方式对远程服务器进行访问，查看和索取所需要的文件，也可以将本地主机或节点机的文件传输到远程主机上。

使用 IE 访问 FTP 站点并下载文件的步骤如下：打开 IE 浏览器，在地址栏键入 FTP 站点地址(如 ftp://ftp.tsinghua.edu.cn)，单击【转到】按钮。如果该站点不是匿名站点，则需要输入用户名和密码才能登录；若是匿名站点，则 IE 可以自动登录。若要下载文件，则对需要的文件用鼠标右键单击，选择"复制到文件夹…"，然后选择下载的路径，单击【确定】按钮。复制开始时，会出现一个"正在复制…"的对话框。当进度条满时，文件就下好了。

7.2.6　认识 IE 浏览器窗口

浏览 WWW 必须使用浏览器，下面以 Windows 7 系统的 Internet Explorer9(IE9 或简称 IE)为例介绍浏览器的常用功能及操作方法。

1．IE 的启动与关闭

启动 IE 有如下三种方式：

(1) 单击"快速启动工具栏"的 IE 图标 。

(2) 双击桌面上的 IE 快捷方式。

(3) 在【开始】菜单中找到并单击"Internet Explorer"。

关闭 IE 有如下四种方式：

(1) 单击 IE 窗口右上角的关闭按钮。

(2) 按 Alt 键，在出现的菜单中单击【文件】|【退出】。

(3) 在任务栏中找到 IE，右键单击，在弹出的菜单中选择"关闭"窗口。

(4) 选中 IE 窗口，按组合快捷键 Alt + F4。

2．IE9 的窗口

启动 IE 后，首先会发现该浏览器界面十分简洁。窗口内会打开一个选项卡，即默认主页。图 7-17 所示为百度的页面。从图 7-17 中可以看出，IE9 界面上没有以往类似于 Windows 应用程序窗口上的功能按钮，以便用户有更多的空间来浏览网站。

图 7-17　百度窗口主页

IE9 窗口上方罗列了最常用的功能。

- 前进、后退按钮◁▷：可以在浏览记录中前进与后退，能使用户方便地返回以前访问过的页面。IE9 中的地址栏🖼 http://www.baidu.com/　　　🔍▾ ⟳ 将地址栏与搜索栏合二为一，不仅可以输入要访问的网站地址，也可以直接在地址栏输入关键词实现搜索，并且单击▾打开下拉菜单时能看到收藏夹、历史记录，非常省时省力。⟳✕提供对页面的刷新或停止功能。

- 选项卡 🖼百度一下，你就知道　　　✕：显示了页面的名字，并且自动出现在地址栏右侧，也可以把它们移动到地址栏下面，像以前版本的 IE 那样。单击标题右边的"✕"可以关闭当前的页面。既然是选项卡式的浏览器，就可以打开多个选择，鼠标移动到右边的"新选项卡" □，单击它就可以新建一个选项卡，与之前的并列在一行上，也可以通过快捷键 Ctrl + T 来新建。

- 功能按钮 ⌂ ☆ ⚙：分别是【主页】按钮、【收藏夹】按钮和【工具】按钮。主页的地址可以在 Internet 选项中设置，并且可以设置多个主页；IE 9 将收藏夹、源和历史记录集成在一起，单击【收藏夹】按钮就可以展开小窗口；单击【工具】可以看到"打印"、"文件"、"Internet 选项"等命令。

如果用户使用过以前的 IE6、IE7 等老版本浏览器，则会发现 IE9 界面上没有了状态栏、菜单栏等快捷显示。在 IE9 中只需在浏览器窗口上方空白区域右击，或在左上角单击鼠标左键，即可弹出一个菜单(如图 7-18 所示)，在上面勾选需要在 IE 上显示的工具栏即可。

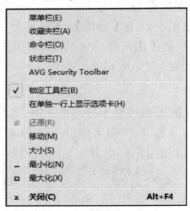

图 7-18　IE9 显示工具栏菜单

7.2.7　IE 浏览器的基本操作

1. 主页设置

这里的主页是指每次启动 IE 后最先显示的页面，可以将它设置为最频繁查看的网站。更改主页的步骤如下：

(1) 打开 IE 窗口；

(2) 单击【工具】按钮 ⚙，选择"Internet 选项"命令，打开"Internet 选项"对话框。

(3) 单击【常规】选项卡，如图 7-19 所示。

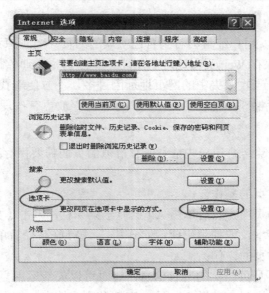

图 7-19 "Internet 选项"对话框

(4) 在"主页"组中，单击【使用当前页】按钮，地址框中就会填入当前 IE 浏览器的 Web 页地址。另外，还可以在地址框中自己输入想设置为主页的页面地址。

(5) 如果想设置多个主页，可以在地址框中另起一行，输入地址。

(6) 设置好后，必须单击【确定】或【应用】按钮才能生效。

2. 清除历史记录

通过点击 IE 窗口上的☆按钮可以添加自己喜欢的网站页面。如果要删除所有的历史记录，单击"Internet 选项"对话框中的【删除】按钮，在弹出的"删除浏览历史记录"对话框(如图 7-20 所示)中选择要删除的内容。如果勾选了"历史记录"，就可以清除所有的历史记录，这个操作会立刻生效。完成后单击【确定】按钮，关闭"Internet 选项"对话框。

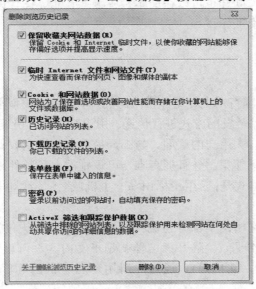

图 7-20 "删除浏览历史记录"对话框

3．收藏夹的使用

在网上浏览网页时，用户经常会看到自己喜欢的网页并随之想将其保存起来以备使用。IE 提供的收藏夹拥有保存 Web 页面地址的功能。单击【添加到收藏夹】按钮，即可将当前喜爱的网页进行添加。当收藏夹中的网页地址因过多，不方便查找和使用时，就需要利用整理收藏夹的功能进行整理，使收藏夹中网页地址的存放更有条理。

4．页面的保存

在浏览过程中，常常会遇到一些精彩或有价值的页面需要保存下来，待以后慢慢阅读、或复制到其他地方。

(1) 保存全部 Web 页的操作。

首先打开要保存的页面，然后单击 Alt 键显示菜单栏，单击【文件】|【另存为】命令，打开"保存网页"对话框，或使用快捷键 Ctrl＋S，选择好路径后单击【保存】按钮。

(2) 保存部分 Web 页的操作。

有时候需要的并不是页面上的所有信息，这时可以灵活运用复制和粘贴两个快捷键将需要的内容进行选取，同时将剪贴板中的内容粘贴到文档中。值得注意的是，无论是保存全部还是部分 Web 页内容，如果保存类型选择的是文本，那么不会保留在页面上出现的字体及样式，超链接的文字也会失效。

(3) 保存图片、音频、视频等文件的操作。

以图片文件为例，首先在图片上右击，在弹出的菜单上选择"图片另存为"，单击打开"保存图片"对话框，选择好路径，最后单击【保存】按钮。

5．搜索信息

因特网上百度、谷歌、搜狗等都是很好的搜索工具。以百度为例，在百度网站主页的文本栏键入关键词后单击【百度一下】按钮，网站会自动搜索出与关键词相关的内容，用户可以方便快捷地查找，同样也可以在文本栏中输入音乐、图像或视频等，选择好词条类别就可以进行同样的搜索工作。

7.2.8　发送电子邮件

电子邮件(E-mail)是因特网上使用非常广泛的一种服务。类似于普通生活中邮件的传递方式，电子邮件采用存储转发的方式进行传递。由于其方便、快速，不受地域或时间限制，费用低廉，因此受到了广大用户的欢迎。与邮局信件必须注明收件人及地址类似，电子邮件服务首先要有一个电子邮箱，并且拥有唯一可识别的电子邮件地址。每个电子邮箱都有一个电子邮件地址，其格式是：<用户标识>@<主机域名>。地址中间不能有空格和逗号。字符"@"读作"at"。

电子邮件的格式通常由两个部分组成：信头和信体。信头包括收件人、抄送和主题，多个收件人地址之间用分号(；)隔开；信体就是正文内容，可以包含有附件(一般附件中存有照片、音频、视频、文档等)。通过注册用户名、密码等信息可以进行邮箱的注册使用。

除了在 Web 页上进行电子邮件的收发外,还可以使用电子邮件客户机软件。在日常应用中,后者功能更为强大。目前电子邮件客户机软件很多,如 Foxmail、金山邮件、Outlook 等。虽然界面各有不同,但操作方式基本类似。下面以 Microsoft Outlook 2010 为例详细介绍电子邮件的撰写、收发、阅读、回复和转发等操作。

1. 账号的设置

在使用 Outlook 收发电子邮件之前,必须先对其进行账号设置。打开 Outlook 2010 后,在【文件】|【信息】中找到【添加账户】按钮,如图 7-21 所示。

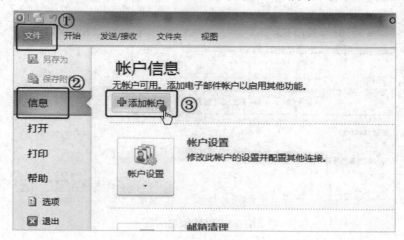

图 7-22 "添加新账户"对话框

单击【添加账户】按钮后,打开如图 7-22 所示的"添加信账户"对话框,选中"Internet 电子邮件",单击【下一步】按钮。

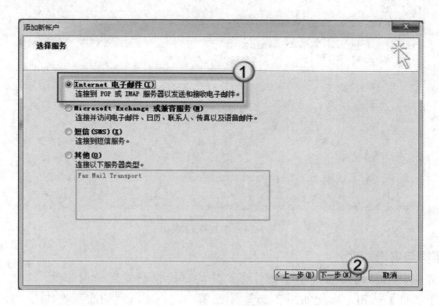

图 7-21 Outlook 账户信息

弹出如图 7-23 所示的对话框，在其中正确填写 E-mail 地址和密码等信息，单击【下一步】按钮，Outlook 会自动联系邮箱服务器进行账户配置，稍后就会显示如图 7-24 所示的对话框。

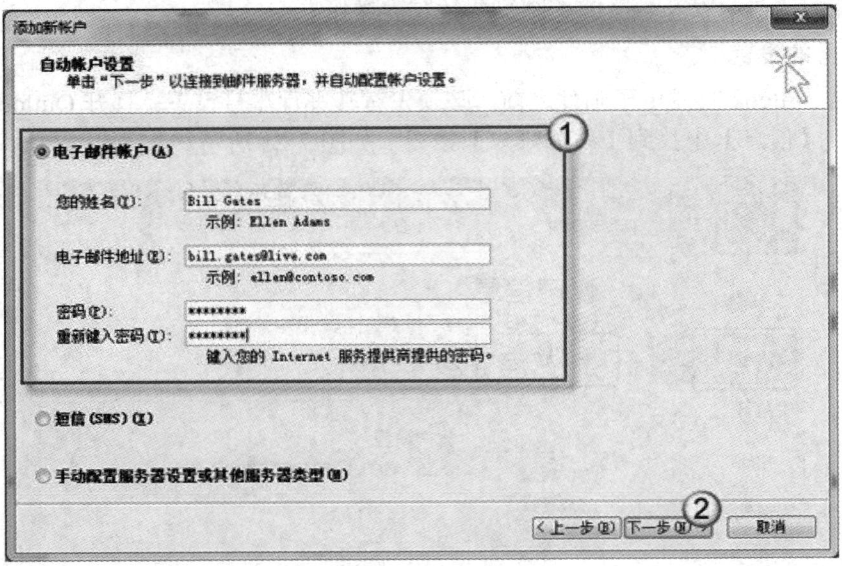

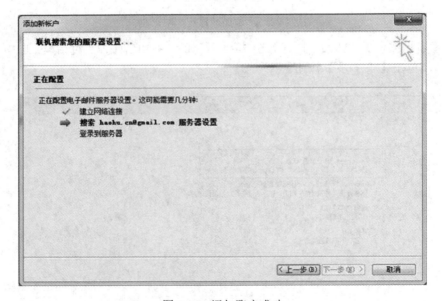

图 7-23　设置账户信息

图 7-24　添加账户成功

2．撰写与发送邮件

设置完账户后就可以收发电子邮件了。先尝试给自己发送一封邮件，单击【开始】|【新建电子邮件】按钮，出现如图 7-25 所示的窗口，将插入点依次在收件人、抄送和主题处进行录入，将正文部分录入完毕后单击【发送】按钮，即可发往上述各收件人。

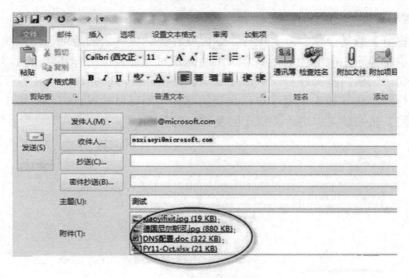

图 7-25　撰写新邮件窗口

3．在电子邮件中插入附件

如果要通过电子邮件发送计算机中的其他文件，可以把这些文件当作邮件的附件随邮件一起发送。单击【邮件】|【附加文件】按钮 📎，打开"插入文件"对话框后选择好文件再单击【插入】按钮，发送过程同撰写新邮件一样。

4．接收和阅读邮件

单击 Outlook 栏中的【收件箱】按钮，会出现一个预览邮件窗口，如图 7-26 所示。单击工具栏上的【发送/接收】按钮，此时会出现一个邮件发送和接收的对话框，当下载完后就可以阅读查看了。

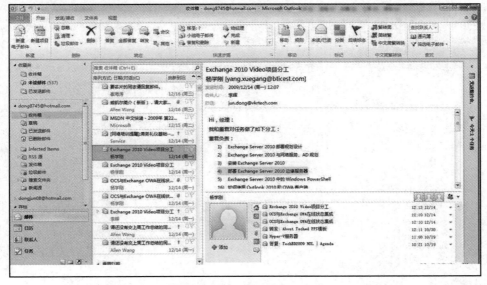

图 7-26　预览邮件窗口

5．回信与转发

单击【答复】或【全部答复】图标，这时发件人和收件人的地址已由系统自动填好，原信件内容也都显示出来作为引用内容。编写回信时允许原信内容和回信内容交叉，以便引用原信语句。回信内容写好后，单击【发送】按钮，就可以完成回信任务了。

如果觉得需要让其他人也阅读自己收到的邮件，则可以转发该邮件。单击邮件阅读窗口中的【转发】按钮就可以进入类似于回复窗口的界面。